U0165109

人体里的
"动物园"

与占据身体90%的
微生物共存

[英] **阿兰娜·科伦**·著　钟季霖_译　张尚麟_审订

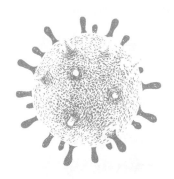

北京联合出版公司 · 后浪
Beijing United Publishing Co.,Ltd.

图书在版编目（CIP）数据

人体里的"动物园"：与占据身体90%的微生物共存 /
（英）阿兰娜·科伦著；钟季霖译. ——北京：北京联合
出版公司，2023.7
　　ISBN 978-7-5596-6812-7

Ⅰ. ①人… Ⅱ. ①阿… ②钟… Ⅲ. ①细菌—普及读
物 Ⅳ. ①Q939.1-49

中国国家版本馆CIP数据核字（2023）第055158号

人体里的"动物园"：与占据身体90%的微生物共存

[英] 阿兰娜·科伦（Alanna Collen）　　著

钟季霖　译

张尚麟　审订

出　品　人：赵红仕
出版监制：刘　凯　赵鑫玮
选题策划：联合低音
特约编辑：赵璧君
责任编辑：翦　鑫
封面设计：末末美书
内文排版：聯合書莊
内文插图：嘟　噜

关注联合低音

北京联合出版公司出版
（北京市西城区德外大街83号楼9层　100088）
北京联合天畅文化传播公司发行
北京美图印务有限公司印刷　新华书店经销
字数230千字　710毫米×1000毫米　1/16　22印张
2023年7月第1版　2023年7月第1次印刷
ISBN 978-7-5596-6812-7
定价：82.00元

特此说明

  本书中含有与医疗和保健相关的建议和信息，但这些建议并不能代替医嘱，只能作为医生定期诊查的补充。建议开始采用任何医疗方案和治疗方法前咨询医生。我们已竭尽所能确保本书在出版时信息的准确性。出版社和作者不承担实施本书建议带来的任何医学后果。

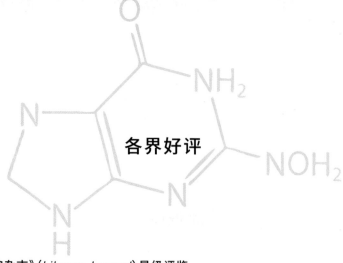

各界好评

《图书馆杂志》(*Library Journal*) 星级评鉴

从迷人的角度去认识那些和我们终生相伴的微生物"偷渡者"……推荐给所有读者，尤其是那些想更了解自己的人，以及希望为孩子做出最好选择的家长。

《新闻周刊》(*Newsweek*)

令人兴奋，引人入胜！用一种全新的方式看待自己的身体。看完本书，你会爱上你的微生物。

《费城询问报》(*Philadelphia Inquirer*)

这是一本给初学者的人体微生物指南，在健康生活理念流行的现在，让你重新思考什么是真正健康的身体。

女性生活情报网(Bustle)

"21世纪疾病"和微生物有什么关系？微生物和我们的健康又有什么关系？作者将会告诉你，谁该对我们的健康负责……

《科克斯书评》(*Kirkus Reviews*) 星级评鉴

用简单的方式讲述"提升健康，认识体内益生菌"的科学，告诉你最想知道但不敢问出口的事。

新西兰《聆听者》杂志 (*The Listener*) 2015年度百大选书

作者令人信服地指出，当我们热衷于歼灭身上的微生物时，我们其实正在将自己推进自身免疫性疾病、过敏、肥胖症的陷阱。

《美国临床肿瘤协会邮报》(*The ASCO Post*)

不论是从医学还是生物学的层面，作者都提出了大家最想知道的问题。读这本书让人欲罢不能，所有热爱科学的读者一定都会爱不释手。

阅读实践网 (Actionable Books)

我喜欢"自己只有 10% 是人类"这个想法，它提醒了我，不论人类看似有多么伟大，我们都是这个大环境、大自然、大世界的一分子。

献给本与他体内的微生物，
我最爱的超有机体

科学的核心就是从两个看似矛盾的看法中找到基本的平衡点——对新观点保持开放性，不管它们有多么离奇古怪或违背你的直觉；无情地怀疑、审视所有想法，不论新旧。这就是在荒谬中找到真理的方法。

——卡尔·萨根（Carl Sagan）

序 言 ： **痊 愈**

　　2005年夏天的一个夜晚，我从森林中走出来，肩上的棉布袋里装了20只蝙蝠，各种各样的昆虫扑向我的头灯。我感到脚踝附近痒痒的，此前我已经将浸泡过驱虫液的长裤底端塞进防蛭袜中，保险起见，里面还穿了另一双袜子。当我动身前往阴暗的雨林，从捕捉器中取出那些蝙蝠时，光是应付林中湿气、湿透衣服的汗水、泥泞的小径、对老虎的恐惧及蚊虫的干扰就已经够我忙的了，这下可好，还有会让我发痒的东西穿过了保护我皮肤的衣物布料及化学物质。

　　22岁那年，我在马来半岛的克劳野生动物保护区（Krau Wildlife Reserve）度过了改变我一生的3个月。我在大学攻读生物学学位时开始对蝙蝠深深着迷，当得知有机会成为英国蝙蝠学家的野外调查助理时，便立刻报名申请。只要能见到叶猴、长臂猿和各种

1

各样的蝙蝠，无论是在吊床上过夜，还是在住满巨蜥的河流中盥洗，一切挑战都是值得的。但后来我才发现，热带雨林带来的生存考验的持续时间，远超过这段经历本身。

回到营地后，我在河边空地掀开袜子查看发痒的地方，发现罪魁祸首不是水蛭，而是蜱虫，大约有50只，有些钻进了皮肤，有些在我的腿上缓慢爬行。我把那些在皮肤上爬的蜱虫拔掉，接着以最快的速度测量并记录了蝙蝠的科学数据。将蝙蝠放生后，伴随着漆黑的夜色和蝉鸣，我钻进如蚕茧般的吊床，拉上拉链，借着头灯的光线，用一只小镊子夹出剩下的蜱虫。

几个月后，在我的家乡伦敦，热带感染通过蜱虫找上门来。我的身体僵硬疼痛、趾骨肿胀。这些奇怪的症状反复发作，我也成了医院的常客，做了各种血液检测，看了许多专科医生。每当疼痛、疲倦及困惑感毫无预警地袭来，然后又好像什么都没发生过似的离去，我的生活都会因此暂时停摆数周甚至数月。当多年后终于被确诊时，感染已深植在我体内，我为此接受了一个长度和强度足以治愈一群牛的抗生素疗程。最终，我恢复到了原本的健康状态。

但没想到的是，故事到这里还没结束。我被治愈了，但被治愈的不只是蜱媒感染，或者可以这么说，如果我只是一块肉的话，那我确实痊愈了。抗生素发挥了神奇的功效，我却开始受苦于新的症状——皮肤破皮、消化系统异常，而且变得容易受到感染。我怀疑抗生素治疗不仅消灭了使我生病的细菌，也消灭了那些原本就住在我身体里的细菌。我觉得自己的身体似乎成了一个不适合微生物居住的地方，而直到最近我才了解，自己是多么需要这些多达100万亿个、把我的身体当作家的友善小生物。

你的全身上下，只有10%是人类。

每10个构成你称作"身体"者的细胞中，就有9个是搭便车的冒充者。你的身体不仅由血液、肌肉、骨头、大脑和皮肤构成，还有细菌及真菌。事实上，体内的微生物才是人体主要的组成物。在你的肠道中就寄宿着100万亿个微生物，如同海床上的珊瑚礁一样。大约有4000种微生物居住在你1.5米长的结肠皱褶中，使结肠表层多出了一层。在你的一生中，寄宿在你体内的微生物的重量，相当于5只非洲象的重量。它们布满了你的皮肤，你指尖上的微生物数量甚至比英国人口还要多。

很恶心吧？高度发展、注重卫生如我们，怎能接受以这样的形式被微生物"殖民"。然而当我们离开丛林时，能像舍弃毛皮与尾巴一样远离微生物吗？现代医学有办法帮助我们远离微生物，建立一种更干净、更健康、更自主的生活模式吗？自从发现我们的身体是微生物的栖息地后，鉴于它们对我们似乎无害，我们容忍了它们的存在。但对于这些微生物，我们没有像保护珊瑚礁及热带雨林一样的观念，更不用说去珍惜它们。

作为一位演化生物学家，我接受的训练是从解剖学和生物行为中寻找演化的优势及意义。真正有害的生物特征与生物的交互作用，通常是会被自然选择淘汰的，不然就是会在生物的演化进程中消失。这让我开始思考：我们身上的100万亿个微生物，是不会以我们的身体为家却不做出任何贡献的。我们的免疫系统会对抗病菌并帮助我们从感染中复原，那它又为什么会容忍病菌侵入并以我们的身体为家？以我自身为例，这些入侵者或好或坏，在我体内进行了长达数月的化学战争，我想要知道，消灭原本住在我体内的这些微生物，会引起什么附带损害。

事实证明，我在一个适当的时机提出了这个问题。大部分住在人体内的微生物接触到氧气就会死亡，因为它们习惯了肠道中的无氧环境。在人体外培养微生物很困难，用它们做实验就更加困难了。数十年来，科学界在培养及研究人体内微生物方面的进展相当缓慢，但现在，科技的脚步终于赶上了我们的好奇心。

随着人类基因组计划（Human Genome Project，简称HGP）的展开，人类的基因密码被破解，科学家现在能迅速且低成本地为大量DNA测序。即便是我们体内死去的、随着粪便排出的微生物，也能通过其保留的完整DNA被辨别出来。我们以为体内微生物不重要，但科学界正在揭示一个完全不同的情况。我们的一生都将与这些搭便车的小生物纠缠不清，它们不但使我们的身体机能正常运作，更是维系人类健康不可或缺的一环。

我的健康问题只是冰山一角。通过新兴科学的证据可知，对人体内微生物的破坏不仅会导致肠胃功能紊乱、过敏、自身免疫性疾病、肥胖症等身体健康问题，也会导致焦虑、抑郁、强迫症、孤独症等精神健康问题。这样看来，生活中我们早已习以为常的许多疾病并非由基因缺陷引起，也不是身体背叛了我们，而是因为我们疏于珍惜自己体内另外90%的细胞：微生物。

我不仅想通过研究了解抗生素对我体内的微生物群落造成了什么伤害，还想知道它是如何使我生病，以及我该怎么做，才能让微生物数量恢复到我被蜱虫叮咬前的平衡状态。为了了解更多，我迈出了自我探索的终极一步：DNA测序。但不是测序我的基因，而是为我体内微生物组的基因测序。通过了解我体内现有的及应该有的菌种与菌株，或许就能判断我的身体受到了多大的损伤，并试着进行弥补。我参加了公众科学计划中的"美国肠道计划"（American Gut Project）。该计划由科罗拉多大学波尔得分校的罗伯·奈特（Rob Knight）教授的实验室主持，接受来自世界各地民众捐赠的样本，并通过人体的微生物序列样本，了解我们体内的菌种及它们对健康的影响。寄出带有我肠道微生物的粪便样本后，我终于有机会了解这个以我身体为家的生态系统了。

在接受抗生素治疗多年后，得知哪怕还有任何一种细菌"住"在我体内，都会让我感到欣慰。得知我体内的细菌和其他参加"美国肠道计划"的捐赠者大致相同，而不是一堆在有毒荒地上苟延残喘的突变生物，我还是非常开心的，但不出所料，我的肠道细菌多样性大幅降低了。与其他捐赠者相比，我体内超过97%（其他捐赠者的这一数值为90%左右）的肠道细菌都属于两个主要菌群。也许我服用的抗生素杀死了较弱势的菌种，只有比较强大的细菌存活下来。让我好奇的是，损失的这些细菌与我近来的健康问题有关吗？

然而，就像比较热带雨林与橡树林一样，借由观察乔木与灌木的比例或鸟类与哺乳类的比例，只能极有限地了解这两个生态系统的运作方式。同样地，若在大尺度上比较，是得不到太多关于我体内菌群健康状况的信息的，因为这些以我的身体为家的微生物是完全不同的生物分类层级。对于我目前的健康状况，这些在治疗过程中存活下来的或在治疗后恢复的细菌的特征，能够反映出什么信息？或者更确切地说，那些可能因治疗而消失的细菌，对现在的我来说有什么意义？

当我着手研究"我们"（我和我的微生物）时，我决定将学到的知识付诸实践。我想了解它们的益处，就必须在生活中做出改变，让我的身体重新变成一个能与微生物和谐共存的乐园。如果我最近一次的症状是不慎打扰微生物区系带来的附带伤害，或许我可以逆转这个局面，使自己摆脱过敏、皮肤问题，以及几乎不间断的感染。我这么做不只是为了自己，也是为了我将来的孩子，因为会遗传下去的不仅有我的基因，还有我体内的微生物。我要确保能够给我的孩子最好的。

我决定重视我的微生物，改变饮食以迎合它们的需求，并计划在改变生活方式后去做第二次取样测序，希望能有机会看到成效。身为宿主，我希望通过努力，改善体内微生物的多样性、达到种类的平衡。最重要的是，我期望对体内微生物的投入能够得到回报，帮我打开通往健康及幸福的大门。

目　录
Contents

序　曲 | **占据身体90%的
微生物究竟代表什么?**

2000年5月，也就是人类基因组"工作框架图"公布的几周前，在美国纽约州冷泉港实验室（Cold Spring Harbor Laboratory）的酒吧里，科学家们对下一阶段的人类基因组计划备感兴奋，因为接下来，基因序列将被分解为功能单位，也就是基因。在这些科学家之间流传着一个笔记本，本子上写着一个有奖竞猜，内容是许多科学家都在思考的问题：人类究竟有多少个基因？

负责破译14号及15号染色体的团队的负责人、高级研究员李·罗恩（Lee Rowen）一边抿着啤酒，一边思考着这个问题。基因制造出作为生命基础的蛋白质、组成人类这么复杂的生物体，照理说人类的基因数量应该很多，高于小鼠（23 000个），或许也高于小麦（26 000个），并且应毫无疑问地大幅高于线虫（20 500个）——发育生物学家最喜欢用的实验物种。

尽管对人类基因数量的猜测一般都高于55 000个，最高甚至达到150 000个，但罗恩却认为应该是比较低的数值。她当年预估的数量为41 440个，来年的第二次推测又降为25 947个。2003年，罗恩赢得了竞猜活动，她提出的数字最接近当时即将完成的测序，是165个预测数值中最低的，而最终的基因数实际上低于所有科学家的预测，仅有21 000个。

人类基因数量仅比秀丽隐杆线虫（*C. elegans*）多出一点，只有水稻的一半，甚至小小水蚤的基因数量（31 000个）都胜过我们。这些生物都不会说话、创作，也无法像人类一样理性思考。你或许与参加竞猜活动的科学家一样，认为人类的基因数量远比稻属植物、线虫和跳蚤多，毕竟基因制造蛋白质，蛋白质组成我们的身体，而以人体复杂精细的程度，理应需要更多的蛋白质，也就应当有更多的基因，至少应该比线虫多吧？

但人体并不只靠这21 000个基因维持运作。我们并非独自生存，每个人都是一个超有机体（superorganism）——不同物种的集合体。这些物种并肩合作，来维持我们身体的运作。我们的细胞虽然体积更大、质量更大，但在数量上，与"住"在我们体内及体外的微生物比例仅为1∶10[1]。这100万亿个微生物被称作"微生物区系"，其中大多数是细菌，是能用显微镜观察到的单细胞生物。细菌以外的其他微生物分别为病毒、真菌及古菌。病毒非常微小、结构单一，

---

[1] 2016年开始的一项研究表明，在不包括病毒与病毒颗粒的情况下，该比例约为1∶1.3。

　　　　　　　人体里的"动物园"：与占据身体90%的微生物共存

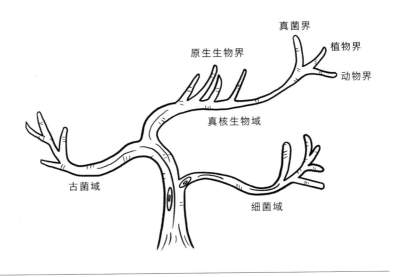

真菌界

原生生物界

植物界

动物界

真核生物域

古菌域

细菌域

简化的演化树，展示了生物三域及真核生物域的四界

挑战着我们对于组成"生命"的物质的认识，并且完全依靠其他生物的细胞来复制自己。生活在我们身上的真菌大多是酵母菌，它们同样是非常微小的单细胞生物体，但结构比细菌要复杂。古菌与细菌较为相似，但在生物演化上和细菌完全不同，就像植物和动物的差异。寄生在人类身体中的微生物共有440万个基因，这就是微生物组：微生物区系的基因集合体。这些基因和21 000个人类基因合作，维持我们身体的运作。由此看来，你不是100%的人类。

我们现在知道，人类基因组的复杂性不仅受基因数量影响，也与基因制造的不同蛋白质组合有关。实际上，比起乍看之下的基因组编码功能，人类和其他动物都能从自身的基因组中获得更多的功能。我们体内微生物的基因只会让情况更为复杂，但这些结构单一的生物体也让人体能够更快速地演化。

想要研究这些微生物，关键在于能否利用培养皿内的培养基（血液、骨髓，或是加了糖的胶状物）来培养它们。这是一项困难的任务，因为"住"在人体肠道内的大部分微生物还没演化到能够在有氧环境中生存的程度，它们一接触到氧气就会死掉。而且，用培养皿培养微生物，就意味着科学家必须推测出它们生存所需的营养素、温度及气体，若没有找到适合它们生存的环境特性，就无法做更进一步的研究。培养微生物就像是拿着名册在课堂上点名——如果不念出学生的名字，你就无法知道他们有没有来上课。多亏参与人类基因组计划的科学家的努力，使得DNA测序既快速又便宜，如今的技术让微生物研究就像在进门前核验身份一样简单，甚至可以对那些你没有预料到的结果做出解释。

人们对人类基因组计划的期望非常高。基因被视为人类的关键所在，是打开蕴藏疾病奥秘的神圣宝库的钥匙。投入了27亿美元的第一份人类基因组"工作框架图"于2000年6月完成时（比预计时间提前了几年），时任美国总统克林顿宣布：

> 今天，我们了解了上帝用来创造生命的语言。上帝这份神圣礼物的复杂性、美及非凡性，更加深了我们的敬畏之情。通过这些意义深远的新知识，人类将会得到巨大的新的治疗力量。基因组科学不仅影响我们的生活、影响我们的下一代，甚至能彻底革新大多数疾病的诊断、预防及治疗。

但在接下来的几年间，在完整DNA测序对医学研究的贡献上，全世界的科学记者陆续表达了失望之情。尽管这份破译人类自身的说明书在几种重要疾病的治疗上取得了不能忽视的成就，但却不如人们预期中的那样，能解开大多数常见疾病的病因。在患有某种特定疾病的患者中寻找基因差异，并没有发现预期中的与疾病有直接关联的基因变异，而只找到了数十或数百个与疾病有微小关联的基因变异，这些基因变异很少能直接导致特定的疾病。

在21世纪初，我们还没有认识到这21 000个基因并不是全部。人类基因组计划发明的DNA测序技术，也能用在另一个重要却很少被媒体关注的基因测序计划中：人类微生物组计划（Human Microbiome Project）。与研究人类基因组的人类基因组计划不同，人类微生物组计划研究的是"居住"在人类体内的微生物（微生物组）的基因组，借此鉴别这些微生物的种类。

对微生物的研究不再依赖培养皿，也不再被有氧环境所拖累。在1.7亿美元预算与为期5年的DNA测序计划的帮助下，科学家通过人类微生物组计划解读出的微生物DNA数量，是人类基因组计划解读数量的几千倍，这些DNA来自人体18个不同部位的微生物。人类微生物组计划是对构成人体的人类基因与微生物基因的更全面的调查。当该计划于2012年完成第一阶段研究时，没有任何一个国家领导人为此发表庆祝声明，而且只有少数媒体报道了这件事。但在"今天的人类意味着什么"这个问题上，这项计划所揭露的信息要比人类基因组揭露的信息多得多。

从生命出现开始，各物种就会互相利用，而微生物证明了自己能在最奇怪的环境中生存。由于体积微小，与微生物共生的其他生物，尤其是像人类这样的大型脊椎动物，代表的就不仅是一个生态龛，而是一个包括生境、生态系统与机会在内的世界。与我们所在的充满活力、变化无常的自转星球一样，人体也会随着激素变化的"潮汐"产生化学气候，体内的复杂"景观"也会随着年龄改变。对微生物来说，这里就是伊甸园。

早在成为人类之前，我们就和微生物共同演化。从极小的果蝇到庞大的鲸，每种动物的身体对微生物来说都是一个世界，尽管它们之中很多是恶名昭彰的致病细菌，但成为这些微小生物的宿主仍然是利大于弊。

夏威夷短尾鱿鱼是一种长得像皮克斯工作室动画角色的大眼多彩生物，它们让发光细菌寄生在下腹部的特殊腔体中，以此减少外界对自身的威胁。在这个发光器官中，鳆弧菌（*Aliivibrio fischeri*）会将食物转化成光线，所以从下方往上看时，鱿鱼在发光。这种光与海面照射下来的月光接近，可以让夏威夷短尾鱿鱼的轮廓变得模糊，从而使它们避开从下方接近的捕食者。鱿鱼因寄生的鳆弧菌得到保护，鳆弧菌也因此得到一个家。

通过让发光细菌寄生来增加生存机会看似非常具有创新性，但夏威夷短尾鱿鱼并不是唯一从与微生物共生中获利的动物。生存策略五花八门，从多细胞生物出现以来，和微生物共生便是演化博弈的驱动力。

细胞越多的生物，就能让越多的微生物在其中寄生。实际上，像牛等体形大的动物，正是以和细菌共生闻名的。奶牛以吃草为生，但如果光靠自身的基因，只能从这种纤维食物中获得少量营养，它们需要一种称作"酶"的特殊蛋白质来分解牧草细胞壁的强韧分子。若靠基因演化来产出这些酶可能要花上千年的时间，因为这种演化必须依靠每一代奶牛DNA编码中的随机突变才能做到。

更快获得牧草中养分的方法，就是将这个工作"外包"给专家——微生物。奶牛的4个胃室里住着数万亿个可以分解植物纤维的微生物，反刍的食物（由植物纤维形成的小球）会在它们机械咀嚼的嘴与瘤胃间流动，而瘤胃中的微生物会产生酶，对食物进行化学分解。对微生物来说，获得完成这项工作所需的基因又快又容易——按照其代时（generation time）及由此带来的突变与演化机会，通常在一天内就能获得所需基因。

如果夏威夷短尾鱿鱼和奶牛能够与微生物合作并从中获益，人类是否也可以呢？我们不吃草，也没有4个胃室，但我们有自己的特化作用[1]。人类的胃小而简单，食物在其中混合，被胃分泌的酶消化，并靠胃酸消灭不受欢迎的细菌；然后食物来到小肠，在这里被更多的酶分解，还有能将营养吸收进血液里的手指状绒毛，这些绒毛的表面积接近一座网球场的大小；接着，食物残渣来到小肠尽头，与前面的"网球场"比起来，这里更像是一颗网球，也是大肠的起始部分。这个袋状器官就在你的右下腹腹腔内，称作"盲肠"，是人体微生物群落的中心。

---

[1] 指物种适应某一独特的生活环境，形成局部器官过于发达的一种特异适应。

垂挂在盲肠下面的，是以引发疼痛及感染著称的阑尾，其英文全名 vermiform appendix 来自它像蠕虫一般的外表（也可以将它比作蛆或蛇）。阑尾的长度因人而异，短至 2 厘米，长可达 25 厘米，极少数的人有两个阑尾或没有阑尾。若按照流行的观点来看，我们没有阑尾或许会更好，因为在过去的 100 多年中，阑尾一直被认为没什么作用。事实上，使动物解剖学进入简洁的演化理论架构的这位仁兄，显然要为这个顽固的迷思负责。查尔斯·达尔文（Charles Darwin）在《人类的由来》（*The Descent of Man*）——《物种起源》（*On the Origin of Species*）的后续著作中，将阑尾归类在"退化"器官中讨论。他将人类阑尾与许多其他动物更大的阑尾做比较，并认为阑尾是一个残留器官，会随着人类饮食习惯的改变逐渐消失。

　　在接下来的 100 多年间，关于阑尾的退化状态很少被怀疑，并且由于它容易带来麻烦，更让其"无用"的印象日渐加深。医疗机构认为它的存在毫无意义。在 20 世纪 50 年代，切除阑尾成为发达国家人们常见的手术之一，而且通常是在进行其他腹腔手术时顺便将其摘除。那时，男性在一生中有 12.5% 的概率选择切除阑尾，女性的这一概率是 25%；5%~10% 的女性曾得过阑尾炎，而且大多是在生育之前，若不接受治疗，其中近一半的人会因此丧命。

　　这就提出了一个难题。如果阑尾炎是自然发生的疾病，且通常会在人年轻时发病并导致死亡，那么阑尾很快就会被自然选择淘汰。那些阑尾大到足以招致感染的人还没来得及繁衍下一代就

　　　　　　人体里的"动物园"：与占据身体 90% 的微生物共存

死去了，因此无法将其形成阑尾的基因传递下去。随着时间流逝，拥有阑尾的人会越来越少，最终阑尾将会消失。自然选择会让没有阑尾的人生存下来。

若非阑尾的存在经常会带来致命的后果，达尔文对于阑尾的假设或许还有些道理。关于阑尾一直存在于人类体内的原因有两种说法，且互不相斥。第一种观点是，阑尾炎是近代才有的现象，由环境改变引起，因此只要不发生问题，即使是无用的器官也有可能被保留下来。另外一个说法是，阑尾在我们演化的过程中并不是有害的退化器官，它对我们的健康是有益处的，所以尽管有发炎的风险，自然选择仍让它被保存下来。问题是：为什么？

答案在于它的内容物。阑尾平均长8厘米、外径1厘米，外形呈管状，避免内部接触到从入口处经过的消化食物。它不是一个萎缩的肉串，而是免疫系统不可或缺的一部分——里面充满了免疫细胞，负责保护、培养并且与微生物群落沟通。阑尾内的微生物形成了一层"生物膜"——微生物之间互相聚集、结合而成的薄膜，可以排除可能会造成伤害的细菌。阑尾不是完全没有作用，而是人体给微生物提供的安全屋。

像是未雨绸缪般，这些储存在阑尾中的微生物总有一天会在突发状况中派上用场。在发生食物中毒或肠胃感染时，藏在阑尾内的微生物可以帮助恢复肠道内原本的微生物生态，有点儿像是身体的保险单。事实上，直到几十年前，西方世界才找到消灭痢疾、霍乱及贾第虫病等肠道传染病的方法。发达国家的公共卫生措施（包括排水系统及污水处理厂）能预防此类疾病，然而纵观全世界，每5名儿童就有1人死于传染性腹泻。对那些战胜疾病的人来说，很有可能是阑尾加速了他们的痊愈。只有在健康状况相对良好的情况下，我们才会相信阑尾是没用的。但事实是，现代化的、卫生的生活方式粉饰了切除阑尾的负面影响。

事实证明，阑尾炎是近代疾病。在达尔文的时代，阑尾炎非常罕见，也很少导致死亡，所以我们或许可以原谅他"阑尾仅是生物演化的遗留物，对我们无害也无助"的想法。阑尾炎在19世纪末开始流行，以英国的一家医院为例，1890年以前，每年只有3~4个病例，1918年时猛增到113个。这种情况遍及所有工业化国家。诊断从来不是问题，即使在阑尾炎变得如现在一样常见之前，若是病患没能撑过去，紧跟着就是能够揭示死亡原因的快速尸检。

关于阑尾炎的病因，有很多不同的解释，范围从肉类、奶油和糖分摄取量的增加，到鼻窦阻塞及蛀牙。当时的舆论认为饮食中纤维摄取量的减少是主要原因，但也有很多其他猜想，其中一个猜想将阑尾炎归咎于用水卫生及其带来的卫生条件的改善，认为正是社会发展让阑尾成了一个几乎无用的器官。无论主因是什么，第二次世界大战之后，人们的这段集体记忆已随着阑尾炎病例的增加消失，阑尾炎留给我们的印象变成了尽管不受欢迎，在正常生活中还是会遇到。

事实上，在如今的发达国家中，将阑尾至少保留到成年以后已被证实是对健康有益的，阑尾能保护我们免于遭受下列疾病之苦：反复发作的肠胃感染、免疫系统功能障碍、白血病、一些自

人体里的"动物园"：与占据身体90%的微生物共存

身免疫性疾病，甚至是心脏病。阑尾为微生物提供庇护，而微生物以某种方式为人类带来这些好处。

阑尾并非无用的事实，让我们对微生物有了更进一步的理解：它们并非只是来搭便车的，而是提供服务的重要角色，重要到能让我们的肠道演化成一个能够保护它们安全的环境。现在的问题是：究竟有哪些微生物"住"在其中？它们能为我们做什么？

尽管早在几十年前，人类就知道体内的微生物能带来一些益处，例如合成一些重要的维生素、分解植物纤维，然而它们与人体细胞之间相互作用的程度直到近几年才被认识到。微生物学家利用分子生物学工具研究人类与体内微生物区系的微妙关系，并在20世纪90年代末期取得了巨大进展。

新的DNA测序技术让我们知道自己身上存在着哪些微生物，同时找出它们在演化树上的位置。在生物分类法上，从域、界、门、纲、目、科、属到种，个体间的关联会越来越紧密。从最下端往上推，我们人类（智人种、人属）是类人猿（人科），与猴子同属于灵长类动物（灵长目）；与其他毛茸茸的哺乳类动物同属哺乳纲；与所有拥有脊椎神经的动物同属脊索动物门；最后，所有的动物，有脊椎或没有脊椎的（例如乌贼），都属于动物界、真核生物域。细菌和其他微生物（难以被分类的病毒除外）位于演化树上的其他分支，不属于动物界，而是有自己独特的界及域。

DNA测序能鉴定出不同物种，并帮助其在演化树上找到自己的位置。DNA有一个特别实用的部分——16S核糖体RNA基因（16S rRNA），它就像细菌的条形码，能在不对细菌基因组进行全部测序的情况下迅速提供身份证明。物种之间的16S核糖体RNA基因编码越接近，它们的关联就越紧密，共享的演化树支脉就越多。

要研究微生物的种类及功用，DNA测序并不是唯一能派上用场的技术。科学家也用小鼠做实验，特别是无菌小鼠。这些实验室小鼠的第一代以剖宫产的方式出生，并且被安置于无菌隔离箱中，防止它们被微生物寄生——不论是好是坏。从那之后，大部分的无菌小鼠都是由无菌的小鼠妈妈在独立空间产下的，以维持一个不受微生物影响的小鼠品系。甚至连它们的食物及草垫都要经过紫外线消毒，并且被装于无菌容器内，防止小鼠受到污染。在气泡状鼠笼间转移小鼠可是一项大工程，需要使用真空吸尘器与抗菌化学药品。

将无菌小鼠和带有微生物的普通小鼠做比较，研究人员可以检验出微生物区系为寄主带来的具体影响。研究人员甚至可以移植单一或是一小组细菌到无菌小鼠身上，进而观察菌株如何对小鼠产生影响，并借由研究这些无菌小鼠，略知微生物对人体产生的影响。当然，小鼠和人类不同，有时两者的实验结果会大相径庭，但小鼠是极其有用的研究工具，而且往往能提供至关重要的线索。如果没有这些小鼠，医学的发展将会非常缓慢。

美国密苏里州圣路易斯华盛顿大学的微生物专家杰弗里·戈登（Jeffrey Gordon）教授，就是用无菌小鼠做实验，才发现了肠道微生物区系对于维持人体健康的重要性。他对比了无菌小鼠和一般小鼠的肠道，发现在细菌的影响下，小鼠肠壁内层的细胞会释出某种物质来"喂食"微生物，鼓励它们寄生在那里。微生物区系的存在不仅会改变肠道内的化学环境，也会改变其形态——肠道内的手指状绒毛因微生物的需求而演化得更长，让表面积大到足以从食物中获取所需的能量。科学家估计，若没有微生物帮忙，小鼠需要多吃大约30%的食物，才能获得等量的能量。

不只是微生物从我们身上获得好处，我们也因为这样的共生关系而受益；我们不仅包容细菌，也鼓励它们寄生。有了这个认知，结合DNA测序和无菌小鼠实验，一场科学革命即将展开。由美国国立卫生研究院管理的人类微生物组计划，将与世界各地实验室的许多其他研究一起，揭示我们的健康与快乐离不开体内的微生物。

人体和地球一样，拥有多样的栖息环境和生态系统。地球上住着各种植物与动物，人体中也寄宿着不同的微生物群落。我们与所有动物一样，就像一根精致的管子，食物从管子的一端进入，然后从另一端出来。我们将皮肤视为人体的表层，但其实体内消化器官的表面也是人体表层，以与皮肤相似的方式暴露在环境中；当皮肤保护我们免受微生物及有害物质的入侵时，消化道内的细胞也在维护我们的安全。真正的"内部"区域不是消化道，而是除此之外的人体组织、器官、肌肉和骨头。

于是，谈到人体的表层，就不仅是皮肤了，还包括体内迂回曲折又充满皱褶的管状器官。当你以这样的角度检视人体器官时，肺、阴道和尿道都该被归类为表层的一部分。不论体内或体外，所有的"表层"都有可能是微生物的居住地。它们依据不同的功能及重要性，分布在不同的地方，像肠道这种资源丰富的重要地段，就会像大城市一样涌入大量的微生物群落，而像肺和胃这种相对"偏僻"或不友善的环境，进驻其中的微生物品种和数量自然也较少。

人类微生物组计划从数百名志愿者的内外表层选择了18个部位搜集微生物样本，来研究这些微生物群落的特征。在这项计划开始前的五年，分子微生物学家重新检视了物种发现黄金时代的生物技术回响，其中之一是数个摆满鸟类及哺乳类动物标本的陈列柜，这些浸泡在甲醛里的动物皆由18世纪~19世纪的生物学家发现并命名。而对科学界来说，人体才是探索菌株和菌种的新领域及宝库，许多种菌株只出现在一个或两个参与研究的志愿者身上。每个人身上的微生物组成都不同，只有少数几种细菌的菌株会出现在每个人身上。我们的微生物群落如同指纹般独一无二。

尽管每个人体内的微生物细节是独一无二的，但在最高等级层面，我们体内寄宿的微生物却是极为相似的。举例来说，你肠道里的细菌，和坐在你旁边的人的肠道细菌，两者的相似度要高于你自己的肠道中与关节上的细菌的相似度。更重要的是，虽然我们拥有独特的微生物群落，但它们的功能通常却难以区分。例如细菌A带给你的影响，可能和细菌B带给你朋友的影响相同。

从如平原般干燥、温度较低的前臂肌肤，到如森林般温暖、潮湿的鼠蹊部，以及酸性、低氧环境的胃，身体的不同部位拥有不同的生态环境，适合不同的微生物。即使在同一个环境里，不同的生态位也会聚集不同的微生物群落。总面积大约2平方米的皮肤上，就有与美洲大陆景观一样丰富的生态系统，只不过是袖珍版本。就像巴拿马的热带雨林之于美国科罗拉多大峡谷的岩石，在油脂分泌旺盛的脸部、背部和干燥、无遮蔽的手肘处，自然寄宿着不同的微生物。脸部和背部的微生物以丙酸杆菌属（Propionibacterium）微生物为主，它们依靠这些区域密集的毛孔所分泌的油脂维生；手肘和前臂则寄宿着更为多样的微生物群落。肚脐、腋下及鼠蹊部则是棒状杆菌属（Corynebacterium）和葡萄球菌属（Staphylococcus）微生物的家园，它们都喜欢潮湿的环境，并且以汗液中的氮元素为生。

这些微生物就像我们的第二层皮肤，增强了皮肤细胞形成的阻隔，为人体提供双层保护。那些怀有恶意、想入侵人体的细菌，得在戒备森严的表层奋斗以占据据点，还得在这个过程中面对化学武器的猛攻。或许从口中的柔软组织入侵人体更加容易一些，在这里，大批的进攻者可以随着食物和空气混入人体。

人类微生物组计划的研究人员从志愿者的口腔里采样时，并非只取一处，而是搜集了9个不同部位的样本。每个取样点之间的距离不远，却居住着不同的微生物群落，由大约800种细菌组成，其中以链球菌属（Streptococcus）为大宗。链球菌属的名声不太好，许多疾病都是由该属的菌种引起的，例如链球菌性咽炎，或是吃了未煮熟的肉而感染的坏死性筋膜炎。然而，链球菌属中的许多其他菌种则表现得无可挑剔，完美阻挡了想要进入人体的恶意挑战者。这些取样点之间的微小距离，对我们来说看似无关紧要，但是对微生物来说却犹如辽阔的平原与山脉，环境差异就像苏格兰北部与法国南部一样不同。

请试想一下从嘴巴到鼻孔的环境变化：从高低不平的黏稠唾液池，到充满黏液和灰尘的毛茸茸的鼻毛森林。正如你想的那样，鼻孔是肺的守门员，寄居其中的细菌群体数量庞大，有900多个种类，其中包含丙酸杆菌、棒状杆菌、葡萄球菌及卡他莫拉菌（*Moraxella*）等大型细菌群。

继续由喉咙向下来到胃，原本口腔里的细菌多样性急剧下降。胃中的强酸会杀死许多和食物一起进入的微生物，只有幽门螺杆菌（*Helicobacter pylori*）能够永久存活在某些人的胃里，但它们的存在也许是利弊皆有。由此开始，这趟消化道之旅将展示密度更大、多样性更强的微生物群落。胃之后是小肠，食物在此处迅速被酶消化并吸收到血液里。在这个约7米长的管状器官的开端，每毫升的肠道内容物就有大约1万个微生物；来到末端与大肠衔接之处，微生物数量会飙升到每毫升1000万个！

外形像一颗网球的盲肠是热闹的微生物大都市、人体的微生物景观中心，依附在其下方的阑尾则是微生物的安全藏身处。这里是微生物的中心，至少有4000个种类数万亿的细菌个体在此利用经小肠消化了第一轮的食物。食物中未能被消化的坚韧的植物纤维将会交由负责第二轮消化的微生物处理。

结肠占据了大肠的极大部分——从身体躯干的右侧，往上横跨过腹腔，再转而向下来到躯干左侧。在结肠壁的皱褶与凹陷处，每毫升的肠道内容物就有1万亿（1 000 000 000 000）个微生物个体。在这里，微生物将食物残渣转化成能量，剩余的废弃物

　　　　　人体里的"动物园"：与占据身体90%的微生物共存

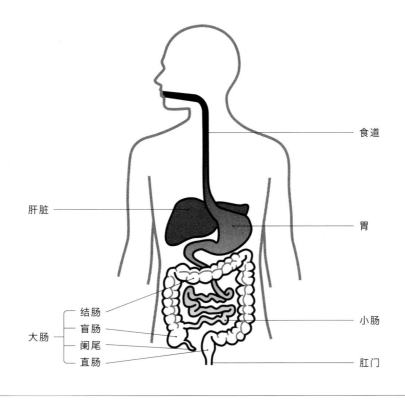

食道

肝脏

胃

结肠
盲肠
阑尾
直肠

大肠

小肠

肛门

人类的消化道

会被结肠壁的细胞吸收。人体的大部分细胞从血液中的糖分获得养分，而结肠细胞的主要能量来源则是微生物分解食物产生的废弃物，没有这些微生物，结肠细胞将会萎缩并死亡。结肠的环境像沼泽般潮湿、温暖，某些部分完全没有氧气，不仅为寄宿其中的微生物提供食物来源，还有营养丰富的黏液层，可以在食物匮乏时维持微生物的生存。

鉴于研究人员只能通过给志愿者开刀的方式才能采集到肠道内不同部位的微生物样本，更实际的方法是从粪便采样做微生物DNA测序。我们吃的食物经过肠道，几乎完全被体内的细胞和微生物消化吸收，只剩下少量的残渣从肛门排出。与其说粪便是食物的残余，不如说是细菌——有死的也有活的。粪便约75%的湿重来自细菌，约17%是植物纤维。

无论何时，你的肠道内都有大约1.5千克的细菌，差不多跟肝脏一样重，而每个细菌个体的生命周期只有数天或数星期。从粪便中发现的4000种细菌带给我们的关于人体的知识，比其他所有部位的细菌加起来还要多。这些细菌不仅是我们这个物种的健康及饮食状况的指标，也可以作为社会和个人的参考标准。粪便中最常见的细菌是拟杆菌（*Bacteroides*），但鉴于每个人吃的食物不同，而肠道细菌又以我们吃的食物为食，因此肠道中的细菌群落也因人而异。

肠道微生物不只是分享残羹冷炙的清洁工，我们也会利用它们的功能，因为靠人体自行演化出这些功能会非常耗时。毕竟，既然克雷伯氏菌（*Klebsiella*）可以帮你制造对大脑功能至关重要的维生素B_{12}，为何还要一个特定的基因去合成蛋白质来制造它呢？既然拟杆菌可以帮忙形成肠壁，又何须劳驾基因呢？比起演化出一个新基因，找微生物帮忙更容易也更方便。然而，生活在肠道里的微生物可不是只有合成维生素的功用。

一开始，人类微生物组计划研究的是健康人体内的微生物区系，并以此为基准，研究非健康状态的人体内的微生物有什么不同，以及现代疾病是否可能是这种差异造成的结果。若真是如此，是什么造成了损害？痤疮、牛皮癣、皮炎等皮肤疾病是否表示皮

　　　　　人体里的"动物园"：与占据身体90%的微生物共存

肤正常的微生物平衡被破坏？炎症性肠病、消化道癌，甚至肥胖症，能否归因于肠道微生物群落的改变？特别是看似与微生物毫不相关的疾病，如过敏、自身免疫性疾病，甚至精神类疾病，有可能是微生物区系受到损害所引起的吗？

李·罗恩在冷泉港的竞猜活动中做出的有根据的猜测，暗示了一个更深层次的发现——我们并不孤单，我们的微生物乘客扮演着超乎我们想象的重要角色。正如杰弗里·戈登教授所说：

> 了解我们身上的微生物，会带来一种关于我们个体的新视角，一个我们与微生物世界的关联的新认知。微生物就像我们在幼年生活中与家人及环境相互作用的一份礼物，它们让我们停下来思考人类演化也许还有其他维度。

我们依赖微生物，没有它们，我们只是真实自我的一小部分。所以，"10%的人类"究竟代表什么呢？

第 1 章 | **谜团：**
       | **不正常的21世纪文明病**

　　1978年9月，珍妮特·帕克（Janet Parker）成为世界上最后一个死于天花的人，这也是天花病毒最后一次出现在人体中。帕克是英国伯明翰大学的医学摄影师，若非冲洗底片的暗房与下层的实验室邻近，她的工作本不存在直接危险。那年8月的某个下午，当帕克坐在暗房里打电话订购摄影器材时，天花病毒由下方楼层的"灾难实验室"泄漏，并沿着通风管往上传播，使她感染了这种致命的疾病，这里距182年前爱德华·詹纳（Edward Jenner）[1]利用挤奶女工的牛痘脓首次为一个男孩儿接种疫苗的地方仅110千米。

　　世界卫生组织（WHO）花了10年时间在世界各地推广疫苗接种来对抗天花。1978年夏天时，他们几乎快要可以宣布天花已被

----

[1] 英国医生、科学家，研究并推广了能有效预防天花的牛痘疫苗。

根除。最后一起自然发生的病例是在近一年前，在天花的"大本营"索马里，一名在医院工作的年轻厨师从温和型病毒的感染中康复。疫苗接种使天花病毒走投无路，最终不再有人感染。这是人类与疾病战斗中取得的史无前例的胜利。

但天花病毒还有最后一个庇护所——充满人类细胞的培养皿，研究人员利用它们培育、研究疾病。伯明翰大学医学院就是这样一个病毒庇护所，由于天花已经不再感染人类，亨利·贝德森（Henry Bedson）教授和他的团队希望能找到方法，快速辨认任何可能在动物群体中暴发的痘病毒。这个崇高的目标得到了世界卫生组织的支持，尽管监察人员对实验室的安全协议有疑虑。在伯明翰实验室预计关闭的前几个月中，监察人员的担忧并没有使实验室提早关闭或投资重新整修设备。

起初，珍妮特·帕克的病被当作是小虫子叮咬导致的，直到两个星期后才引起感染科医生的注意。此时帕克全身已长满脓包，医生诊断她应该是得了天花。他们将帕克隔离，并采集她的体液做分析。讽刺的是，贝德森教授的团队因为拥有鉴定痘病毒的专业技术，被要求检验医生的诊断。贝德森的担忧成真，帕克被转移到了附近的专业隔离医院。两个星期后的9月6日，帕克在医院生命垂危，贝德森教授则在家里被妻子发现割喉自尽。1978年9月11日，珍妮特·帕克死于天花。

珍妮特·帕克和成千上万的天花受害者一样，感染了一种名为"Abid"的天花病毒株——1970年，世界卫生组织于巴基斯坦集中发起根除天花运动，并以一名死于天花的3岁男童的名字为该病毒

　　　　人体里的"动物园"：与占据身体90%的微生物共存

命名。16世纪，天花逐渐成为全球性的致命杀手，这主要归因于欧洲人前往世界各地探险并建立殖民地。到了18世纪，人口增长加上日趋频繁的人口流动，使天花传播成为世界范围内的主要死亡原因。每年有40万欧洲人死于天花，这个数字中包括大约4万名婴儿。18世纪后半期，在人痘接种法[1]的推广下，死亡人数减少了一些。1796年，詹纳用牛痘制作接种疫苗，为这个疾病带来了解药。到了20世纪50年代，在工业化国家已看不到任何天花的踪迹，但全世界每年仍有5000万个感染病例，超过200万人死亡。

　　20世纪初，尽管工业化国家已远离天花之苦，但仍有许多其他微生物继续残暴地肆虐着。传染病是到那时为止最主要的疾病形式，而它们的传播归因于人类的社交习性和探索活动。微生物为了延续自身的生命周期，需要不停传播，而呈指数增加的人口数量和越来越大的人口密度让实现这一点更容易了。在1900年的美国，人们的前三大死因不是如今的心脏病、癌症及中风，而是由微生物传播引起的传染病，其中因肺炎、感染性腹泻及结核病死亡的人数占因传染病死亡的总人数的三分之一。

　　曾一度被视为"死神"的肺炎，一开始的症状是咳嗽，当病菌蔓延到肺部，就会出现呼吸困难及发烧等症状。这些症状并非由单一细菌引起，而应该归咎于整个微生物家族，从微小的病毒、细菌、真菌，到寄生性原生动物（地球上最早出现的动物）。感染性

---

[1] 在疫苗接种出现之前，人们将天花患者的体液拭入健康受种者的皮肤之下，使其产生免疫力。因为不是通过空气使肺部染病，所以症状较轻微，但受种者还是得了真正的天花，风险很高。

肺炎病毒　　分枝杆菌　　寄生性　　蓝氏贾第　　真菌　　　细菌
　　　　　　　　　　　　原生动物　　鞭毛虫

各种微生物，导致人体出现发烧等症状。

　　腹泻的感染源也很多，包括由细菌引起的"蓝色死亡"（霍乱）[1]、阿米巴原虫感染引起的"血痢"（痢疾）[2]，以及由寄生虫引发的"海狸热"（蓝氏贾第鞭毛虫病）[3]。第三大杀手结核病类似肺炎，但感染来源较明确，是由一种属于分枝杆菌属（*Mycobacterium*）的细菌感染导致的。

　　还有许多传染病也会对我们的生活产生不小的影响，如小儿麻痹症、伤寒、麻疹、梅毒、白喉、猩红热、百日咳及各种流行

---

[1] "蓝色死亡"是霍乱的别称，感染者的皮肤会因脱水呈现灰蓝色，因此得名。
[2] 阿米巴痢疾严重的患者会出现肠出血、肠穿孔、腹膜炎等症状，造成粪便中带血。
[3] 蓝氏贾第鞭毛虫病又称"海狸热"，由蓝氏贾第鞭毛虫寄生在人体肠道内引起，造成腹痛、腹泻和消化不良等症状。

性感冒。小儿麻痹症由病毒引起，它会感染中枢神经系统并摧毁控制运动的神经，在20世纪初的工业化国家，小儿麻痹症每年会导致成千上万的儿童瘫痪。梅毒是借由性行为传播的细菌疾病，据说15%的欧洲人在其一生中曾感染过梅毒。每年大约有100万人死于麻疹。仅在美国，白喉（谁还记得这种令人伤感的疾病？）就曾导致每年1.5万名儿童死亡。在第一次世界大战结束后的两年中，因流感死亡的人数，比战争死亡的人数多出5~10倍。

不用说也知道，这些疾病对人类的预期寿命有很大的影响。回到1900年，当时地球上人类的平均预期寿命仅有31岁，发达国家的生活条件较好，但也顶多到50岁。纵观我们的演化历史，大部分时间人类只能活20~30年，平均预期寿命还要更低。然而在一个世纪内，我们的平均寿命就延长到了之前的2倍，这都要感谢20世纪40年代那短短10年的抗生素革命。到了2005年，人类平均寿命是66岁，富裕国家人口的平均寿命则高达80岁。

幼儿的存活概率对平均预期寿命有非常大的影响。在1900年，每10名儿童中就有1~3人在5岁前夭折，这大大降低了平均预期寿命。如果21世纪的幼儿死亡率维持在1900年的水平，美国每年就会有超过50万名儿童在度过1岁生日前夭折。然而实际上，这个数字是大约2.8万人，这表示绝大多数的儿童平安地活到了5岁，之后他们通常就能继续活到成年与老年，平均预期寿命也会相应地提高。

一路走来，我们一直在努力战胜最古老也是最强大的敌人：病原体（引发疾病的微生物）。当人类因群居营造出卫生状况不佳的生活环境时，它们就得以兴盛；地球上的人类越多，它们的生存就越容易。随着人类迁移，它们得以接触到更多人类，这反过来也让它们获得了更多繁殖、变异和演化的机会。人类在最近几个世纪致力于对付的诸多传染病，都源自人类祖先离开非洲、在世界各地安家落户的那段经历。病原体统治世界的轨迹就是人类迁移的真实写照，很少有物种像人类一样"忠诚地追随"着致病菌。

对住在发达国家的人来说，传染病的盛行仅存在于过去，千年来人类与微生物奋战的遗留物，仅存在于我们的童年记忆中，例如接种疫苗时的刺痛、得到含有小儿麻痹疫苗的方糖[1]"奖赏"。更清晰的记忆或许是我们与学校的朋友一起，在餐厅大堂外长得夸张的队伍中等待接种针对青少年的后续疫苗。对许多现在正在长大的儿童及青少年来说，历史的包袱更轻了，不只是疾病本身，就连一次性的疫苗也不再是必要的了，如预防结核病的可怕的"卡介苗"（BCG）[2]。

医疗改革和公共卫生措施——大部分出现于19世纪末、20世纪初——大大改变了人类的生活，其中四项重大发展让我们得以从两代同堂变成四代，甚至五代同堂。第一项（也是最早的一项）要归功于爱德华·詹纳和一头叫布洛瑟姆的牛。詹纳得知挤奶女工因为感染过比较温和的牛痘而不会感染天花，于是他想，将挤

---

[1] 小儿麻痹疫苗分注射式疫苗及口服疫苗。1955年，美籍波兰裔病毒学家阿尔伯特·布鲁斯·萨宾（Albert Bruce Sabin）以减毒的活病毒制造出小儿麻痹口服疫苗（OPV）并被广泛使用。但因口服糖丸中含有活病毒，有极低比例（据统计约七十五万分之一）的儿童反而可能因服用糖丸感染病毒并导致严重不良反应，因此世界卫生组织已经要求各国逐渐使用注射接种（IPV）取代口服疫苗。

[2] 可能引起低热、关节疼痛、"卡介苗全身性反应"等不良反应。

奶女工的脓包汁液注射到另一人身上，或许能够产生相同的保护作用。第一个实验对象是8岁的詹姆斯·菲普斯（James Phipps），他是詹纳家园丁的儿子。詹纳为詹姆斯注射了两次天花脓液，试图感染这个勇敢的男孩，结果，男孩对天花完全免疫了。

从1796年天花开始肆虐，到19世纪的狂犬病、伤寒症、霍乱及鼠疫，以及20世纪以来的无数传染病，疫苗不仅让无数人免于疾病的折磨与死亡，也使许多全国或全球性的传染病被根除。幸亏有了疫苗，我们可以预先警告免疫系统可能会遇到的病原体，事先培养自然防御力，而不是等到疾病真正入侵时才措手不及。

要是没有疫苗，陌生病原体的入侵将会使人生病，甚至可能导致死亡。一般来说，人体的免疫系统会处理掉入侵的微生物，产生名为"抗体"的分子。战胜疾病之后，这些抗体会组成一个特别小组，在体内巡逻并找出其他同种微生物。抗体会一直待在人体内，若是有相同的病原体打算再次入侵，它们会警告免疫系统，等到病菌真正入侵时，我们的身体早已做好准备。

接种疫苗就是模仿人体这项自然机制，教免疫系统辨认特定的病原体，让我们免于承受疾病的痛苦。只需要注射疫苗或使用口服疫苗，我们就可以获得免疫力。疫苗可以粗略分成三种：用经过灭活的病原体制成的疫苗、用经过减毒的病原体制成的疫苗，以及用病原体的部分结构制成的疫苗。注射疫苗不会使我们生病，但我们的免疫系统仍会对疫苗有反应并产生抗体。

大众疫苗接种计划是为了借由让大部分人注射疫苗、获得免疫力来引起"群体免疫"(herd immunity)[1]，以阻止传染病的传播。这意味着在发达国家中，许多传染病几乎被根除，例如已被彻底消灭的天花。天花的根除，在十几年内让全球一年的病例数从5000万降到零，也让政府省下了数十亿美元相关疫苗与医疗护理的直接开销，以及这项疾病所带来的间接的社会成本。其他十几种传染病的疫苗接种计划，虽然尚未根除疾病，但也大幅降低了病例数量，使人们免于受苦与死亡，同时省下更多金钱。

如今，多数发达国家都有10种以上疾病的定期疫苗接种计划，其中有一半被世界卫生组织确定为区域性根除或全球性根除疾病。这些接种计划对于传染病的发病率有着显著的影响。在1988年开始实施全球小儿麻痹根除计划之前，每年约有35万人受到感染。到了2012年，病例缩减到223起，并且只发生在三个国家。短短25年内，这项计划防止了大约50万人死亡，让1000万儿童得以自由自在地行走奔跑，免受瘫痪之苦。同样的案例还有麻疹及风疹，疫苗接种在10年内阻止了这些曾经在世界各地肆虐的疾病，拯救了1000万人的生命。美国与大多数发达国家一样，通过疫苗接种将儿童最容易感染的9种传染病的发病率降低了99%。1950年，出生在发达国家的每1000名健康婴儿中，就有大约40人在1岁生日前夭折；到了2005年，这个数字下降到了只有大约4

---

[1] 让群体中的多数因接种疫苗而获得免疫力，其他少数没有免疫力的个体因此受到保护而不被传染。当群体中的易感个体变得非常少，传染病的感染链便会被中断；拥有抵抗力的个体比例越高，易感个体与受感染个体间接触的可能性便越小。

人。疫苗接种的成功，使只有老一辈人才有关于那些致命疾病的可怕回忆，让现在的我们从传染病中解脱。

疫苗接种蓬勃发展后，第二个重要的医疗发展紧接而来：医疗卫生的实践。医院的卫生环境仍是如今我们力求改善的重点，但相较于19世纪末的标准，现代医院可以说是洁净的"圣堂"。试着想象一下，病房内挤满了生病及垂死的病人，有的伤口裂开、正在腐烂；医生的工作服因经年累月的手术沾满了血点。然而清洁却被认为是没有必要的，因为当时人们认为传染病是由废气或瘴气，而不是病菌导致的。这些毒气被认为来自腐烂物或污水，是医生及护士无法控制的无形力量。人们在150多年前发现了微生物，但当时人们还不知道微生物与疾病之间的关联。人们相信瘴气不会因身体接触而传染，所以治疗传染病的人反而成为散布疾病的人。医院是一个新产物，应公共医疗卫生趋势与让现代医学惠及大众的期望而生。尽管立意良善，但医院却成了疾病的大本营，而那些进入医院的病患，等于是冒着生命危险去获得他们需要的治疗。

随着医院数量的增加，女人成了最大的受害者。她们在医院内分娩，反而增加了死亡风险。19世纪40年代，在医院生产的女性，产后几天内死亡的概率高达32%。医生（当时都是男性）将她们的死归因于情感上的创伤或是肠道不洁。而这惊人的高死亡率的真相，最终由年轻的匈牙利产科医生——伊格纳茨·塞麦尔维斯（Ignaz Semmelweis）揭开。

塞麦尔维斯是维也纳综合医院的医生，这家医院有两间产房，每隔一天轮换一次,一间产房由医生助产,另一间则由助产士助产。每次塞麦尔维斯在步行上班的途中,都会看到产妇在医院外的路边分娩。出现这种情况的日子,都是轮到医生助产的日子。虽然产妇不明白确切的原因,但她们知道,导致大部分产妇死亡的产褥热(childbed fever)[1]就潜伏在由医生助产的产房里,如果无法撑到助产士当班时再生,自己活下来的概率将不会太乐观,所以她们宁愿冒着冷汗在疼痛中等待,也希望宝宝能等到轮换后再出生。

相较之下,由助产士接生的产房就要安全许多,产妇的死亡率是2%~8%,远远低于医生助产的产房。

尽管资历尚浅,塞麦尔维斯仍想找出两间产房在接生时有什么差异,能够解释死亡率的不同。他认为产房环境或许是原因之一,但两间产房并没有太大差别。1847年,他的医生好友雅各布·考列舒克(Jakob Kolletschka)在解剖尸体时,意外地被一名学生的解剖刀割伤,并在伤口恶化后死亡,死因竟然是产褥热。

考列舒克死后,塞麦尔维斯才意识到,医生正是令无数产妇染上产褥热的主因。医生在帮助病人分娩之前,可能刚在停尸间用尸体给学生上过课,他们也可能以某种方式,将死亡从停尸间带到了产房,而助产士从来不接触尸体。那些在医生助产的产房中死亡的产妇,很可能因为产后出血接受过医生的检查。

塞麦尔维斯不确定造成死亡的因素究竟是以什么形式和途径

---

[1] 细菌感染的一种,医学上称为"产褥感染",病原体借由未经消毒的手术工具侵入生殖器官,可能演变成产后败血症,主要发生在妇女分娩或堕胎之后,若无适当治疗会有生命危险。

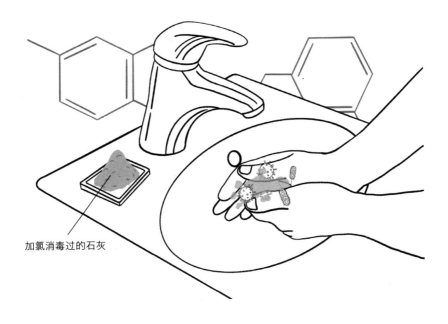

加氯消毒过的石灰

从停尸间来到产房的，但他有一个关于如何阻止它的想法。为了去除腐肉的臭味，医生通常会用一种漂白粉（加氯消毒过的石灰）来洗手。塞麦尔维斯推断，如果石灰能够去除臭味，或许也能消除造成死亡的带菌体。他创立了一个规则：医生在解剖尸体后、检查病人前，必须用漂白粉洗手。1个月内，他的产房的死亡率就下降到与助产士产房相同的水平。

　　尽管塞麦尔维斯成功地让维也纳综合医院及其他两家医院的死亡率下降，但他却遭到众人的嘲笑与忽视。那个年代的外科医生总爱穿着死板且散发着臭味的工作服，以彰显自己的不凡，仿佛这些恶臭是见证他们经验及专业的勋章。当时的一名权威产科医生曾说："医生都是绅士，而绅士的双手必然是洁净的。"然而每个月依旧有大量女性因感染而丧命。"帮助迎接新生命的医生，可能是让女性染上产褥热而死亡的主因"，这样的想法在当时引起了极大反应，塞麦尔维斯被逐出医院。接下来的数十年，女人们只能继续冒着生命危险分娩，为医生的自大付出代价。

20年后，伟大的法国科学家路易·巴斯德（Louis Pasteur）开创了疾病细菌学说，将疾病与感染归因于微生物，而非瘴气。1884年，巴斯德的学说被德国诺贝尔奖得主罗伯特·科赫（Robert Koch）的实验室证实，但是那时塞麦尔维斯已经去世多年。塞麦尔维斯沉迷于研究产褥热，因为受到太多责难与非议，精神开始错乱。他对医院提出不满、推销自己的理论，并且指责其他医生是不负责任的杀人凶手。他的同事假借拜访之名，把他骗到精神病院，强迫他喝下蓖麻油，并且让警卫将他痛打一顿。两周后，大概是伤口感染恶化，塞麦尔维斯死于高烧。

然而，细菌学说为塞麦尔维斯的观察结果与对策提供了一个真正的科学解释，是一个突破性进展。慢慢地，洗手杀菌的做法被欧洲的外科医生采用。在英国外科医生约瑟夫·李斯特（Joseph Lister）的努力下，各项医疗卫生措施变得越来越普及。19世纪60年代，李斯特读了巴斯德关于微生物与食物的研究，决定利用化学实验找出处理伤口的方法，降低感染坏疽及败血症的风险。他用苯酚（通常用来防止木头腐化）清洗手术器材、浸泡绷带，甚至在手术中清理伤口。与塞麦尔维斯一样，李斯特的苯酚消毒法也成功让死亡率降低了三分之二，从45%降到了15%左右。

第三项关于公众健康的重要发展，则是以预防人们生病为目标的社会发展计划。如同目前的许多发展中国家，在20世纪以前

　　　　　人体里的"动物园"：与占据身体90%的微生物共存

的西方国家,介水性疾病是人体健康的一大威胁。瘴气仍然存在,会污染河川、井水及水泵。1854 年 8 月,伦敦苏荷区的居民开始生病,症状是严重腹泻,但并非你我想象中的那种腹泻。患病居民的排泄物呈白色水状,而且无法止住。每个人一天能排出大约 20 升的粪便,这些排泄物被倾倒在苏荷区拥挤住宅下方的粪坑中。霍乱由此暴发,导致了数百人死亡。

英国医生约翰·斯诺(John Snow)对瘴气学说持怀疑态度,并且花费数年寻找另一种解释。结合以前暴发的传染病,斯诺开始怀疑霍乱是借由水传播的,而苏荷区最近暴发的疫情让他有机会验证自己的理论。他采访了苏荷区的居民,在地图上标记霍乱的病例及死亡人数,想找出这些人的共通点。斯诺发现病患饮用的水源都来自布劳德大街(现布劳维克大街)上的一个水泵,而这个水泵就在疫区的中心。即使更远地区的死亡病例也可以追溯到这个水泵上,因为霍乱早就被染病者带往四面八方了。只有一处例外:苏荷区修道院的修道士虽然也从同一个水泵取水,却完全没有被感染。不是因为宗教信仰保护了他们,而是因为他们将水泵取出的水制成了啤酒才饮用。

斯诺通过研究患病者之间的关系、有些人未感染霍乱的原因,以及寻找霍乱散播至布劳德大街之外的途径,想要找出疾病传播的模式。最后,他运用逻辑及证据解开了霍乱暴发之谜、消除了谣言,并且对反常情况提出了合理的解释。他的调查结果让布劳德大街的水泵被禁用,随后人们才发现附近的化粪池溢出,污染了水源。这是医学史上第一个流行病学研究案例,用疾病的分布及传播模式找出病源。随后，约翰·斯诺用氯为布劳德大街水泵中的饮用水消毒，其他地区也立刻跟进。19世纪末期，涉水卫生的概念与处理方式已经普及。

到了20世纪初，这三项医疗革新发展得更加成熟。到第二次世界大战结束时，有5种预防疾病的新疫苗诞生，加上之前的总共有10种疫苗。医疗卫生技术被全世界所采用，液氯消毒法成为净水厂的标准程序。第四项，也是最后一项发展，始于第一次世界大战，结束于第二次世界大战。这次发展结束了微生物在发达国家的统治，是一小群人的努力，再加上一些好运的结果。第一位贡献者是苏格兰生物学家亚历山大·弗莱明（Alexander Fleming）爵士，他因"无意间"在伦敦圣玛丽医院的实验室发现青霉素而扬名于世。但事实上，弗莱明已花费多年时间寻找抗菌化合物。

第一次世界大战期间，弗莱明在法国西部前线为受伤的士兵治疗，却眼见很多士兵死于败血症。当战争即将结束、弗莱明回到英国后，决定改良李斯特的苯酚消毒法。弗莱明在鼻腔黏液中发现一种天然抗菌剂，并称之为"溶菌酶"，但与苯酚的情况一样，溶菌酶也无法穿透伤口表面，受到感染的深层部位会继续溃烂。几年后的1928年，弗莱明正在研究葡萄球菌（引发疖及咽喉疼痛的细菌），发现培养皿上有些东西不太对劲。当时他刚度完假，回到凌乱的实验室，工作台上的细菌培养皿很多都被霉菌污染了。他在整理时，注意到其中一个培养皿很特别，在一块青霉菌（Penicillium）周围有一个清晰的圆环，完全没有葡萄球菌。弗莱明发现了其中的重要性：霉菌会释放出一种杀死周围细菌的"液体"。这种液体就是青霉素（penicillin）。

尽管青霉菌是在无意之中发现的，但弗莱明能辨识出它的潜在重要性却绝不是偶然。这项发现开启了之后20年跨越两大洲的一连串的实验及研究，让现代医学发生了彻底的改变。1939年，牛津大学一个由澳大利亚药理学家霍华德·弗洛里（Howard Florey）领导的科学团队，认为他们能让青霉素发展出更多用途。弗莱明努力培养霉菌，并从中萃取青霉素；弗洛里的团队则试着从中取出少量的抗菌液体，即我们现在所说的抗生素。1944年，他们得到美国战时生产委员会的资金支持，制造出了足够满足从欧洲诺曼底登陆行动中伤退的士兵所需的青霉素。弗莱明爵士想帮助在战争中受伤的士兵治愈感染的梦想终于实现了。1945年，弗莱明爵士、弗洛里和其团队成员恩斯特·伯利斯·柴恩（Ernst Boris Chain）共同获得了诺贝尔生理学或医学奖。

接下来，有20多种抗生素被陆续发现，每种都针对不同的细菌，在我们的免疫系统抵抗不了感染时提供后援。在1944年以前，即使是抓痕或擦伤都足以引发感染，而且死亡率颇高。1940年，英国牛津郡的警察艾伯特·亚历山大（Albert Alexander）被玫瑰刺刮伤，脸部严重感染，不得不摘除眼球，一度生命垂危。霍华德·弗洛里的太太埃赛尔是一名医生，她说服弗洛里让亚历山大成为第一名接受青霉素治疗的患者。

在注射少量青霉素后的24小时内，亚历山大的高烧退了，症状也开始好转。然而奇迹并没有发生，经过几天的治疗，青霉素用光了，弗洛里试图从警察的尿液中提取残余的青霉素继续治疗，但就在第5天，这位警察离开了人世。在如今的生活中，我们很难想象刮伤或脓疮的伤口竟会致死，当我们使用抗生素时，也不会注意到它有救命的功能。做手术也一样，如果下刀前没有在静脉内注射抗生素形成保护，将会有极高的死亡风险。

21世纪的我们生活在与细菌的休战期，因为有疫苗接种、抗生素、净水处理及各项医疗措施帮助我们抵挡感染。我们的生命不再时时受到传染病的威胁，取而代之的是过去60年来罕见的病例。这些慢性的"21世纪文明病"变得非常常见，人们甚至将其视为人类生活的"常态"，但如果它们其实并不"正常"呢？

看看你身边的亲友，再也没有人得天花、麻疹或小儿麻痹。你或许会认为：我们这么健康，真是幸运。但是从另一个角度来看，你或许会发现你的女儿在春天时因为花粉症而眼睛红痒、狂打喷嚏；你或许会想到你那因1型糖尿病，每天必须注射好几次胰岛素的嫂子；你或许会担心你的太太和她的伯母一样，因多发性硬化症在轮椅上度过晚年；你或许听说过你的牙医的儿子会不时大叫、摇头晃脑并且不愿与你有眼神接触——现在我们知道，这是孤独症的表现。你或许对你焦虑到无法出门购物的母亲失去了耐心，或是急于替儿子寻找一种不会让他的湿疹恶化的洗衣粉；你的表妹可能会推开餐桌上所有小麦制品，因为那会让她拉肚子；你的邻居可能在不小心吃了坚果后，因为急着寻找肾上腺素注射器而滑了一跤不省人事。而你自己呢？或许你会听从时尚杂志及医生的建议，放弃维持现在的体重。过敏、自身免疫性疾病、消化问题、精神健康问题及肥胖，这些都是新的"常态"。

也许你觉得你女儿的花粉症没什么可担心的，可能她10个朋友中就有两人也对花粉过敏，以打喷嚏、擤鼻涕的方式度过夏天；你不会对儿子长湿疹太惊讶，因为他每5个同学中就有一个人也有湿疹；你邻居的全身过敏反应虽然很可怕，不过所有含有坚果的包装食品上都标有警告，所以不用太担心。但你有没有想过，为什么你的孩子的朋友中，每5人就有一个人必须带着吸入器上学，以应付突然发作的哮喘？呼吸是维持生命最基本的条件，而如今若是没有药物治疗，无数的儿童将饱受哮喘之苦。又为什么每15名儿童中就有一人至少会对一种食物过敏？这些情况正常吗？

发达国家中几乎一半的人口都有过敏问题。他们是抗组胺药的忠实用户，他们害怕猫毛和花生、会检查买的所有食物的成分列表，却不去思考如何改善我们的免疫系统对这些过敏原的过度反应。花粉、灰尘、宠物的毛、牛奶、鸡蛋、坚果，这些物质无处不在且无害，却被我们的身体当作细菌，攻击并设法消灭它们。但情况并非一直如此，在20世纪30年代，一所学校大概只有一名儿童有哮喘；到了80年代，哮喘人数迅速增加，每个班级就有一名儿童患有哮喘；最近十几年，患病的人数不再增加，但仍有四分之一的儿童患有哮喘。其他过敏性疾病也一样，例如对花生过敏的人数在20世纪最后的10年内激增为原本的3倍，并在接下来的5年内又翻了1倍，现在在学校及工作场所几乎都设有"不含坚果的食物区"。湿疹和花粉症曾经非常罕见，但现在却成为生活中一种令人不愉快的常态。

这不是正常的现象。

那么自身免疫性疾病呢？你的嫂子注射胰岛素看似没什么大不了，每1000人中就有4人患有1型糖尿病；大部分人都听过多发性硬化症，它会使你太太的伯母的神经受损；还有会损伤关节的类风湿关节炎、侵袭肠道的麦胶性肠病[1]、撕裂肌肉纤维的肌炎、破坏细胞核的红斑狼疮，以及其他80多种疾病。与过敏一样，人体免疫系统变得异常，会导致除了攻击带来疾病的细菌，也攻击正常的身体细胞。接下来这个数字或许会让你感到惊讶，自身免疫性疾病已经影响了发达国家将近10%的人口。

1型糖尿病就是一个很好的例子，它的病况明确，记录也相对可靠。"1型"通常多发于青少年时期，自身免疫系统破坏胰腺，使其丧失生产胰岛素的功能。（在2型糖尿病中，胰腺还是能生产胰岛素，但是身体对它较不敏感，所以胰岛素无法正常发挥作用。）没有胰岛素，血液中的葡萄糖——不论是甜点、糖果中的糖分，还是意大利面及面包中的碳水化合物，都无法被细胞吸收利用或储存，使得血糖升高并产生毒素。除非注射胰岛素治疗，否则那些不幸得病的青少年会感到强烈口渴、尿频、逐渐消瘦，并在数周或数月后死于肾功能衰竭。1型糖尿病是一种非常严重的疾病。

幸运的是，跟大部分的疾病相比，糖尿病更容易诊断，只要在空腹状态下为血液中的葡萄糖做个快速测试，就能发现身体是

---

[1] 旧称"非热带脂肪泻"，又称乳糜泻、谷胶过敏症，由麸质引起，是一种发生于小肠的自身免疫性疾病，具有遗传性，且各年龄段的人都可患病。症状包括慢性腹泻、（儿童）生长迟滞和疲劳，但有些人症状不明显。

否有异常。即使在100年前，只要医生愿意，也能检查出血糖问题。之所以用"愿意"二字，是因为他们必须尝病人的尿液，若是在尿液强烈刺鼻的味道中带有甜味，则表示肾脏被迫排出了血液中过多的葡萄糖。尽管过去肯定有很多病例被忽略或是没有被记录下来，然而随着1型糖尿病越来越普遍，我们也能认识到这是自身免疫性疾病状态改变的可靠指标。

在西方国家中，大约每250人中就有一人得自己扮演胰腺的角色，计算身体需要多少胰岛素并自行注射，以储存他们消耗的葡萄糖。令人惊奇的是，现在患病率很高的1型糖尿病在19世纪是几乎不存在的。美国马萨诸塞州综合医院保存了1898年以前的、超过75年的近50万份病例记录，这些记录显示，在童年时期被诊断出患有糖尿病的只有21人。这不是因为没有做尿液检查而出现的漏诊，因为体重迅速减轻及不可避免的致命结果，让这种病即使在缺乏精密仪器的年代也非常容易辨认。

在第二次世界大战暴发前，正式记录制度建立起来，由此开始，追踪1型糖尿病的流行成为可能。在美国、英国及斯堪的纳维亚半岛，大约每5000名儿童中就有一人或两人患上1型糖尿病。战争本身没有改变什么，但在战后不久，有些东西改变了——病例数开始攀升。1973年，糖尿病患者人数是20世纪30年代的6~7倍；到了80年代，数值停止攀升，维持在每250人中有一名糖尿病患者的状态。

糖尿病患者人数的增加，与其他自身免疫性疾病患者人数增加的时期吻合。在2000年左右，会破坏神经系统的多发性硬化症患病人数增加为过去20年的2倍；麦胶性肠病是一种因食用小麦而引起免疫系统攻击肠道细胞的疾病，患病人数是20世纪50年代的30~40倍。红斑狼疮、炎症性肠病与类风湿关节炎的患病人数也都在增加。

这不是正常的现象。

关于对抗肥胖的集体斗争呢？由于西方国家超过一半的人不是体重超重，就是患有肥胖症，所以我就无礼地假设你正在与过重的体重奋战吧。健康的体重会让你成为少数人，是不是很惊讶？店家将假人模特儿换成更大尺寸的，电视节目将减重变成游戏。这些变化也许算是意料之中的：根据统计，绝大部分的人都有超重的问题。

然而在以前，肥胖问题并没有这么严重。回头看看那些20世纪30年代~40年代的黑白照片，看看照片中的男男女女在夏天时穿着短裤及泳装享受的模样。这些健康的人看起来很消瘦，有明显的肋骨和平坦的小腹，但他们根本没有我们的"现代问题"。20世纪初期，人们的体重没有太大的差别，因此没有特别记录。但是到了20世纪50年代，人们的体重突然暴增，于是在肥胖症的大本营——美国，政府开始记录人们的体重。在20世纪60年代初期的第一次全国普查中，13%的成人已出现肥胖问题，他们的身体质量指数（BMI）——体重（千克）除以身高（米）的平方——超过30，另有30%的人超重（BMI指数为25~30）。

到了1999年，美国患肥胖症的成人人数比例已增长为原来的2倍多，变成了30%，而且很多原本身体健康的人突然体重暴增，使超重人数比例猛升到34%。也就是说，总共有64%的人口有体重问题。英国也有同样的趋势，只是比美国稍晚一些：1966年，1.5%的成人有肥胖症，11%的人超重；到了1999年，24%的人有肥胖症，43%的人超重，加起来有67%的人超出他们的正常体重。肥胖症不仅是体重超标的问题，它有可能导致2型糖尿病、心脏病甚至一些癌症，而且这些疾病都越来越常见。

我想不需要我来告诉你：这些都是不正常的。

为肠胃问题所苦的人也越来越多。你的表妹也许会因为尝试无麸质饮食而感到尴尬，但她可能不是餐桌上唯一有肠易激综合征（irritable bowel syndrome，简称IBS）的人。这种疾病影响了美国15%的人口；病名则意味着类似蚊虫叮咬的不适感，并掩盖了这种疾病对患者生活质量的毁灭性影响。对大部分肠易激综合征患者来说，附近是否有厕所是要优先考虑的事。炎症性肠病的病例数也在上升，如克罗恩病与溃疡性结肠炎，情况严重的病人，甚至因肠道被破坏而必须外接结肠造口袋。

这绝对不是正常的现象。

最后，让我们谈谈精神健康状况。你的牙医那患有孤独症的儿子，他的"同伴"比以前更多了，现在每68名儿童中就有1人（男孩的比例较高，为1/42）患有孤独症谱系障碍。20世纪40年代初期，孤独症患者非常少，当时这种病甚至没有名字，直到2000年才开始有正式记录。或许你会认为，这些增加的病例中总有些得归因于社会认知程度的提升或是医生的过度诊断，但多数专家都同意，孤独症是真的在变得普遍——有些事情改变了。

注意力缺失症（ADD）、图雷特综合征（Tourette's syndrome）、强迫症（OCD）、抑郁症及焦虑症的患病率也越来越高。

这些精神折磨的增加也不是正常的现象。

或许你还没发现，这些被我们视为"常态"的疾病，都是"新的"疾病。在我们曾祖父母及更早的年代，很少有人罹患这些疾病。即使是医生也可能忽略这些历史，因为他们是根据现今的医生经验接受医疗训练的。对于一线的医护人员来说，最重要的是他们负责的病人与适合病人的治疗方案，了解疾病的起源不是他们的责任，某些疾病普遍程度的变化，对他们来说也是次要的。

21世纪，人们的生活因19世纪～20世纪的四项医疗发展而变得不同，疾病也变得不同了。但是这些"21世纪文明病"并非是简单地隐藏在传染病之下的另一层不健康状况，而是由我们的新生活方式导致的非传统健康状况。此刻你或许想知道，这些看起来完全不同的疾病之间有什么关联？从过敏引发的打喷嚏及搔痒，到自身免疫系统的自我攻击；从伴随肥胖症而来的代谢症候群，到消化系统紊乱及精神疾病，这简直就像是我们的身体在没有传染病的情况下，反戈一击。

我们可以接受这种新形态的生活并且心怀感激，因为至少我们可以活得比以前更久，而且免于病原体的侵扰。或者，我们也可以思考，是什么改变了。肥胖症、过敏症、肠易激综合征和孤独症，这些看似完全不相关的疾病可能存在关联吗？由传染病到这些新疾病的转变是在告诉我们，身体其实需要受到一些感染来维持平衡吗？逐渐消失的传染病和越来越普遍的慢性病，有没有可能是对某种更深层次原因的暗示？

我们在此提出一个大问题：是什么原因，造成了"21世纪文明病"？

近来，通过基因研究寻找疾病的根源成为新潮流。人类基因组计划发现基因突变会引发疾病，例如第四对染色体内的HTT基因突变会引发亨廷顿氏舞蹈症（Huntington's disease）；有的基因突变会增加患癌的可能性，例如BRCA1和BRCA2的突变或异常，会使女性罹患乳腺癌的风险提高到80%。

虽然我们身处可以进行基因组测序的时代，却不能将所有现代文明病的盛行都归咎于我们的DNA。虽然一个人可能有某种基因，使他更可能过度肥胖，但这种基因变体不会在100年内变得这么常见，人类的演化也不会这么快速。不仅如此，只有有益的基因变异才会在自然选择的过程中被保存下来，其他那些有害的变异则会被淘汰。哮喘、糖尿病、肥胖症及孤独症可没有为它们的患者带来任何好处。

既然如此，我们的下一个问题是：在我们的"环境"中，有什么改变了吗？一个人的身高不仅取决于基因，也会受营养、运动及生活方式等外在因素的影响。罹患疾病的风险也是一样的，这就是它复杂的地方。20世纪中，我们生活的很多方面都发生了改变，要准确地找出哪些是原因，哪些仅仅是具有相关性，就需要对病人进行科学评估。肥胖症及其相关疾病的出现，明显是跟饮食习惯改变有关，但这项因素对前述的其他"21世纪文明病"的影响却不明显。

关于这些疾病的共同起源，几乎没什么线索。造成肥胖症的环境也会造成过敏吗？精神疾病（如孤独症和强迫症）和肠道疾病（如肠易激综合征）真的有共同成因吗？

尽管存在差异，但这些不同的疾病有两个特点。第一个特点是免疫系统，它将过敏与自身免疫性疾病画了等号。我们的身体一直在寻找干扰免疫系统功能的罪魁祸首，导致经常出现过度反应。第二个特点，是隐藏在更多的常见症状之后的肠道功能紊乱。一些现代疾病之间的关联很明显：肠易激综合征及炎症性肠病的核心都是肠道功能紊乱。其他现代疾病的联系虽不那么明显，却依旧存在。孤独症患者通常有慢性腹泻，抑郁症和肠易激综合征通常会一起出现，肥胖症的源头是经过肠道的东西。

免疫系统和肠道功能紊乱这两个特点，也许看起来并不相关，但仔细研究肠道结构可以提供进一步的线索。提到免疫系统，多数人会想到白细胞与淋巴结，但这并不是免疫系统最活跃的部分。事实上，人类肠道中的免疫细胞数量，比存在于身体其他部位的免疫细胞数量总和还多，大约60%的免疫系统组织位于肠道周围，特别是在小肠末尾、进入盲肠及阑尾那一段。我们理所当然地将皮肤视为人体的保护层，却没想过肠道也是。虽然肠道位于体内，但它仅有薄薄一层细胞将外来物质与血液隔开，因此肠道周围的免疫系统变得更为关键——经过此处的每个分子和细胞都会被评估，并且在必要时被隔离出来。

尽管传染病的威胁已经几乎消失，但我们的免疫系统仍然不断遭到攻击，这是为什么呢？让我们回到1854年，也就是英国伦

　　　　人体里的"动物园"：与占据身体90%的微生物共存

敦苏荷区霍乱的暴发时期，约翰·斯诺用调查数据和逻辑找出了霍乱的根源，流行病学就此成了医学调查的主流。人们经常用它来研究公共卫生议题，方法再简单不过，我们只需要问 3 个问题：疾病发生于何处？谁感染了疾病？疾病何时开始出现的？这些问题的答案将会帮助我们回答另一个更全面的问题："21 世纪文明病"为什么会出现？

约翰·斯诺的霍乱病例地图帮助他找到了传染病的可能发源地——布劳德大街的水泵。不需要太多的调查就能明显发现，肥胖症、孤独症、过敏及自身免疫性疾病都起源于西方国家。英国伦敦大学学院的外科医学教授斯蒂格·班马克（Stig Bengmark）的调查显示，肥胖症最流行的地区在美国南部各州。"亚拉巴马州、路易斯安那州及密西西比州的肥胖症与慢性病发病率高居全球之首。"他说："这些疾病就像海啸一般席卷全球，西至新西兰及澳大利亚；北至加拿大；东至西欧及阿拉伯世界；南至南美洲，特别是巴西。"

若将班马克的观察结果延伸至过敏、自身免疫性疾病、精神疾病等其他"21 世纪文明病"，就会发现它们都发源自西方国家。当然，单从地理学无法解释这些疾病的兴起，只能就其他相关性、运气成分、原因给出线索。但从它们的分布地点来看，最明显的关联就是富裕的生活。从广泛比较国家的国民生产总值，到对比相同区域中的社会经济群体，都能找出慢性病与富裕相关的证据。

1990 年，德国居民提供了一个绝佳的自然实验，说明了经济繁荣程度与过敏人口之间的关系。柏林墙被拆除后，经历几十年分裂的民主德国与联邦德国终于重新统一。它们有许多共同之处，例如地理位置、气候与种族。但联邦德国发展得比较好，赶上了西方国家经济发展的脚步，民主德国却从第二次世界大战后就一蹶不振，并且比邻居联邦德国要穷困许多。不知为何，财富差异竟与健康差异有所关联。慕尼黑大学儿童医院的研究显示，住在富裕的联邦德国的过敏症患儿人数是民主德国患儿人数的2倍，花粉症患儿则是3倍。

这样的模式也见于很多过敏及自身免疫性疾病。从历史记录来看，在美国，比起富家子弟，穷人家的孩子比较不容易对食物过敏，也很少患哮喘。在德国，出生于"特权"（根据父母的受教育程度和职业判定）家庭的儿童，比那些无特殊背景的孩子更容易患湿疹。在北爱尔兰，出身贫困的儿童患有1型糖尿病的比例较低。在加拿大，炎症性肠病通常发生在高薪人群中。研究持续进行，疾病流行的区域也越来越大，甚至一个国家的国民生产总值也能被用来预测"21世纪文明病"的病患人数。

这些所谓的"西方疾病"也不再局限于西方国家。慢性病伴随财富而来。随着经济发展，"文明病"开始在发展中国家蔓延。这些最早在西方国家出现的问题，开始显露出席卷全世界的可能性。其中肥胖症一马当先，影响了包括发展中国家在内的大量人口；紧随而来的是与之相关的心脏病和2型糖尿病（对胰岛素不敏感，而非缺乏胰岛素）。包括哮喘与湿疹在内的变态反应也在传播的最前线，波及南美洲、东欧及亚洲的中等收入国家。过去并不常见的自身免疫性疾病及行为异常，现在在中高收入国家变得

　　　　人体里的"动物园"：与占据身体90%的微生物共存

非常普及，包括巴西与中国。随着在富裕国家中趋于平稳，许多现代疾病开始蔓延到其他地区。

说到"21世纪文明病"，财富成了一个危险的指标。你的薪水多寡、你居住地区的财富状况，以及你所在国家的状况，都会带给你患病的风险。当然，只是成为富有的人并不会让你生病。金钱不一定带来快乐，但可以带给你干净的饮用水、让你免于受传染病之苦、有高热量的食物吃、接受教育、在办公室里上班、组成一个小家庭、出远门度假，还有其他奢侈享受。我们在前面提出了"疾病发生于何处"的问题，答案不仅告诉了我们地点，更进一步说明了财富与这些慢性病的关联。

有意思的是，财富的增加与健康状况下降之间的关联，在财富金字塔顶端是不成立的。那些住在最富有国家中的最富有的人，似乎有办法使自己免于慢性疾病的侵扰。想想烟草、外卖和方便食品，这些开始只给有钱人享受的东西，到最后都变成了穷人的日常必需品。同时，富人能获得最新的医疗信息、最好的医疗照护，并且拥有选择生活方式的自由。现在，当发展中国家富裕人口的体重日趋增加并饱受过敏之苦时，发达国家则是穷人更可能超重并患有慢性疾病。

接下来的问题是"谁"。是财富与西方的生活方式让人们变得不健康吗？或是某些特定群体受到的影响比其他人更严重？1918年，一场大型流感在第一次世界大战后席卷全球，多达1亿人因此丧命。那么，当时是哪些人受到了感染呢？这个问题的答案若能结合现今的医学知识，可能会大大减少死亡人数。一般因流感死亡的通常都是社会中较脆弱的成员，如幼儿、老年人和病人，但1918年的流感致死病例却是健康的青壮年。这些患者正处于生命黄金期，死亡的主要原因不是流感病毒本身，而是免疫系统为了赶走病毒而发动的"细胞因子风暴"（cytokine storm）[1]。细胞因子是强化免疫反应的化学使者，它会引发比感染本身更危险的反应。越年轻、强壮的病患，他们的免疫系统产生的"风暴"也越严重，使患者更容易死于流感。我们在前文提出的"谁感染了疾病"这个问题能够告诉我们，是什么让流感病毒变得如此危险，并且能够引导医疗护理的方向，让我们不仅要对抗病毒，还要以平息"风暴"为目标。

关于"谁感染了疾病"这个问题，还应提出三个问题：这些"21世纪文明病"患者的年龄多大？这些疾病对不同种族的人有不同影响吗？对不同性别的人的影响呢？

让我们从"年龄"开始。说到年龄，人们很容易有一种观念，就是发达、富裕的国家有完善的医疗护理，社会会不可避免地迈向老龄化，而"文明病"只是一个与之相关的结果。你或许会想："人类现在的寿命这么长，多几种病很正常啊！"我们之中许多人能平安活到70~80岁，当我们从致命病原体的束缚中解脱后，必然也会面临其他致命疾病的挑战吧。但是我们现在面对的很多疾病，不单是因为平均寿命增加、上了年纪所引起的，不像癌症至

---

[1] 当身体受到外来病毒攻击时，免疫细胞会产生反应，释放出大量的细胞因子（cytokines），这就是所谓的"发炎反应"；当免疫系统反应太过激烈，进而发生吞噬细胞的现象，即称为"细胞因子风暴"。

少可以部分归因于身体老化、细胞在汰旧换新的过程中出现损坏。"21世纪文明病"不完全与老化有关，事实上，大部分"文明病"在儿童或青壮年时期就会发生，在传染病肆虐的时代，这个年龄组是比较少见的。

食物过敏、皮肤过敏、湿疹和哮喘，通常从出生到上幼儿园这段时间就会发病；典型的孤独症在婴儿学步期就会出现征兆，通常在5岁前就能被诊断出来；自身免疫性疾病可能发生于任何年纪，但有很多患者年纪轻轻就发病。举例来说，1型糖尿病虽然也有在成年后患病的情况，但通常都是在儿童及青少年时期发病；另外如多发性硬化症、银屑病（俗称牛皮癣）、炎症性肠病（如克罗恩病及溃疡性结肠炎）大多在20~30岁发病，而红斑狼疮通常在15~45岁发病。肥胖症也是起步很早的疾病，大约7%的美国宝宝在出生时被认为体重超过正常标准；到了学步期，超重的人数增加为10%；进入幼儿期的儿童，大约30%体重过重。年纪大的人也无法幸免于"21世纪文明病"，这些疾病通常在人们年轻时突然发病，身体老化并不是引发疾病的原因。

在西方国家中，容易因"年纪大"而引发的致命疾病——心脏病、中风、糖尿病、高血压及癌症——通常与从青壮年时期就开始失控的体重脱不了干系。我们不能将这些疾病导致的死亡仅归因于更长的寿命，在传统社会，活到八九十岁的人也鲜少有死于这些"老年性"疾病的。"21世纪文明病"并不仅仅归咎于老龄人口的迅速增加，而是像1918年的流感一样，在我们的黄金年龄打击我们。

接下来说种族。西方世界，如北美洲、欧洲及澳大利亚、新西兰与附近的南太平洋诸岛的人口主要是白色人种，所以他们患病是因为具有遗传易感性吗？事实上，在这些地区，白人患肥胖症、过敏症、自身免疫性疾病或孤独症的概率并非一直都是最高的。例如黑人、西班牙裔及南亚族群肥胖比例比白人更高；在其他地区，患过敏症与哮喘的黑人与白人都很多。自身免疫性疾病没有清晰的模式，有些疾病对黑人的影响较大，如红斑狼疮和硬皮病；其他如1型糖尿病及多发性硬化症则是白人较易受到影响。孤独症没有因为种族不同而表现出明显差异，但黑人儿童通常较晚被诊断出来。

这些看似种族间的差异，有可能主要来自财富或居住地点等其他因素，而不是基因吗？一项统计研究显示，哮喘发生在美国黑人儿童身上的概率高于其他种族，但并不是因为种族，而很有可能是因为大部分黑人家庭住得比较接近市中心，那里的儿童哮喘患病率本来就比较高。相比之下，在不太发达的非洲国家长大的黑人儿童，哮喘患病率要低很多。

我们可以用一个更聪明、更有效率的方式来厘清种族及环境对"21世纪文明病"的影响——检视移民的健康状况。在20世纪90年代，内战使得大批索马里人移居欧洲及北美洲。虽然逃离了动荡不安的国家，但这些人很快又面临一个新的挑战：原先在索马里，孤独症的患病率非常低，然而在海外出生的"移民二代"的孤独症患病率迅速增加到跟当地居民一样高。在加拿大多伦多的大型索马里社区中，大量移民家庭受到影响，孤独症也被称为

"西方病"。同样的情况也发生在瑞典，在这里，索马里移民的孩子患孤独症的人数是瑞典儿童的3~4倍。如此看来，居住地点的影响似乎比种族更大一些。

最后，我们来看看性别的影响。男性和女性的患病概率相同吗？曾经见识过"男性流感"（man flu）[1]发作的人，对于"女人有更强大的免疫系统"这项说法通常不会感到太惊讶。但不幸的是，在与免疫系统相关的慢性疾病中，女性的免疫优势反而成了不利条件。当男人似乎屈服于小感冒时，女人却在和只有她们的免疫系统能看见的恶魔战斗。

自身免疫性疾病在两性之间所呈现的差异最大。男性患过敏症的概率高于女性，但青春期之后，过敏症对女性的影响则多于男性。肠道疾病对女性的影响也多过男性。炎症性肠病的女性患者数略高于男性，但肠易激综合征的女性患者数则是男性的2倍。

令人惊讶的是，肥胖症对女性的影响也多于男性，特别是在发展中国家。然而当我们用身体质量指数之外的数据（例如腰围）统计时，会发现达到危险程度的超重男性和女性数量其实差不多。包括抑郁症、焦虑症及强迫症在内的精神疾病，尽管看似对女性的影响更大，但造成这种性别差异的部分原因很可能是男性不愿透露自己有抑郁的倾向。孤独症则是男性患者较多，男孩儿的患病率是女孩儿的5倍。也许对于孤独症来说，就像多发于年轻人的过敏症

---

[1] 指男性在得了小感冒后，夸大病情说自己得了流感。此为英国及爱尔兰常用说法，甚至引起一连串关于科学根据的讨论。

和多发于幼年的自身免疫性疾病一样，青春期是个分水岭，若没有性激素的影响，女性的发病概率则偏低。

强大的免疫系统可能是使女性较容易患这些"文明病"的原因。对于与免疫系统过度反应相关的疾病，如过敏症及自身免疫性疾病，要让免疫系统产生更大的反应，也需要更强的起始反应。性激素、遗传因素、生活习惯的不同也会产生影响，但是为何对女性影响较大，目前依然没有定论。无论如何，这种向女性倾斜的趋势突显了免疫系统对"文明病"发展的潜在影响力。"21世纪文明病"并非因为平均寿命延长，亦非因为基因遗传，容易患病的是年轻人、优势群体和拥有坚强免疫系统的人，尤其是女性。

终于，我们来到了流行病学之谜的最后一个问题：这些疾病是何时开始出现的？这可以说是最重要的问题。我一直称现代慢性疾病为"21世纪"的疾病，然而它的根源并不在这个世纪，而是20世纪。20世纪是人类历史上伟大革新与发现的一页，在这100年间，严重的传染病几乎被消灭，但随之而来的是从罕见变得普及的一系列现代疾病。导致这种变化的许多原因都出现在20世纪，亦可说是一连串的改变造成了疾病的增加。而精准地找出病例暴增的时间点，能为我们寻找疾病源头提供重要线索。

你或许已经对这个时间点有些感受了。大约20世纪中期，美国1型糖尿病病例突然暴增；丹麦及瑞士的征兵数据分析显示暴增时间是在50年代早期；荷兰是在50年代晚期；城市化程度较低的意大利撒丁区则是在60年代。哮喘及湿疹于20世纪40年代末、

　　　　人体里的"动物园"：与占据身体90%的微生物共存

50年代初开始盛行，克罗恩病及多发性硬化症病例则从50年代开始攀升。20世纪60年代，肥胖症才第一次被大规模记录，使得这种流行病的开始时间点较难确认，但一些专家指出，1945年第二次世界大战尾声可能是一个转折点。到了20世纪80年代，肥胖症病例暴增，但实际的增长时间点肯定发生在这之前。同样地，直到20世纪90年代晚期，才开始有人记录每年被确诊患有孤独症的儿童人数，但是这种病在40年代中期就被发现了。

变化发生于20世纪中期，或许接下来的几十年仍在持续。这些改变散布到全世界，并且会在以后几十年间波及更多国家。要找到"21世纪文明病"的根源，我们必须将焦点集中于一个特别的10年：20世纪40年代。

通过对事件、对象、地点、时间的分析，我们能够得出四点结论：第一，"21世纪文明病"通常由肠道开始，并且与免疫系统有关；第二，这些疾病通常发生在年轻人身上，通常是儿童、青少年及青壮年，并且很多疾病女性患者多于男性；第三，这些疾病多出现在西方世界，然而如今在逐渐现代化的发展中国家也越来越流行；第四，这些疾病的兴起始于20世纪40年代的西方，并且发展中国家也随后跟上。

让我们回到一开始的大问题：为什么这些"21世纪文明病"会接二连三地发生？为什么现代化的富裕生活反而让我们习惯了这些疾病？

从个体及社会的角度来看，我们的生活从朴素变得放纵，从落后变得先进，从奢侈品匮乏到被奢侈品包围，从物尽其用到不停地更新换代；人们从劳力工作变成习惯于久坐，从贫瘠的医疗护理到完善的医疗服务；制药工业从萌芽到兴盛；地区性扩展到全球化；人们对许多事情的态度也从保守变得开放。

要想解开谜团，在这些改变之中有100万亿个微小线索等待我们去研究、去发现。

第 2 章 ┃ **肠道的小秘密：**
　　　　┃ **所有疾病都源于肠道**

　　对观鸟爱好者来说，辨别庭院里的那些咖啡色小鸟——庭园林莺——是他们最大的挑战，因为这些鸟最显著的特征就是没有任何显著特征，要从晃动的双筒望远镜中观察并辨认这些小鸟更是难上加难。不过这些小鸟可是大有看头。孵化几个月之后，庭园林莺幼鸟就会展开长达6500千米的迁徙，跨越欧洲，从它们夏天的栖息地迁徙到避冬之地——撒哈拉沙漠以南的非洲。这是一条它们从未走过的路，不仅没有父母帮忙，也没有地图。

　　在踏上这段不可思议的旅程之前，这些小鸟会大量进食，增加脂肪，以储备长途飞行中需要的体力，应付食物匮乏的困境。几周后，小鸟的体重增加了约1倍，从17克变成37克的肥胖小鸟，如果以人类的标准来看，它们增重的速度近乎病态。每只庭园林莺在迁徙前都会不停地吃，每天都增加原体重10%的重量。这相当于一个64千克重的人，每天增加6.4千克，直到变成139千克。一旦这些小鸟将自己吃得胖嘟嘟之后，它们就会展开大部分精英运动员无法想象的耐力持久战——飞行几千千米的路程，而且在途中只吃几顿饭。

当然，要在短时间内让自己变得如此肥胖，这些庭园林莺必定大吃特吃了许多夏天盛产的食物。几乎在一夜之间，它们将主食从原先的昆虫改成了浆果类及无花果。尽管这些水果早在几周前就已成熟，但庭园林莺却要等到对的时机才开始吃，仿佛它们体内有个开关被打开了，突然间就开始拼命进食。

在很长一段时间内，研究人员都认为庭园林莺与其他候鸟的体重增加如此之快，纯粹是因为过度进食造成的。但是这些鸟类以惊人的速度从精瘦变成病态的肥胖，使人不禁联想或许有什么东西在帮助它们储存这么多的脂肪。关键不在于它们吃进多少食物，而是如何让食物转化成能量储存在身体内。通过记录庭园林莺吃进的热量，以及它们粪便中排出的热量，研究人员发现它们的食量无法解释重量的增加。

谜团不止一个。当这些肥胖的庭园林莺飞越地中海及撒哈拉沙漠，它们的脂肪渐渐被消耗殆尽，等到达冬天的栖息地时，它们已经恢复到正常的体重。然而奇怪的是，被关在笼子里的庭园林莺也一样。当夏天接近尾声，这些小鸟仍会变得肥胖，为了一场不会开始的旅程做准备；然后在野生庭园林莺抵达目的地的同时，圈养的庭园林莺也会完全摆脱多出来的脂肪。尽管这些笼子里的庭园林莺没有飞行6500千米，也没有挨饿，但它们仍然会在迁徙期结束时，恢复原本的体重。

这项观察结果令人惊奇。尽管受到气候、日长及季节性食物供给等种种因素影响，庭园林莺仍然可以"按时"迅速积累大量脂肪，然后又轻松地变瘦，而且圈养的庭园林莺也能与野生庭园林莺的生理时钟完美地同步。这种鸟类的大脑与豆子大小相当，它们不会在增加体重后想到"我必须要节食"，也没有禁食或疯狂运动，却能在大量进食后，在短时间内让体形变回原貌。若将小鸟减重的速度换算到成人身上，那这个人必须在7天内每天减去6.4千克，就算不吃任何东西，人类也无法在如此短的时间内甩掉这么多的体重。

尽管我们还不知道庭园林莺究竟是用什么方法来调节体重的，但这种程度的体重变化早已超出了计算热量摄取量所能预期的结果。有一件事情可以确定：要维持稳定的体重，并不能只靠热量摄取与消耗之间的平衡。在人类世界，对体重增加的合理科学解释是："造成肥胖及超重的根本原因，在于摄入的热量多于消耗的热量。"

这个解释所要表达的意思很明确：如果你吃得太多、运动太少，多余的热量就会被储存下来，你的体重就会增加。若想减重，你就必须少吃多运动。但是庭园林莺能够迅速存下多于它们摄入的食物总热量，然后消耗掉大于它们运动量所燃烧的脂肪。显然，体重调节的游戏不像表面上看到的这么单纯。如果热量的摄入与消耗不是庭园林莺体重变化的绝对原因，或许这也不是人类体重变化的原因。

治疗超过1万名肥胖症患者的印度医生尼基尔·杜兰德哈

（Nikhil Dhurandhar）博士也对这件事感到好奇。他的病人不断地回来复诊，因为他们在减重后体重反弹，或者始终无法减去一丁点儿体重。20世纪80年代，杜兰德哈和他的父亲——另一位专精于肥胖症治疗的医生——在印度孟买经营一家非常成功的肥胖症诊所。接下来的10年中，他们试着帮助人们少吃多运动，但杜兰德哈越来越感觉到，他和病患所做的这些努力最终都是无效的。"减重成功后，人们的体重又会增加，这就是最大的问题，也是我最大的挫败。"杜兰德哈想要了解更多关于造成肥胖症的生理机制，如果控制饮食和运动无法永久治愈肥胖症，那或许"吃得多，动得少"并不是肥胖症的唯一原因。

这是一个我们极想解开的谜题。人类就像庭园林莺一样，正在集体增重，而且增加的重量与我们"摄取"与"消耗"的热量并不相符。大规模的全面研究也指出，我们增加的大部分体重，都不是因为我们吃了太多额外的食物或是缺乏运动。甚至有研究表明，在同样的运动量下，我们吃的比过去更少了。暴饮暴食及不运动对于过去60年肥胖症人数默默增长的影响，至今仍然争论不休，但这个争论却仅围绕着一个其实不相干的中心概念：哪种减肥餐最有效？

正当杜兰德哈感到挫败之时，一种神秘的疾病正在印度各地的鸡舍内蔓延，导致禽类大量死亡并且危害到了鸡农的生计。杜兰德哈有一位研究兽医学的朋友，致力于找出这种疾病的起因和治疗方法。他在某次晚餐聚会上告诉杜兰德哈，罪魁祸首原来是一种病毒。这些禽类死于过度肥大的肝、缩小的胸腺，以及过多的脂肪。杜兰德哈打断了朋友的话，想确认自己刚才没有听错："死掉的鸡都是特别肥胖的鸡？"兽医朋友点头确认。

杜兰德哈感到奇怪，因为死于病毒感染的动物通常会变得很瘦，而不是变胖。难道这种病毒会使鸡变胖？这有可能是他的患者瘦不下来的原因吗？杜兰德哈急着想知道更多，因此自己做了一次实验。他在一组鸡体内注射病毒，另一组则维持原状。3周后，他发现受感染的鸡明显变得比那些健康的鸡胖很多，病毒似乎让它们在生病时增重了。有没有可能，杜兰德哈的病人和世界上其他无数的人类也受到了这种病毒的感染呢？

这种发生在我们人类身上的状况，规模浩大、史无前例。在遥远的未来，当人类回溯20世纪，他们不会只记得两次世界大战，也不会只记得互联网的发明，而是会将其视为肥胖症的时代。对比5万年前、20世纪50年代与现代人的平均身材，前两者会看起来比较相似。在短短60年间，我们从精瘦、肌肉发达的狩猎–采集者身材，变成了现在被一层多余脂肪包裹的样子。这种事从未如此大规模地发生在人类身上，也没有任何动物得过这种让体形改变的疾病——除了人类饲养的宠物或家畜。

地球上每3个成人中就有1人超重，每9个人中就有1人过度肥胖——这是所有国家的平均值，包含那些营养不良人口较多的国家。若是只看那些被肥胖问题困扰的国家，数据更是高到令人难以置信。举例来说，位于南太平洋的岛国瑙鲁共和国，大约70%的成人达到肥胖程度，另外23%的人超重。这个小国家只有1万人，仅有大约700人的体重在健康范围内。瑙鲁共和国是地球上最"胖"的国家，其他南太平洋岛屿和中东国家则紧追在后。

从前人们只需要担心因吃不饱而瘦成皮包骨，现在不仅多数人都有超重的问题，人数甚至多到直接统计体重正常的人会比较快。在西方国家，大约每3个成人中就有2人超重，这2人之中还有1人属于肥胖。美国恶名昭彰的肥胖问题，在世界排名中位列第17名，有71%的人口超重或肥胖；英国排在第39名，62%的成人超重（其中25%属于肥胖），是西欧肥胖人口最多的国家。在西方国家，儿童的肥胖问题也惊人地普遍，20岁以下的青少年中，有三分之一的人超重，其中半数属于肥胖。

肥胖症早已在不知不觉中影响我们，而且几乎就要成为常态。关于肥胖"流行病"的文章与新闻时时提醒着我们这个问题有多严重，然而我们却迅速适应了生活在这个多数人都超重的社会。我们认为肥胖是贪吃及懒惰的后果，若事实真是如此，这无疑是对人类本性的一记控告。但想想人类在20世纪取得的成就，手机、互联网、飞机，还有各种救命药物的发明，看起来我们并不只是整天躺着吃蛋糕。但在发达国家中，纤瘦的人确实已经只占少数，而且这种变化就发生在最近的50~60年中，可是在这之前的几千年，人类一直都很瘦。这个事实令人震惊，我们到底对自己做了什么？

仅在最近50年间，西方世界人口的平均体重就大约增加了原先体重的五分之一，如果将时间回溯到20世纪60年代，你很可能会比现在轻盈许多。假设一个人在2015年的体重是70千克，若他生活在1965年，体重可能只有57千克，而且不需要特别维

人体里的"动物园"：与占据身体90%的微生物共存

持体重。如今数以千万计的人日夜不停地控制饮食，减少食物的摄取，但对于吃的欲望却依然在他们的脑海里根深蒂固。尽管人们在健身房、减肥药或是时下流行的食疗减肥上投入了大量的金钱，肥胖程度却还是在无情地上升。

尽管这60年来，有很多关于维持体重及减重的科学研究，但肥胖人口依然在持续增加。让我们回到1958年，这时的超重人口还相对稀少，肥胖症研究先驱艾伯特·斯顿卡德（Albert Stunkard）曾说道："肥胖的人大多不会接受肥胖症治疗，那些接受治疗的人大多无法减重成功，而那些减重成功的人通常都会再次发胖。"他的说法大致上是对的。即使是半个多世纪后的现在，减重成功的概率仍旧不高，通常只有不到一半的参与者能够成功减重。

为什么减重会这么困难呢？

直到现在，这些人仍在替他们的体重寻找解释（或是借口），遗传学成为他们最喜爱的说法。然而学界尚未证实人类DNA的差异会影响体重，就算有也只是一小部分而已。在2010年的一项大型研究中，由数百名科学家组成的团队希望能从25万人的基因中找出与体重相关的蛛丝马迹。令人惊讶的是，在人类的2.1万个基因组中，他们仅发现32个基因似乎对体重增加有影响。肥胖遗传可能性最低的人与可能性最高的人之间，平均体重仅相差8千克。而那些拥有最糟糕的基因组合的人，他们超重的风险只比一般人高出1%~10%。

不论基因与肥胖有无关联，我们还是不能用遗传学来完全解释肥胖症的流行，因为60年前，几乎所有人都很瘦，当时的人类基因变种与如今的人类基因变种大体上是相同的。可能更重要的是环境改变的影响，举例来说，可能是我们的饮食与生活习惯使我们的基因发生了变化。

我们偏爱的另一个解释是"新陈代谢缓慢"。"我不需要特别留意自己吃了什么，我的新陈代谢很快。"这绝对是一个瘦人能说出的最令人恼怒的一句话，但这个说法毫无科学根据。新陈代谢缓慢，或更确切地说，基础代谢率较低，是指一个人在静止的情况下消耗的热量比一般人少，这里的静止是指完全不动、没看电视也没有在心算的情况下。基础代谢率的确因人而异，但事实是超重的人代谢更快，而非瘦的人，因为体形较大的人需要更多热量来使身体运作。

如果遗传学和低基础代谢率都不是造成肥胖的原因，我们吃的食物多寡及运动量也不能完全解释增加的重量，那什么才是合理的解释？和许多人一样，尼基尔·杜兰德哈想知道还有什么是我们不知道的原因。病毒是否会让人们变得肥胖？杜兰德哈心中生起这个念头。他在孟买检查了52个病人，看他们身上是否有鸡病毒的抗体——这是他们曾经被此病毒感染过的证明。结果令他惊讶，其中最肥胖的10个病人都曾经感染过这种病毒。杜兰德哈决定停止治疗肥胖症，转而开始研究肥胖症的病因。

至少在英国，人们已经开始思考重新设计、改变演化赐予我们的消化系统，这是防止我们吃死自己的最佳方法。执行胃束带手术及胃绕道手术可以让胃变小，防止人们吃进过多大脑及身体想要他们吃的食物，这是控制肥胖症及其后果最有效且便宜的方式。

若饮食控制和运动都完全没用，胃绕道手术是减重的唯一希望，那么物理定律的简单应用——摄取的能量减掉消耗的能量等于储存下来的能量——要如何向被生物机制支配的我们交代呢？

我们才刚开始了解相关知识，事情并不像表面看到的这么简单。庭园林莺和会冬眠的哺乳动物告诉我们的是，调节体重并不只是计算热量。用一进一出的简单计算方式来衡量身体的能量访问机制，简直小看了人体消化系统的复杂性和食欲调节与能量储存机制。医生乔治·布雷（George Bray）从肥胖症流行之初就开始研究，他说："肥胖症比错综复杂还要复杂得多。"

2500年前，"医学之父"希波克拉底（Hippocrates）相信所有疾病都源自肠道。他对肠道结构了解不多，更不用说住在里面的100万亿个微生物了，却比我们早了2000多年就开始调查此事。在那时，肥胖症与另一种明显源于肠道的"21世纪文明病"——肠易激综合征一样，是非常罕见的，而肠易激综合征应该是跟我们体内微生物相关的疾病中最令人讨厌的了。

2000年5月的第一周，加拿大沃克顿的乡村下着不合时令的大雨。暴雨过后，数百名沃克顿居民陆续生病。随着越来越多人发展成肠胃炎及出血性腹泻，政府检测了水质，发现小镇的饮用水被致命的大肠杆菌菌株感染了，而自来水公司一直对此事保持沉默。

有人说公司的老板早在几星期前就知道镇上某个水井的加氯消毒系统坏了，大雨期间，他们的疏忽让从农田溢出的带着粪肥

的雨水直接流向水源供给处。在污染事件被揭发的隔天，3名成人和1名婴儿因病死亡，在接下来的几周又有3人死亡。在几周的时间内，沃克顿的5000名居民中有一半人受到感染。

尽管水厂很快就被清理干净，但对那些生病的人来说故事还没有结束。腹泻与腹部绞痛的症状一直存在，整整2年后，仍有三分之一的染病居民尚未痊愈。这些居民的腹泻发展成了肠易激综合征，而且在疾病暴发8年之后，超过半数的人还是有这个问题。

作为肠易激综合征的新受害者，不幸的沃克顿居民为此病不断攀升的患者人数又添一笔。严重的腹痛和无法预测的腹泻发作决定了病患生活的自由程度。然而对某些人来说则是相反的情况，便秘及附带的疼痛，让他们几天甚至几周都无法排便。"但至少这些患者可以出门。"研究便秘型肠易激综合征的英国胃肠病学家彼得·沃维尔（Peter Whorwell）说。更惨的是腹泻与便秘交替的肠易激综合征，这让少数人的生活变得更加困难、更加难以预测。

令人头痛的是，在西方，即使将近每5人中就有1人（大部分是女性）无法摆脱这种会影响一生的疾病，我们却不了解它。其英文名称中的"irritable"（易受刺激的），掩盖了肠易激综合征对患者生活的影响。事实上，这种疾病不仅降低患者的生活质量，甚至比肾透析和糖尿病患者注射胰岛素还要麻烦。或许是因为不知道起因，也不知道如何才能治愈，才让人对这种病彻底感到绝望。

肠易激综合征在全球范围内流行，每10个就医的人中就有1人是肠易激综合征，到胃肠科看病的一半人都是因为它。在美国，每年因为肠易激综合征就医的人数有300万，开具处方220万张，病例遍及10万家医院。但人们都保持沉默，没有人想谈论腹泻这件事。

一个人如果患有炎症性肠病，结肠上会有溃疡，而肠易激综合征患者的肠子却与那些健康人的一样粉红且平滑。由于腹泻原因不明，又缺乏生理上的明显征兆，导致肠易激综合征在历史上被认定为庸人自扰。大部分的肠易激综合征患者紧张时，病情会更严重，但不太可能只因为紧张就导致疾病反复出现。广大的肠易激综合征患者需要一个更合理的解释，我们经历了数百万年的演化，可不是为了30秒就跑一趟厕所。

我们可以从沃克顿的悲剧中找出一些线索。在这起事件中患上肠易激综合征的人，并不是唯一将自己的病归为某种胃肠感染的人。大概有三分之一的肠易激综合征患者指出，他们的肠道问题是从某次食物中毒或是类似情况开始的，并且从此无解。人们在国外旅行时生病腹泻后，得肠易激综合征的可能性比一般人高出7倍，而且就算找出感染了哪种病菌也没用，这些人所受的折磨早就不是来自最初的肠胃炎了。

对某些人来说，肠易激综合征并非与感染同时发生，而是伴随抗生素治疗而来。腹泻是使用抗生素的正常副作用，有些患者即使将全部的药都吃完了，这个症状还是会持续很长一段时间。矛盾的是，抗生素也可以用来治疗肠易激综合征，效果能维持数周至数个月。

所以这究竟是怎么一回事？肠胃炎和抗生素这些线索暗示着同一个特征：肠道内微生物生态平衡的短期瓦解，会对微生物区系组成产生长期的影响。试想一片充满生命及绿意的原始雨林，昆虫栖息在矮树丛间，灵长类动物在有树遮挡的栖息地发出喊叫；而现在伐木工入侵，锯掉了生长逾千年的茂密森林，并用推土机清除了剩下的残根。接着请再想象，有一种杂草入侵，来源或许是卡在挖土机轮子里的种子掉进了土中。这种杂草在土地上苗壮生长，抢走了本地植物的生长空间。森林会随着时间慢慢恢复，但不再是以前那个原始、复杂、未受破坏的栖息地，生物多样性下降，敏感的物种可能会灭绝，入侵者则越来越兴盛。

将雨林错综复杂的生态系统缩小100万倍来看，就是肠道内的微生物生态。细胞之间无数微妙的相互作用编织出了一张生命网，而抗生素"链锯"和入侵的病原体将这张"生命网"撕裂，如果破坏规模够大，这个系统将无法再恢复原状，而是会瓦解。在雨林中，后果是栖息地被破坏；在身体中，后果则是微生态失衡（dysbiosis）。

抗生素或感染不是造成微生态失衡的唯一原因，不健康的饮食习惯或不当的药物治疗也会产生相同的影响，破坏人体内健康的微生物种类平衡，并会降低微生物的多样性。人体微生态失衡，正是造成"21世纪文明病"的罪魁祸首。肠易激综合征与那些影响器官和身体系统的疾病的起源与结束，都在肠道里。

在肠易激综合征的病例中，抗生素和肠胃炎的影响说明了慢性腹泻和便秘可能源于肠道的微生态失衡。我们可以通过DNA测序，检测居住在人类肠道里的微生物种类及数量。对比肠易激综合征患者和健康的人，会发现两者体内有明显不同的微生物区系。然而，某些肠易激综合征患者的微生物区系却跟健康的人没有什么差别，这些患者比较容易感到抑郁，表明一小部分患者的肠易激综合征是由心理疾病导致的。但对其他大部分患者来说，肠道微生态失衡才是主因，而压力只会使情况更严重。

有些研究发现，微生态失衡的肠易激综合征患者，根据症状的不同，微生物区系组成也会不同。例如吃东西容易很快有饱胀感的病患，肠道内有更多的蓝细菌（Cyanobacteria）；另外一些时常腹痛的人则拥有大量的变形菌（Proteobacteria）；至于便秘的病人，他们的肠道中有17种菌群的数量都增加了。和健康的人比起来，病人体内的微生物区系不仅种类异于常人，状态也相当不稳定。

这样说起来，肠易激综合征的起因似乎有迹可寻，它可能是肠道被"错误的"微生物"刺激"的结果。按照这个逻辑来看，下列说法似乎很合理：从喝下被污染的水或吃下未煮熟的鸡肉引起急性腹泻，到慢性肠道功能紊乱，都是因为肠道细菌失去平衡。腹泻通常可归咎于特定的病原菌，例如生鸡肉中有一种会引发食物中毒的空肠弯曲杆菌（*Campylobacter jejuni*）。但肠易激综合征却不是只由某种坏菌就能造成的，而是与那些通常被视为"友善细菌"的相对数量有关。或许是某种细菌数量不够多，或许是另一种细菌数量过多，甚至是某种普通的细菌借机转变成了坏菌。

如果肠易激综合征病患的肠道没有明显的感染，那微生态失衡究竟是如何使肠道功能陷入大混乱的？病患肠道中出现的菌群似乎也会出现在健康的人身上，所以仅是细菌数量的变化又如何能造成影响？此刻，医学家还无法完整回答这个问题，但是研究揭示了一些有趣的线索。不像炎症性肠病，肠易激综合征患者的肠子表面不会出现溃疡，但他们的肠道也会红肿发炎。这像是身体借着打开肠壁表面细胞之间的小缝隙，让水分跑进去，好将微生物冲出肠道。

我们可以想象肠道内的微生物失衡会导致肠易激综合征，但是肠道问题造成的另一个麻烦——日渐扩大的腰围——又该如何解释呢？微生物区系可以为摄取与消耗之间减少的热量负责吗？

瑞典是一个非常认真看待肥胖症的国家。尽管他们的肥胖人口数排名世界第90名，而且是欧洲最瘦的国家之一，但瑞典的胃绕道手术率却居世界之首。瑞典人曾想过要对高热量食物征收

人体里的"动物园"：与占据身体 90% 的微生物共存

"肥胖税"，医生可以为超重的病人规划运动课程。瑞典还出了一位在促进肥胖症科学研究中做出巨大贡献的科学家。

弗雷德里克·巴克赫（Fredrik Bäckhed）是瑞典哥德堡大学的微生物学教授，你在他的实验室里找不到培养皿或显微镜，取而代之的是几十只小鼠。像人类一样，小鼠身上也有许多微生物，这些微生物主要住在它们的肠道中。但是巴克赫的小鼠不一样，它们是在无菌环境下剖宫产出的，身上没有任何微生物，每一只都像空白的画布一般，完全无菌。也就是说，巴克赫的团队可以在它们身上植入任何微生物，用来做实验。

2004年，巴克赫与世界顶尖的生物学家、美国密苏里州圣路易斯华盛顿大学的杰弗里·戈登教授一起着手研究消化道微生物区系。戈登注意到他的无菌小鼠特别瘦，他和巴克赫猜测这是因为小鼠缺乏肠道微生物造成的。他们发现，还没有人做过"微生物对动物代谢的影响"这个最基本的研究，所以巴克赫的第一个问题非常简单：肠道微生物会让小鼠的体重增加吗？

为了找出答案，巴克赫先将一些无菌小鼠养大，然后将一般小鼠的盲肠内容物均匀点在无菌小鼠的毛上。一旦无菌小鼠舔了自己毛上的盲肠内容物，它们的肠道就会开始接受一组微生物。接着不同寻常的事发生了：无菌小鼠的体重增加了。不只是一点点，而是在14天内增加了60%的体重，而且它们吃的比原本更少。

在这项实验中，似乎不只微生物受益，从此在小鼠的肠道中安家，小鼠也从中获益了。众所周知，住在肠道中的微生物会帮忙分解难以消化的食物，但没有人研究过这第二回合的消化对能量摄取有多大贡献。微生物帮助小鼠从食物中获得更多热量，小鼠就可以靠更少的食物生存。如果微生物区系决定了小鼠可以从食物中吸收多少热量，是否意味着微生物区系可能与肥胖症有关系呢？

　　戈登实验室的另一位成员、微生物学家露丝·利（Ruth Ley）怀疑，肥胖动物体内的微生物也许与苗条动物体内的微生物不同。为了找出答案，她用天生就肥胖的ob/ob小鼠做实验。它们的体重是普通小鼠的3倍，体形看起来就像一个球，而且这种小鼠会不停地吃东西。虽然这些小鼠看起来像是完全不同的品种，但事实上，它们只是有一个让自己不停进食并变得极度肥胖的单一基因突变。这个突变让小鼠的身体停止制造瘦蛋白（leptin）——一种能够抑制人类和小鼠食欲的激素。没有瘦蛋白来通知大脑已经吃饱了，这些ob/ob小鼠就会永远吃不饱。

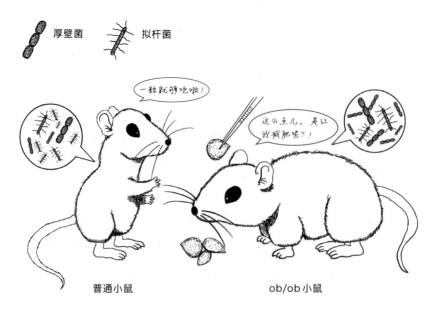

　　　　　　　　　人体里的"动物园"：与占据身体90%的微生物共存

利通过解码存在于 ob/ob 小鼠肠道细菌中的 16S 核糖体 RNA 基因统计菌种的类别和数量，来比较肥胖小鼠和瘦小鼠的微生物区系。在两种小鼠的肠道里，有两组主要的细菌：拟杆菌和厚壁菌（Firmicutes）。但是肥胖小鼠的拟杆菌数量只有瘦小鼠的一半，不足的部分则全由厚壁菌补上。

拟杆菌和厚壁菌的比例，有可能是肥胖症的关键所在。利为这个发现感到兴奋，她继续研究肥胖的人和纤瘦的人肠道内的微生物区系，发现了同样的结果：肥胖者有较多的厚壁菌，纤瘦者有较多的拟杆菌。但这个结论似乎又太简单了。肠道微生物区系的构成和肥胖症之间的关系如此直接吗？更重要的是，肥胖小鼠和肥胖人类肠道内的微生物是造成肥胖的原因吗？或者它们只是肥胖产生的后果？

接下来是戈登实验室的第三位成员、博士生彼得·特恩博（Peter Turnbaugh）的发现。他用的也是 ob/ob 小鼠，把它们身上的微生物移植到无菌小鼠身上，同时将正常瘦小鼠身上的微生物移植到另一组无菌小鼠身上。特恩博给这两组小鼠同样分量的食物，14 天后，身上被移植了"肥胖"微生物区系的无菌小鼠变胖，而那些移植了"瘦"微生物区系的无菌小鼠则没有变胖。

特恩博的实验显示，不只肠道内的微生物会让小鼠变胖，在个体间传递的微生物也会产生同样的效果。这个实验的应用远不只是将肥胖小鼠的微生物移植到瘦小鼠身上，反过来，我们也可以把瘦人的微生物移植到肥胖者身上，让他们不需节食就能减重。特恩博和他的合作伙伴注意到了这个发现的可能疗效及获利潜力，并且以"微生物移植治疗肥胖症"的这个概念申请了专利。

但在为这个充满潜力的肥胖症疗法激动之前，我们必须知道它是如何运作的，我们得知道这些微生物到底做了什么让我们变胖？与前文提到的肥胖小鼠一样，特恩博的肥胖小鼠也有较多的厚壁菌及较少的拟杆菌，而厚壁菌似乎可以帮助小鼠从食物中吸收更多能量。这个细节破坏了肥胖公式的核心原理。要计算一个人"摄取的热量"，不能只看他吃了多少，更准确地是要计算一个人吸收的热量。特恩博计算出，有肥胖微生物区系的小鼠从食物中获取的热量比瘦小鼠多2%；瘦小鼠每吸收100卡路里的热量，肥胖小鼠可以吸收102热量。

这个数字看起来或许不多，但算算看一年之后它会累积多少。以一位身高162厘米、体重62千克的女性为例，她的身体质量指数是在正常范围内的23.5。这位女性每天吃进2000卡路里热量的食物，如果她身上有"肥胖"微生物区系，那么她每天要多吸收2%的热量，即40卡路里的热量。要是没有将这些额外的热量消耗掉，理论上，这些每天多出来的40卡路里的热量在一年后会转化成1.9千克的重量，10年就是19千克，会让这名女性的体重变成81千克，而她的身体质量指数则会变成重度肥胖的30.7。这全都是因为她肠道中的细菌从食物中额外吸收了2%的热量。

特恩博的实验让我们对人类营养学的理解发生了天翻地覆的变化。食物的热量通常可从标准的食物热量表中找到，例如每克碳水化合物能产生4卡路里的热量、每克脂肪可产生9卡路里的热量。这些标签将食品所含的热量表现为一个固定的数值，例如"这份酸奶含有137卡路里的热量""一片面包是69卡路里的热量"。然而彼得·特恩博的实验告诉我们，热量可不是这样算的。对一个拥有健康体重的人来说，酸奶的热量或许是137卡路里的热量，但对于超重的人或拥有不同肠道微生物组合的人来说可能是140卡路里的热量。再次强调，虽然差距很小，但它会累积。

　　微生物为了我们的身体从食物中吸收能量，而从食物中吸收多少热量，也是由微生物决定的，而不是标准食物热量表。对那些努力节食却总是无法减重的人来说，这或许是一部分原因。通过仔细计算热量控制饮食，可以减少每天的热量摄取，持续一段时间之后体重应该会下降，但如果"吸收的热量"被低估了，体重可能就不会减少，甚至可能会增加。另一个实验结果同样支持这个观点。2011年，赖纳·尤姆佩茨（Reiner Jumpertz）在美国亚利桑那州菲尼克斯的国立卫生研究院展开实验，他为志愿者提供定量热量的饮食，等消化之后测量他们粪便中的热量含量。瘦的志愿者吃高热量食物，他们的厚壁菌数量会增加，拟杆菌则不会。肠道微生物的这种改变会使瘦志愿者粪便中的热量下降，让他们每天从同样的饮食中额外吸收150卡路里的热量。

　　我们肠道内独特的微生物组成，决定了我们从食物中吸收能量的能力。在小肠消化并吸收大部分的营养后，剩下的食物残余会进入大肠——这里住着人体内的大部分微生物。这些微生物像工厂工人一样辛勤地工作，各自分解它们喜欢的分子，并从中尽可能地吸收养分，最后剩下的一些非常简单的分子会被大肠内壁吸收。某种菌株可能有专门分解肉类中的氨基酸分子的基因，另一种菌株可能适合分解绿色蔬菜中的长链碳水化合物分子，第三种菌株则在搜集未被小肠吸收的糖分子上最有效率。我们吃的东西会影响我们身上的细菌，举例来说，一位素食者可能没有太多氨基酸菌株，因为没有稳定的肉类供给，这种细菌就无法繁殖。

巴克赫猜测，我们体内微生物工厂的构成可以决定我们从食物中吸收的养分。如果一位素食者放弃立场，决定享受一下吃烤肉的乐趣，他大概也没有足够的专门分解氨基酸的微生物来帮助消化；但是一个经常吃肉的人就会有大量可用的微生物，相比素食者，他们也会从烤肉中摄取更多的热量。同样道理，一个人如果只摄取少量的脂肪，他体内专门帮助分解脂肪的微生物就会比较少，剩余的甜甜圈或巧克力经过大肠时就不会被有效地分解；而那些每天固定吃下午茶的人，体内就会有较多喜欢脂肪的细菌，等着分解下一个进入大肠的甜甜圈，并从中吸收大量热量。

毫无疑问，我们从食物中吸收的热量数量很重要，但重要的不仅是微生物替我们吸收了多少能量，还有它们让我们的身体如何处理这些能量。我们会立刻将这些能量用在肌肉和器官上吗？还是先将其储存起来，等我们缺少食物时再派上用场？这取决于我们的基因，但关键不在于父母遗传给你哪些基因变异，而是哪些基因会被启动和关闭、加强和减弱。

我们的身体利用各种化学信使控制基因的开、关、加强与减弱。举例来说，这种控制意味着我们眼睛中的细胞的功能，与肝细胞的功能不同；或者说大脑中的细胞在我们白天工作和半夜昏睡时，也有不同的功能。然而我们的身体并不是基因的唯一控制者，我们体内的微生物也有决定权，借着控制某些基因来满足它们的需求。

微生物区系的成员可以促使基因运作，鼓励我们的脂肪细胞储存热量。这样做对微生物当然有好处，因为它们寄居在人类身上，和人类一样也要过冬。"肥胖微生物区系"让这些基因运作，强迫它们将多余的能量转化成脂肪储存下来。对于努力维持体重的人来说，这或许是一件很烦人的事情，但这个基因控制按理说是对我们有益的，能让我们充分利用食物、储存能量，以应付将来可能出现的食物匮乏的情况。毕竟在从前食物取得不易的年代，只要能渡过饥荒，就能让生命延续。

你摄入的热量，不是计算你放进嘴里的食物的热量，而是以你的肠道实际吸收的热量为准，包括微生物帮你吸收的那一份。同样地，热量的消耗也不只是你运动时需要多少热量这么简单。这与你的身体选择如何使用那些热量有关：是存起来以备不时之需，还是立刻将它燃烧掉。尽管这些生物机制会随着人们身上微生物的不同而有所差异，使某些人吸收并储存更多热量，但这带来了另外一个问题：为什么吸收并储存更多热量的人不会更快感到饱足？如果已经吸收了足够的热量、储存了足够的脂肪，为什么有些人还是会继续吃呢？

你的食欲会受到许多因素影响，除了最直接的身体感觉，也就是胃的饱足感，还有告诉大脑有多少能量被储存成脂肪的激素。我在前文提到的遗传性肥胖小鼠天生缺乏的瘦蛋白就是这种激素，它直接由脂肪组织生产，所以我们拥有越多的脂肪细胞，就会有越多的瘦蛋白被释放到血液中。一旦储存了足够的脂肪量，瘦蛋白就会告诉大脑我们已经吃饱了，我们的食欲就会被抑制。

那么，为什么人们体重开始增加，却还是没有对食物失去兴趣呢？多亏这些天生无法自己制造瘦蛋白的ob/ob小鼠，瘦蛋白才能在20世纪90年代被发现，这个发现也为研究人员提供了一个灵感：用激素治疗肥胖症。ob/ob小鼠在注射瘦蛋白后，体重会快速下降。它们吃得更少，运动量变大，在一个月内就减掉了原本体重的将近一半。正常的瘦小鼠注射瘦蛋白后，体重也会下降。如果肥胖小鼠可以被治疗，人类的肥胖症是否也可以用瘦蛋白来治疗呢？

看看现今肥胖症如此流行，就知道答案是否定的。人类注射瘦蛋白之后，体重跟食欲几乎没有任何改变。虽然令人失望，但这个失败说明了一件事：人们不是因为缺乏瘦蛋白而变胖的。事实上，超重的人体内瘦蛋白含量特别高，因为他们有更多脂肪组织来生产瘦蛋白。问题在于他们的大脑抵抗瘦蛋白的效果。对瘦人来说，体重增加会产生额外的瘦蛋白，间接造成食欲下降。但是对肥胖的人来说，尽管身体里有很多瘦蛋白，大脑却无法侦测到，所以他们很难感到饱足。

这种"瘦蛋白抵抗"暗示了一些重要的事。患有肥胖症的人，食欲调节和能量储存的正常生理机制已经发生了根本性的变化。

多余的脂肪不仅能储存尚未使用的热量，还是一个能量使用控制中心，有点儿类似自动温度调节器。当身体已经存入足够的脂肪，调节器就会关闭，降低食欲并且避免更多的热量被储存下来；当脂肪储存量变少，调节器会被再度打开，增加食欲并且让更多食物转化成脂肪。在庭园林莺的例子中，体重增加不只是因为进食量增加，也与身体控制能量的生物化学转移有关。"庭园林莺效应"推翻了"饮食与运动的平衡是维持体重的关键"的基本假设，如果这个想法是错误的，或许肥胖症不是贪吃懒惰导致的"生活方式疾病"，而是源于某个超出我们控制范围的东西。

如果你觉得这是一个过于激进的想法，请试着回想一下几十年前，我们"得知"胃溃疡是源于压力和咖啡因时的情况。与肥胖症一样，胃溃疡在当时也被视为一种由生活方式引起的疾病，只要改变习惯，问题就可以解决，方法很简单：保持冷静，多喝水。但这个治疗方法并没有用，胃溃疡照样复发，胃酸照样在病患的胃里烧出小孔，于是患者被怀疑没有坚持按照治疗计划做，才让压力阻碍了康复。

但在1982年，澳大利亚科学家罗宾·沃伦（Robin Warren）与巴里·马歇尔（Barry Marshall）发现了一种叫幽门螺杆菌的细菌，它们有时会聚集在胃里，造成胃溃疡和胃炎。压力和咖啡因只会使胃更痛，而不是造成发炎的原因。沃伦和马歇尔的论点完全不被科学界接受，因此马歇尔刻意喝下含有幽门螺杆菌的液体，让自己患上胃炎，证明了其中的关联。两人花了15年才让医学界完全接受这个新发现。现在，人们用抗生素治疗溃疡，便宜又有效。

2005年，沃伦和马歇尔获得诺贝尔生理学或医学奖，以表彰他们突破以往武断的思维，发现胃溃疡的真正病因。

同样地，尼基尔·杜兰德哈用他的病毒实验，挑战"肥胖症是因为进食过量所引起的生活方式疾病"的观念。为了证明病毒感染可以导致人类体重增加的可能性，他放弃了行医的工作，全心投入科学研究。杜兰德哈决定举家迁往美国，希望能找到为他的研究提供科研经费的赞助方。直面科学研究机构的顽固"抵抗"要冒很大的风险，但最终他获得了回报。

搬到美国两年后，杜兰德哈还是没能说服任何人支持他对鸡病毒的研究，就在他快要放弃并打算返回印度之际，威斯康星大学的营养学教授理查德·阿特金森（Richard Atkinson）同意聘请他。杜兰德哈终于可以开展实验了，但实验还没开始，他们就遇到了一个大阻碍：美国官方禁止他们进口鸡病毒——毕竟那东西可能会造成肥胖症。

阿特金森和杜兰德哈于是想出一个新计划，他们改为研究另一种在美国很常见的病毒，希望这种病毒也有可能导致体重增加。他们直觉上认为这种病毒跟鸡病毒很相似，便从实验室目录中选择了它，这是一种会引起呼吸系统感染的病毒，名字叫作"腺病毒36"（adenovirus 36）。

杜兰德哈再次用一组鸡展开实验，他用腺病毒36感染一半的鸡，另一半的鸡则感染另一种常在鸟类身上出现的腺病毒，然后和阿特金森静待结果。腺病毒36会像印度的鸡病毒一样，让禽类变胖吗？

如果答案是肯定的，杜兰德哈便能发表新论文，说明过量饮食和运动不足并非是导致人类肥胖的主要原因。肥胖症之所以流行，可能因为它是一种会传染的疾病，而不只是因为缺乏意志力。而这其中最具争议的，是杜兰德哈指出的"肥胖是会传染的"。

看看标示了过去35年来美国肥胖人口分布的地图，确实会给人一种传染病的印象。肥胖症从美国东南部快速向北部和西部蔓延，影响到全国各地，并且都是先在主要城市暴发，随着时间扩散成一个个圆形区域。尽管一些科学研究已经指出，肥胖症的扩张模式在某种程度上与传染病极为相似，但人们还是习惯将肥胖症的流行归咎于"致胖环境"——超市贩卖的高热量食物、更多的快餐餐厅，以及久坐不动的生活方式。

一项研究发现，即使在个体水平上，肥胖症也在以类似传染病的方式传播。研究人员通过32年的不断追踪，分析超过了1.2万人的体重及社会关系，发现一个人变胖的概率与他们的亲人有关。举例来说，如果某人的配偶变胖，那他变胖的风险会提高37%。好吧，你或许会想，那是因为他们饮食相同，但没有住在一起的兄弟姐妹也会出现这种情况。不仅如此，若某人的好朋友变胖，那他变胖的可能性会增加171%——他并没有故意选择与自己体形相近的人做朋友，两人在体重增加之前关系就很好了。邻居不在朋友范围内，因此被排除在增加肥胖的风险之外，让这项调查结果看起来不会像是因为隔壁新开了快餐店或附近的健身房关门大吉而使人们的体重增加。

当然，还有很多社会因素可能会造成这种现象，例如对肥胖症态度的共同转变，或集体性的不健康饮食。但是这份清单中还有一些更引人深思的附加物：微生物交叉、病毒和其他的东西。就算杜兰德哈的病毒不是罪魁祸首，也还有很多其他的微生物被视为可能因素。研究人员发现，也许社交圈内分享"致胖"的微生物区系，是易造成致胖环境的因素之一，促进了肥胖症的传播。亲密的朋友之间可能会拜访对方的家，接触到同样的物品、吃一样的食物、共享厕所，这些行为都有可能促进肥胖症的传播。

杜兰德哈的鸡实验终于来到最后一天，结果证明他的选择与牺牲是值得的。与鸡病毒一样，受到腺病毒36感染的鸡变胖了，而受到其他病毒感染的鸡依然维持纤瘦。杜兰德哈终于可以在科学期刊上发表他的研究成果了，但是有更多问题接踵而来，其中最重要的是，腺病毒36对人类的影响也一样吗？病毒有可能使人类变胖吗？

杜兰德哈和阿特金森知道，他们不能故意用这个病毒感染人类，如果病毒真的会让人增加体重，他们将无法治愈感染者。所以他们只好退而求其次，用一种叫作"狨猴"的小猴子做病毒测试。和鸡的实验结果一样，这些受感染的狨猴体重也增加了。杜兰德哈意识到这个结果的重要性，为了知道这种病毒是否至少与人类肥胖有关，他决定筛验数百名志愿者的血液。果然，身材肥胖的志愿者中有30%的人身上有腺病毒36的抗体，苗条的志愿者中只有11%的人曾经感染此病毒。

对于"庭园林莺效应"，腺病毒36也是一个很好的例证。病毒并没有使鸡吃得更多或减少活动量，却让它们的身体从食物中储存了更多的脂肪。如同那些住在肥胖者体内的细菌，腺病毒36

扰乱了正常的能量储存系统。我们仍不知道这种病毒对肥胖症的流行有多大的影响，但是庭园林莺的故事告诉我们：肥胖不完全是饮食过量和运动不足导致的"生活方式疾病"，而是因为身体能量储存系统失调。

理论上，我们应该可以精准地计算出一个人从饮食中摄取的额外热量会增加多少体重。额外的每3500卡路里的热量会让我们增加0.45千克的脂肪，不论是在一天内吃进肚子里，还是在一年内累积这么多的量，结果都是一样的：我们总归会增加0.45千克的重量。

但事实上，我们的身体并不是这样运作的。即使是在某些关于体重增加的早期研究中，得到的数据也与理论不符。在一项实验中，研究人员让12对同卵双胞胎每天吃下额外的1000卡路里热量的食物，一周6天，并且持续了100天，每个人的总摄取量比他们身体所需的超出了8.4万卡路里的热量。理论上来说，每个人应该会增重10.8千克，但实际的数据却不是这样的。首先，这些双胞胎平均增加的体重远比数学计算出来的低，只有8.1千克。其中体重增加最少的人只重了4千克，约为预期值的三分之一；最多的则增重了13千克，高于预期值。这些人的体重增加不完全在"10.8千克左右"，数据的范围与差距过于广泛，结果并没有太大的参考价值。

通过摄取与消耗的热量预测的增加体重，与实际增加的体重可以有如此巨大的差距，表明"庭园林莺效应"不只会发生在候鸟和冬眠动物身上。归根结底，我们无法推翻热力学的定律——

吃进去的能量必定等同于消耗掉的能量，才能维持体重的稳定。但是重点在于，不能只计算我们吃进多少食物和我们做了多少运动，体内的生理机制才是调节热量的关键，包括身体吸收、消耗或是储存的热量。

腺病毒36提供了一个很好的例子，来说明体内机制如何运作。皮下及器官周围的脂肪组织由空的细胞组成，时刻准备着储存能量，将细胞填满。腺病毒36会强迫受感染的鸡填满这些细胞，即使体内没有这么多额外的、需要被储存的热量，所以这些鸡不需要吃更多食物就会变胖。它们的身体不会将这些热量用在其他地方，而只是储存起来。

所以，人类的肥胖症也是这样产生的吗？肥胖的人与瘦的人储存脂肪的方式不一样吗？比利时鲁汶大学的营养学及新陈代谢学教授帕特里斯·卡尼（Patrice Cani）确信，肥胖的人不只会抵抗让人产生饱足感的激素瘦蛋白，他们的脂肪组织也显示出生病的迹象。不同于瘦的人，肥胖者的脂肪细胞内会充满免疫细胞，仿佛它们正在对抗感染。

卡尼也确信，当瘦人储存能量时，他们会制造更多的脂肪细胞，每个细胞里只有少量的脂肪。但是在肥胖的人身上，这个储存能量的健康过程并没有发生，他们不是制造更多的脂肪细胞，而是制造更大的脂肪细胞，并且在其中填满过量的脂肪。对卡尼来说，发炎反应和缺乏新的脂肪细胞，就是超重的人储存能量的过程变得异常的迹象，是身体出状况的前兆。他认为这种增加体重的方式，不是为了帮助人类度过寒冬，而是一种疾病。

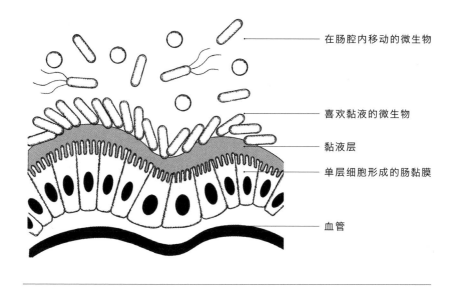

在肠腔内移动的微生物

喜欢黏液的微生物

黏液层

单层细胞形成的肠黏膜

血管

肠黏膜示意图

　　卡尼怀疑是"肥胖的"微生物区系导致了发炎反应，并且改变了脂肪储存的方式。他知道有些住在肠道内的细菌会被一种叫作"脂多糖"（lipopolysaccharide，简称LPS）的分子覆盖，这种分子若是跑到血液中则会形成毒素。果然，他发现肥胖的人血液中有大量的脂多糖，而脂多糖就是造成脂肪细胞发炎的原因。更引人注目的是，卡尼发现脂多糖会阻止身体形成新的脂肪细胞，所以已经存在的脂肪细胞就会被继续装到满溢。

　　这个发现将肥胖症研究向前推进了一大步。肥胖者的脂肪不只是层层堆积的能量，这些脂肪组织的生理机制早已失调，而脂多糖似乎就是造成失调的罪魁祸首。但脂多糖是如何从肠道进入血液中的呢？

人体肠道中有一种叫作"嗜黏蛋白阿克曼氏菌"（*Akkermansia muciniphila*，以下简称阿克曼氏菌）的消化道微生物，瘦的人跟肥胖者所拥有的细菌量不同。这种细菌与体重有直接的关系，一个人体内的阿克曼氏菌越少，他的身体质量指数就会越高。瘦人的肠道微生物区系中大约有4%属于这种细菌，但肥胖者的肠道内几乎没有这种细菌。这种细菌名字中的muciniphila意为"喜欢黏液的"，它们生活在厚厚的黏液表层，而这些黏液会形成阻止微生物区系进入血液的屏障，因为微生物进入血液后可能会变得有毒性。阿克曼氏菌的数量不只会影响身体质量指数，这种细菌的含量越低，黏液层也会越薄，血液中的脂多糖含量就会越高。

看起来阿克曼氏菌在瘦人的肠道中很常见，因为它们可以从厚厚的黏液层获得好处，不过其实它们的功能就是说服肠黏膜的细胞产生更多黏液。阿克曼氏菌会发出信号，使人类基因制造黏液，为它们提供一个"家"，并且防止脂多糖进入血液中。

卡尼想，如果这种细菌可以增加黏液层的厚度，或许也可以减少脂多糖水平与预防体重增加。他试着在一组实验小鼠的食物中加入阿克曼氏菌，果然，它们体内的脂多糖含量降低了，脂肪组织再度开始制造健康的新细胞，最重要的是，它们的体重下降了。吃进阿克曼氏菌的小鼠也对瘦蛋白变得比较敏感，这意味着它们的食欲在逐渐下降。这些小鼠不是因为吃得太多而体重增加，而是因为脂多糖强迫它们的身体储存热量，而不是消耗热量。正如杜兰德哈怀疑的那样，这种庭园林莺式的能量储存变化表明，人们并不一定是吃太多才变胖的。人们大量进食，多半是因为他们生病了。

阿克曼氏菌可以帮助小鼠对抗肥胖症，这个发现可能是革命性的。发现者卡尼计划在超重的人身上测试效果，希望这可以成为对抗体重增加的新方法。但我们还需要了解一件事：是什么导致超重和肥胖者体内的阿克曼氏菌数量下降的？这里有一些线索：让肥胖小鼠吃高脂肪饮食，会降低其阿克曼氏菌的含量，但是如果在饮食中补充纤维，则可以让细菌数量回到健康水平。

专家预测，到了2030年，会有86%的美国人不是超重就是肥胖，到2048年则是所有美国人都会被肥胖症困扰。我们花了50年的时间，鼓励人们用少吃多运动对付肥胖症，却不见显著成效。尽管我们每年投入大量金钱来减重或维持体重，但还是有无数的成人和儿童有超重或肥胖问题。我们不停寻找并研究治疗肥胖症的方法，进展却很有限。

如今，对抗肥胖症最有效的治疗是胃绕道手术。一些病人因为无法通过节食的方式减重，于是将胃缩减至鸡蛋大小，来防止自己过度进食。这些病人被认为无法坚持节食计划，所以必须以这种极端的手段来使自己不要摄取过多的热量。手术之后的几周内，病患就会减少几千克的体重。

这是一个不需要意志力就能控制饮食的发明，它可以让成人每餐只吃儿童份的食物。除此之外还有别的作用，做完胃绕道手术的一周内，肠道里的微生物区系不再像肥胖者，而是开始与瘦人的微生物区系变得相似，拟杆菌和厚壁菌的比例会颠倒过来，阿克曼氏菌的数量也会增加很多倍。在小鼠身上做小型胃绕道手术，也会使小鼠肠道内的微生物区系发生一样的改变。但若是假装做了手术，刀口在同样的位置，但胃还是在原来的位置被重新缝合，则不会有这样的效果。甚至将做过胃绕道手术的小鼠的肠道微生物区系转移到另一只无菌小鼠身上，也会使无菌小鼠体重下降。仿佛营养、酶与激素都经过重新安排，改变了生物体内的微生物生态，体重也因此下降。病人看起来并非因为微量饮食的限制而减轻了体重，而是他们体内新的"瘦"微生物区系所做的能量调节带来了改变。

印度孟买暴发鸡病毒的 25 年后，尼基尔·杜兰德哈成了美国肥胖协会的会长，他对导致肥胖的病毒的研究也逐渐被科学界接纳。摄取与消耗热量只是我们看到的肥胖症流行的表面，杜兰德哈还在继续追查导致肥胖症的深层原因。

包括对病毒与细菌在内的微生物的研究表明，肥胖症不完全是因为吃得太多、活动太少，我们从食物中获取的能量，以及能量以什么样的方式被人体运用及储存，都与我们身上的微生物区系有着复杂的关联。如果我们真的想要彻底了解肥胖症，就得深入研究微生物区系及使它们发生变化的原因，因为正是它们塑造了人类苗条、健康的身体。

第 3 章 | **精神控制：**
肠道微生物控制大脑与感觉

在北美洲西部一些施有农药的湿地中，不时会出现畸形的青蛙和蟾蜍——有的有 8 条后腿，从臀部向外展开；有的则完全没有后腿。它们吃力地游泳、跳跃，通常在长大之前就会被小鸟吃掉。这种发育异常现象不是因为基因突变，而是一种微生物——吸虫的杰作。这种寄生虫的幼虫被前任宿主羊角螺排出后，转而找上青蛙的幼体——蝌蚪作为新宿主。它们藏身于蝌蚪的肢芽上并形成包囊，干扰青蛙的肢体生长，有时候则使它们长出双倍数量的腿。

对生物来说，畸形通常会导致死亡。当饥饿的苍鹭觅食时，难以逃跑的青蛙就是第一个牺牲者。对吸虫来说，这些多出来的青蛙腿可以帮助它们延续生命周期。苍鹭可以轻松抓住并吃掉这些畸形青蛙，连带将青蛙体内的吸虫一起吃下肚，不知不觉地成为吸虫的下一个宿主。很快地，吸虫就会随着苍鹭的排泄物回到水里，然后再次回到羊角螺身上。这看起来是个非常聪明的策略，但其实吸虫在转换宿主的旅程中并不存在智力因素，这些青蛙的不幸遭遇是自然选择带来的。吸虫使青蛙成为易于被捕食的猎物，借此让自己存活下来，并将体内那个造成青蛙畸形、延续自己生命周期的基因传承下去。

改变宿主的身体，是生物增加自身演化适应性（繁殖后代的机会）的一种方法。但其实还有另一种方法：改变宿主的行为。

在巴布亚新几内亚的雨林中翻转叶片时，偶然会发现死蚂蚁的躯壳，它们的下巴紧紧钳住叶子的主叶脉，让死去的身体固定在那里。不久后，蚂蚁体内会生出一条长长的茎，顶端孢子囊的重量使其向下弯曲。这些茎是一种虫草属的菌类植物，会杀死蚂蚁，然后从它的身体中吸取养分，释放出孢子，使其落在森林的土地上。真菌在蚂蚁体内生长不仅可以获得所需养分，还能同时进行繁殖，但是真菌之所以会选择蚂蚁其实还有更深一层的原因。

蚂蚁一旦感染了这种真菌，就会变成"僵尸蚁"，忘记它在蚁群中的工作与职责，屈服于想要爬树的冲动。它在北边的树干上找到一处叶脉，这里距离森林地面约有150厘米，然后用力咬住叶脉，将自己牢牢固定住，这被称为"死亡之咬"。真菌会迅速夺走蚂蚁的生命，在几天内繁殖、萌芽并散播孢子。孢子落在下方的枯叶堆上，继续感染其他蚂蚁。这些真菌改变了蚂蚁的行为，用一种特别的方式控制它们，帮助自己繁衍下一代。

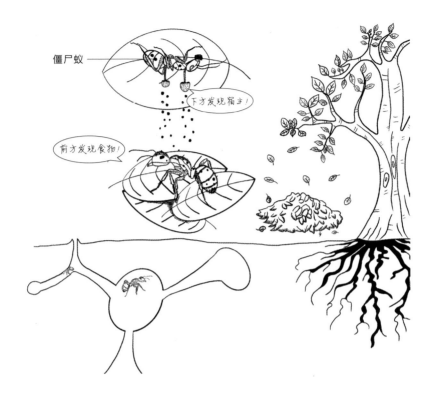

　　这种真菌不是唯一能使宿主改变行为的微生物，发生在狗身上的狂犬病也是。感染狂犬病的狗不会蜷着身子死去，而是变得相当具有攻击性，嘴角流着带有病毒的白沫，拼命去咬其他的狗。被弓形虫（*Toxoplasma*）寄生的老鼠会失去对开放空间和灯光的恐惧，并且会被山猫一类的动物的尿液吸引，主动接近自己的猎食者。当昆虫被一种叫作"金线虫"的寄生虫感染，会自动投入水中溺水而亡，成熟的金线虫就能从昆虫身上回到水中。

　　这些微生物演化出控制行为的能力，好让自己扩散到新的宿主身上。感染狂犬病的狗将别的狗咬伤，病毒就能借此传到其他狗身上，继续繁殖；弓形虫操纵老鼠接近猫，等老鼠被猫吃掉之后继续它的生命周期[1]；而金线虫必须在有水的地方才能找到伴侣并繁殖下一代。可控制宿主行为的这项能力，让微生物增加了生存及繁衍的机会，这也是演化对它们的恩惠。

这些行为控制的精准程度令人惊奇，而且效果不仅限于野生动物。有一位18岁的比利时女孩，我们暂且称她为A小姐。健康又快乐的A小姐正在准备大学入学考试，但在几天之内，她就变得具有攻击性、拒绝沟通，并且失去了对性的矜持。她被送到精神病医院，医生给她开了抗精神病药物，就让她出院了。3个月后，A小姐又回到了精神病医院，她的情况变得更加严重，而且不停地上吐下泻。医生决定对她进行脑部切片检查，这才发现造成她精神疾病的原因——微生物。她得了惠普尔病（Whipple's disease），这是一种非常罕见、由细菌引起的感染，这种细菌偶尔会借着宿主的行为宣告一下自己的存在。

因此，我们注意到A小姐有呕吐与腹泻的肠胃不适症状，还有让她住进了精神病医院的行为异常。患有惠普尔病的人通常会告诉医生他们有下列症状：体重迅速下降、腹痛及腹泻。所有症状都是跟肠胃有关的。在A小姐的例子中，感染不只影响了肠道，还影响了她的大脑，使医生的注意力从真正的病因转移了。事实上，肠胃症状经常和心理上及神经方面的疾病一起出现，但与反常的行为相比，肠胃症状通常不被重视。

---

[1] 弓形虫只能在猫科动物体内形成卵囊。

在美国康涅狄格州，一名女性和她患有孤独症的儿子证明了肠胃症状与精神疾病之间的重要关联性。1992年，埃伦·博尔特（Ellen Bolte）的第四个孩子安德鲁出生了，与她的大女儿艾琳和另外两个儿子一样，安德鲁是一个快乐又健康的孩子。安德鲁15个月大时，埃伦带他到儿科做检查，一切看起来都很正常，就像平常一样，除了耳朵。"耳朵里面充满了液体。"医生说。安德鲁的耳朵严重感染，必须使用抗生素治疗。"我很惊讶，因为他没有发烧，饮食也正常，就像平常一样玩耍。"埃伦说道。经过10天的治疗，当埃伦带着安德鲁回去复诊时，他耳朵内的液体还在。医生又开了一份10天疗程的处方，这次使用了不同的抗生素。最后，安德鲁的耳朵终于清理干净了。

但是故事还没有结束，复原只是暂时的，安德鲁又做了第三及第四次的抗生素治疗，医生针对不同的细菌使用了不同的药物，试图将他的耳朵彻底治好。到了这个阶段，埃伦开始质疑继续使用更多药物的必要性，因为安德鲁似乎没有感到任何不适，也没有听力障碍的症状，但是医生很坚持："如果你重视你儿子的听力，你就该让他接受这些抗生素治疗。"埃伦的态度软化下来，并按照医生说的去做。与此同时，安德鲁开始出现腹泻症状，但腹泻是服用抗生素的常见副作用，所以医生又开了30天疗程的处方来击退感染。

就在这最后一个疗程中，安德鲁的行为开始改变，一开始他看起来有点儿像是喝醉了，龇牙咧嘴地笑并且走路摇摇晃晃的。"像一个快乐的醉鬼，"埃伦说，"我和我先生开玩笑说，下次我们办派对时，可以在装鸡尾酒的大碗里加入安德鲁的抗生素，帮大家炒热气氛。我们以为是之前的耳朵感染非常疼，而现在不疼了，所以他非常开心。"但是这只是暂时的，1周后，安德鲁的行为出现极大转变，他变得沉默寡言、闷闷不乐，接下来是极度易怒，整天都在尖叫。"在接受抗生素治疗前，我的孩子并没有生病，而现在我的孩子病得非常严重。"安德鲁的腹泻变得更严重，排泄物中都是黏液及未消化的食物，他的行为也在持续恶化。"他开始踮着脚尖走路、避开我的目光，也忘了原本会讲的那些词，"埃伦说，"当我叫他的名字时，他甚至没有反应，好像失去了灵魂一样。"

埃伦和丈夫带安德鲁去见了一位耳科专家，医生在安德鲁的耳朵中插入一根很小的管子，好让耳朵里的液体流出来。专家说安德鲁的耳朵没有受到感染，并且建议他们不要让安德鲁喝牛奶。埃伦觉得充满希望："我想，好，既然耳朵已经被清通，他的行为应该也会恢复正常。但很快地，实际情况表明事情并不像我们想的那样。"

安德鲁的肠胃问题依然存在，他本来体重正常，现在变得骨瘦如柴，肚子却异常鼓胀。他的行为也变得更加古怪：不弯曲膝盖、踮着脚尖走路；站在门口，在一个半小时内不停重复开灯与关灯的动作；对某些物品非常着迷，例如有盖的锅，却对其他同龄人一点兴趣也没有；最严重的是，他会尖叫。安德鲁的父母非常希望有人能帮帮他，他们带安德鲁看了许多医生。在安德鲁25个月大时，他被确诊为孤独症。

对包括埃伦在内的许多人来说，对孤独症的唯一印象来自1988年的电影《雨人》（*Rain Man*）中，由达斯汀·霍夫曼（Dustin Hoffman）饰演的一名孤独症患者。在电影中，霍夫曼饰演的角色有严重的社交障碍，对每天的例行公事有着莫名的坚持，但他也拥有惊人的记忆力，可以背下美国职业棒球大联盟每年的比赛数据。他是缺陷与天赋并存的"孤独症天才"[1]。尽管媒体对这类消息趋之若鹜，但在音乐、数学及艺术领域有杰出能力的"孤独症天才"相当罕见。事实上，在孤独症谱系（autism spectrum）中，既有那些智商在中等之上的患者（如阿斯伯格综合征患者），也有像安德鲁·博尔特一样，有严重沟通和学习障碍的患者。

孤独症谱系障碍患者的常见共通点就是缺乏社交能力，正是这项特征让美国精神病医生利奥·坎纳（Leo Kanner）在1943年确认孤独症为一种特别的综合征。他在相关论文中列举了11名儿童作为例证，描述他们"从出生后就无法与人有正常的社交互动"。坎纳从与精神分裂症有关的症状中借用了"自我中心主义"（autism）这个词语，来描述孤独症患者的"自我"行为表现。"他们从小就喜欢独自一人。不论何时，他们都表现得漠视、无视，拒绝接触外界的任何事物。"患者很难理解他人说话的音调及意图，例如无法理解字面上的玩笑、讽刺和隐喻。他们可能无法对别人产生同理心，也不懂社会上那些我们从小就接触、已经习惯

---

[1] 又称"自闭学者"（autistic savant）。10%的孤独症谱系障碍患者有"学者症候群"的特殊能力，在艺术或学术方面有超乎常人的天赋。

了的不成文规定。此外，他们喜欢一成不变的行为和活动，或是极度专注于某种想法或某个物体。

在安德鲁被诊断出孤独症的20世纪90年代，人们与利奥·坎纳一样，普遍认为孤独症是天生的。然而对埃伦来说，这种看法是错误的。"我100%确定，安德鲁不是天生就有孤独症。我有4个孩子，他一开始好好的，绝对没有问题。"尽管埃伦反对，医生仍坚持一定是她忽略了病征，安德鲁一定是天生就患有孤独症。而后，埃伦又认为安德鲁并不是孤独症，只是真正的病因还没被发现。她抱着这个信念开始研究，最后终于推翻了孤独症病因的假设。

以前，孤独症非常罕见，患病比例大概是万分之一。等到20世纪60年代末，第一次真正的普查报告显示，大约每2500名儿童中就有1人患有孤独症。2000年，美国疾病控制与预防中心开始记录孤独症患者的患病情况，第一份记录显示，每150名的8岁儿童中，就有1人患有孤独症谱系障碍。这个数字在接下来的10年内迅速攀升：2004年，每125名儿童中就有1名患者；2006年，每110人中就有1人患病；2008年，这个数字是1/88；到了2010年，每68名儿童中就有1名患者，比10年前增加了不止一倍。

用这些数据绘制出的曲线图看起来相当令人担忧。孤独症患病人数不断上升，看起来一点儿也没有趋缓或停止的意思，这个趋势会导致未来出现一个和现在完全不同的社会。即使是保守估计，在2020年时，每30名儿童中就会有1人患有孤独症。更有人指出，到2050年时，美国每个家庭都会有1名孤独症患者。孤独症谱系

人体里的"动物园"：与占据身体90%的微生物共存

障碍对男孩儿的影响要比女孩儿大，超过2%的男童被认为患有这类疾病。尽管有人说，是日趋完善的诊断机制造成患者数疾速攀升的假象，也有人说是社会对孤独症认知程度的提升造就了今天的这个数据，但无论如何，专家承认孤独症病例的确越来越多。然而直到最近，人们对于孤独症的病因还是没有达成共识。

在埃伦·博尔特开始她的研究时，关于孤独症病因的主要理论是基因问题。不过在10年前，很多精神科医生都相信利奥·坎纳在1949年无意中提出的"冰箱母亲"一说。他写道："父母的冷漠态度、强迫型性格、只注重物质需求……导致这些孩子就像被冷冻在冰箱里，而他们封闭自我似乎是想逃避这种状况，在孤独中寻求安慰。"但坎纳也写道，孤独症属于天生的疾病，在出生之前就已经决定了。既然他会这么说，表示他根本不认为孤独症是由父母造成的。到了20世纪90年代，尽管世界上有些地区仍然相信"冰箱母亲"的说法，但它已经在很大程度上被驳倒了，大家的注意力部分转移到了更接近时代趋势的想法——孤独症是遗传疾病的一种。

当然，埃伦并不是打算解开孤独症病因之谜，她只想知道是否有可能是某个偶发事件让她的儿子生病了，例如受某种疾病感染。埃伦秉持杰出科学家必须具备的开放思想及怀疑态度，开始寻找答案。她是一位计算机程序员，尽管没有医学或科学背景，但她的逻辑思维方式帮她拼凑出了一个假设，进而开始观察。"我看着他，然后想，是什么让他出现这些行为的？为什么他不吃我给的食物，而是吃卫生纸和壁炉里的灰烬？为什么当有人触碰他或是有巨大声响时，他会表现出很痛苦的样子？"

　　埃伦在图书馆里翻遍了所有相关的书籍，陆续拜访了许多医生，寻求不同的诊断和说法，看看是否有人对安德鲁的案例感兴趣，而不将他们拒于门外。有一位对安德鲁的情况很感兴趣的医生告诉埃伦，如果她真的想做研究，就必须开始阅读医学文献。尽管听起来很吓人，但埃伦还是通过大量阅读，在脑中迅速积累了专业的医学术语。碰了几次钉子之后，她开始专注于研究安德鲁治疗耳朵时服用的抗生素，想知道这是否就是造成他行为异常的原因。埃伦碰巧发现了新兴的艰难梭状芽孢杆菌（*Clostridium difficile*）感染研究，用抗生素治疗这种细菌感染后，有些人会出现棘手的严重腹泻。这项研究中的腹泻症状与安德鲁的腹泻症状非常相似，因而引起了埃伦的注意。埃伦想知道是否有其他相似的细菌，不只会引起腹泻，还会释放出某种毒素，影响安德鲁大脑的发育。

　　埃伦灵光乍现，她猜想安德鲁一定是被与艰难梭状芽孢杆菌有关的"破伤风梭菌"（*Clostridium tetani*）感染了。一般来说，破伤风梭菌会进入血液并在肌肉组织中造成破伤风感染，但埃伦怀疑这种细菌进入了安德鲁的肠道。她的直觉告诉她，安德鲁治疗耳朵感染所使用的抗生素，杀死了他肠道内的有益菌，让破伤风梭菌乘虚而入，然后这些细菌产生的神经毒素以某种方式进入了安德鲁的大脑。

　　埃伦很兴奋，并将这个想法告诉了医生。"医生的思想非常开放，他说任何合理的测试，只要做得到，我们就去做。"他们检测了安德鲁的血液，试图寻找他的免疫系统曾抵抗过破伤风梭菌

　　　　　　　人体里的"动物园"：与占据身体 90% 的微生物共存

入侵的证据。与大部分的美国幼儿一样，安德鲁体内有破伤风免疫抗体，他的血液中有因受到感染生成的免疫防护。但是血液检测的另一个结果震惊了实验室的工作人员，安德鲁的免疫防护大大超出正常标准，即使是有着较为成熟的免疫力的儿童也没有像他这样的情况。经过数月的血液检测，结果都一样。埃伦·博尔特终于找到了一些证据，证明自己的方向是对的。

埃伦开始给医生们写信，请他们考虑她的理论，并请他们继续让安德鲁接受抗生素疗程，以万古霉素来清除他肠道里的破伤风梭菌。医生们却用一个又一个问题驳回了埃伦的想法：为什么安德鲁没有严重的肌肉痉挛？——这是感染破伤风的典型症状。神经毒素是如何越过血脑屏障（blood–brain barrier，简称BBB）[1]进入大脑的？安德鲁为什么会被一种他已经免疫的细菌感染？但埃伦没有放弃，经过数月的研究，她确定自己的想法是正确的。

在被所有医生拒绝后，埃伦开始钻研医学文献，寻找医生所提问题的答案。她发现肌肉痉挛发生在皮肤上的伤口受到感染后，让破伤风梭菌释出的神经毒素通过神经传到肌肉组织，而不是从受到感染的肠道直接传到大脑。她又从别的实验得知，破伤风的神经毒素可通过迷走神经——肠道与大脑之间的主要联络管道——直达血脑屏障周围。她找出过去的病例，研究哪些人已经获得抗体却又再次染上破伤风。随着时间流逝，埃伦逐渐接受了

---

[1] 在大脑与身体其他组织之间有一道屏障，会选择性地阻止某些物质从血液进入大脑。

安德鲁患上孤独症的事实，她的研究从当初非常个人的追求转变成从新的角度去探索这种原因不明的疾病。

当埃伦拜访第37位医生时，她简短陈述了她的假说中的每一个方面。理查德·桑德勒（Richard Sandler）医生是美国芝加哥拉什儿童医院的小儿科胃肠病专家，他花了两个小时聆听埃伦述说安德鲁的故事和她的想法。最后，桑德勒医生说他要思考两周，看是否要让安德鲁使用更多抗生素，来杀死破伤风梭菌。"虽然听起来很荒谬，"他说，"但在科学上似乎是合理的，我不能就这样置之不理。"

最终，桑德勒医生同意给安德鲁开8周的抗生素，此时安德鲁已经4岁半了。先前的治疗已经为安德鲁做过一系列血液、尿液及粪便的检测，也有临床心理学家观察并记录了他的行为，这样在治疗期间他们就可以评估所有可能出现的改变。在安德鲁开始使用抗生素的几天后，他就变得比平常更活泼了，而接下来的进展让桑德勒感到震惊，证明了埃伦这两年的奋斗是值得的，而且这最终将改变孤独症研究的方向。

查尔斯·达尔文在其1872年出版的《人类和动物的表情》（*The Expression of the Emotions in Man and Animals*）一书中写道："消化道的分泌作用……被强烈的情绪所影响，这也是一个绝佳的例子，说明感觉中枢对器官做出的直接反应是独立意志。"例如在听到坏消息时，肠道会出现松弛感；要考试却在惊醒后发现睡过头时，胃部会出现绞痛感；或是坠入爱河时的紧张晕眩感。尽管大脑和肠子相距遥远，功能也完全不同，却拥有双向的紧密联系：不只情绪会影响肠道运作，肠道的活动也会影响情绪和行为。请回想你最近一次肚子不舒服时的情况，不仅是你的消化系统变得暴躁，你的心情是否也是呢？

对患有肠易激综合征一类长期疾病的人来说，情绪扮演着可怕的角色。当患者压力大时，肠易激综合征就会变得更严重，反过来又使患者更紧张，形成恶性循环。我们在上一章提过，肠易激综合征与肠道中的微生物区系改变有关联，那肠道与大脑之间的联结是否也有可能是影响肠易激综合征的因素呢？我们是否应该从肠道、微生物区系、大脑之间的关联来思考呢？

日本医学家须藤信行（Nobuyuki Sudo）及千田要一（Yoichi Chida）首先提出了这个问题。2004年，他们设计了一个简单的小鼠实验，想检视肠道中的微生物区系是否会影响大脑对压力的反应。他们使用两组小鼠，一组是无菌小鼠，肠道内没有任何微生物；另一组小鼠的肠道内有正常的微生物。他们把小鼠放到管子里，让它们感觉紧张和压力。两组小鼠都产生了应激激素，但是无菌小鼠的激素浓度高出2倍。这说明肠道内没有微生物区系，会使小鼠在面对同样的情况时更紧张。

须藤和千田想知道，是否能借由植入正常成年小鼠的肠道微生物区系，改变无菌小鼠的过度反应，结果表明太迟了，无菌小鼠的紧张反应已经变成固定模式。实验结果显示，身上越早植入微生物的小鼠越不容易紧张。出人意料的是，在无菌幼鼠身上只培养婴儿双歧杆菌（*Bifidobacterium infantis*），也足以防止它们变得过度紧张。

这些实验开启了通往新思路的大门，肠道微生物不仅可以改变身体健康状况，也会影响精神状况。若是肠道微生物区系在宿主幼年时期就被破坏，所带来的影响也会早早就出现在宿主身上。我们在婴儿期与学步期，大脑会历经一个极度集中的发展阶段。每个人出生时，脑袋里都有将近1000亿个神经细胞（神经元），但这些只是原料，就像是一堆木板，要将它们组成有意义的东西，需要利用一种称为"突触"的东西，精工细作，将神经元结合在一起。幼儿的经验决定了突触的形成，告诉它哪些是重要的，需要加强；哪些是无足轻重的，可以被抛弃。对学步期的儿童来说，每天的生活都充满新的刺激，他们的大脑能在1秒内形成200万个突触，每个突触都会提供学习和发展的新潜能。健全的大脑需要在记忆与遗忘之间维持精准的平衡，所以这些新突触大部分会在童年时代就被抛弃，通俗讲就是"用进废退"。在童年时期，没有被定期加强的突触会被淘汰，好让大脑井然有序。

如果肠道微生物能够影响我们大脑发育的关键时期，是否就能支持埃伦·博尔特的想法，即她儿子安德鲁的孤独症是由肠道感染导致的？倒退型孤独症会影响3岁之前的儿童，这段时间正好是大脑集中发育的时期，也正好是肠道内的微生物区系逐渐成熟、稳定的时期。治疗安德鲁耳朵感染的抗生素疗程，可能破坏了这个过程，让制造神经毒素的破伤风梭菌接管了肠道。埃伦希望让安德鲁服用新的抗生素，以除去那些（她相信）感染了他的破伤风梭菌，终止它们对他的大脑造成的伤害。

安德鲁接受治疗后，行为由多动转为平静，并且维持了两天。"简直太神奇了！"埃伦说，"经过几周治疗，我们看见了新的希望。我开始教他使用婴儿便盆（这时他已经4岁多了！），他在几周之内就学会了，而且3年来他第一次可以听懂我对他说的话。"安德鲁开始表现情感、对事物有反应、保持冷静，甚至能说出更多他在生病之前学会的词。他愿意好好穿上衣服，更重要的是，他不会在吃饭时把食物弄得全身都是。儿童心理学家整理出一份关于安德鲁的抗生素治疗报告，但桑德勒医生几乎不需要看这份报告，因为安德鲁的改变非常显著。

虽然效果惊人，但只有一个样本（就是安德鲁）无法确切证明孤独症源自肠道。幸运的是，一位知名的微生物学家得知安德鲁的案例后，表示支持埃伦的想法。西德尼·芬戈尔德（Sydney Finegold）博士的专业是研究"厌氧"细菌——可以生存在无氧环境中的细菌。2012年，一篇庆祝芬戈尔德90岁生日的文章写道："他可以说是20世纪，甚至未来也是对厌氧微生物学最有影响力的研究者。"他的研究范围包括梭菌属（*Clostridium*）的细菌，当然也包含破伤风梭菌。埃伦的孤独症假说得到了芬戈尔德在专业知识上的大力支持。

于是埃伦、桑德勒与芬戈尔德三人决定，将抗生素治疗用在另外11名患有倒退型孤独症并伴有腹泻症状的儿童身上。实验的目的不是要确认抗生素对于孤独症的疗效，而是为了验证这种假说。如果这些药可以使儿童部分好转或暂时好转，就可证明肠道中的微生物（如破伤风梭菌或其他细菌），是造成问题的原因。

和安德鲁一样，其他孩子也发生了惊人的改变，他们开始愿意与他人有眼神接触、会正常玩耍并使用言语来表达自我。他们变得不太沉迷于单一物体或单一活动，而且较易与人亲近。可惜安德鲁和这些孩子的改善没有维持太久，疗程结束后1周左右，大部分的人又回到了先前的状态。但至少从孤独症被发现以来，这种疾病的谜团首次有了一个全新的、充满希望的研究方向：肠道微生物。

2001年，即埃伦·博尔特首次提出她的假说——肠道中的破伤风梭菌感染是造成孤独症的原因——6年后，她终于得知自己的假说是否正确。西德尼·芬戈尔德对这项假说进行了研究，他将13名孤独症儿童与8名健康儿童的肠道微生物做比较。当时，用DNA测序技术对儿童微生物区系进行全面检验仍然非常昂贵，但是芬戈尔德善于在无氧环境中培养细菌，这意味着梭菌属的细菌数量可以计算。尽管他们没有找到破伤风梭菌，但仍有些东西不太对劲。与健康儿童相比，孤独症儿童肠道内的梭菌平均多出10倍。或许就像破伤风梭菌一样，这些相关菌种也会产生破坏儿童大脑的神经毒素。埃伦的假说虽没有正中要害，但就目前来看似乎只有些微偏差。

拥有不同的肠道细菌，真的就会让孤独症儿童不停地拍手、摇头晃脑并且持续尖叫几个小时吗？这是很有可能的。会使小鼠失去对开放空间的恐惧感，并受猫尿气味吸引的弓形虫也会改变人类的行为。即使是家猫也会带有寄生虫，而且很容易通过抓伤或猫砂盆传染给人。人类因为喜爱猫而易于受到感染，比例之高，高到

人体里的"动物园"：与占据身体90%的微生物共存

法国巴黎84%的女性在怀孕时被检验出有寄生虫。其他地区的感染数值较低，举例来说，美国纽约有32%的孕妇被验出感染，英国伦敦则是22%。弓形虫很少会对成人的健康造成影响，但对成长中的胎儿来说可能会相当危险，因此医生都会帮孕妇做检验。不过寄生虫确实会留下痕迹，并通过改变宿主个性来影响人类。

奇怪的是，弓形虫对男性和女性的影响刚好完全相反。感染弓形虫的男性会变得闷闷不乐、漠视社会规则、失去道德感，相对来说，他们会变得多疑、忌妒心强、缺乏安全感；女性则是变得更随和、热情且容易信任别人，她们比未受到感染的女性更有自信、更坚决果断。耐人寻味的是，女性卸下防御，而男性变得不尊重他人且缺乏道德感，这些性格特征容易让人联想到滥交。从根本上看，和小鼠一样，男性与女性的转变都使他们更容易招致危险——女性太容易信任别人，而男性变得轻率。

个性的改变并非弓形虫对我们唯一的影响，不论男性女性，一旦受到感染，反应都会变慢，并可能会失去专注力。虽然影响比较轻微，但还是有可能造成严重的后果。捷克布拉格查理大学的研究团队统计了150名感染弓形虫的市民因车祸住院治疗的次数，发现与一般市民相比，他们入院的频率高出3倍。土耳其也有一项类似的研究，发现感染弓形虫的司机发生车祸的频率是一般人的4倍。

与小鼠不同，人类是弓形虫的最后一任宿主，因为我们被山猫吃掉的可能性非常低。但是从人类演化历史的持续效应来看，"被猫科动物吃掉的风险"现在变成了"车祸死亡的风险"，这些微小的寄生生物可以转变宿主的个性并改变宿主的行为。另一种解释是：这些寄生虫本来就不该出现在人类身上，只是弓形虫从小鼠过渡到猫身上的方法不仅对啮齿动物的大脑有用，刚好对人类也有用。无论如何，这已足以令你好奇——你的体内是否寄宿着这种小生物，以及它会在你身体的疾病中扮演什么角色！

除了造成个性上的改变，弓形虫感染还有另一个黑暗面。1896 年，《科学美国人》（*Scientific American*）杂志发表了一篇标题为《精神错乱是由微生物引起的吗？》（*Is Insanity Due to a Microbe?*）的文章。在当时，微生物可能造成疾病还是一个全新的概念，而这个概念理所当然地被延伸到精神疾病领域。美国纽约某家医院的医生尝试将精神分裂症患者的脊髓液注射到兔子身体里，结果兔子也生病了，这让他们很好奇精神病患体内住着什么样的微生物。

虽然缺乏科学的严谨性，这个微型实验仍旧引起了广泛的注意，让大家开始关心微生物是否是造成精神健康问题的原因。然而在西格蒙德·弗洛伊德（Sigmund Freud）提出精神分析理论之后，这个大有前途的想法被毫不客气地抛弃了数十年。弗洛伊德提出一个人的精神状态与人格发展，皆来自个人的童年经历，他的理论迅速被大众接受，直到科学证实用碳酸锂治疗双相障碍比谈话更有效。

在 20 世纪上半叶，越来越多的疾病被证实是由微生物引起的，唯独一个器官的相关疾病被排除在外，那就是大脑。鉴于所有让肾脏排除故障或阻止心脏停止的讨论都是徒劳的，认为通过谈话就能治疗大脑疾病的想法确实惊人。当其他器官出现故障时，我们会寻找外部原因，然而当大脑——我们的精神状态——出了问题，我们却假设是这个人、他的家庭或他的生活方式出了差错。

或许因为大脑是个特别的器官，它关系到自我意识及自由意志，所以直到20世纪末，大脑都没再受到微生物学家的青睐。现在，人们已经将许多微生物与精神疾病联系起来，其中弓形虫已被证实是许多疾病的重要"嫌疑人"。有时，首次感染寄生虫的人会出现幻觉或妄想等精神疾病的症状，导致被误诊为精神分裂症。事实上，在真正的精神分裂症患者中，出现弓形虫感染的概率是一般人的3倍——这是目前为止发现的比基因关联更显著的病因。

值得注意的是，弓形虫感染不仅与精神分裂症有关，它与强迫症、注意缺陷多动障碍(ADHD)及图雷特综合征也都脱不了干系。这些疾病在过去几十年内越来越流行，"精神疾病可能是由微生物引起"的想法重出江湖，但是这次有了新的转折。除了恶名昭彰的弓形虫，原本就在我们体内的微生物是否也可能会制造问题呢？

如果微生物可以影响我们的行为，移植肠道微生物会不会造成性格的转变，就像将肥胖小鼠的肠道微生物移植到瘦小鼠身上会使其增重一样？当然，小鼠无法回答关于性格分析的问卷调查，不过和猫狗一样，不同品种的小鼠也会有不同的行为特征。有一种被称为"BALB"的实验鼠，个性非常害羞且犹豫不决，与自信且合群的瑞士小鼠大相径庭。这样的组合对性格交换实验再适合不过了。

2011年，加拿大安大略省麦克马斯特大学的科学家团队发现，给小鼠使用抗生素会改变它们的肠道微生物区系，使它们在探索新环境时变得不那么焦虑。于是科学家开始思考，是否能够借由移植BALB小鼠肠道内的微生物，将焦虑转移到优哉自在的瑞士小鼠身上。他们在这两个不同品种的小鼠身上接种对方的微生物，并且做了一个简单的跳台实验。他们将小鼠放在一个方形盒子中的高台上，计算它们要花多长时间才能鼓起勇气跳下来探索4周。勇敢的瑞士小鼠在接受了焦虑小鼠的微生物后，花了比原本多3倍的时间才敢跳下来。同样地，紧张的BALB小鼠在接受了瑞士小鼠的微生物后变得比较勇敢，跳下平台所花的时间比之前短。

如果"先天因素胜过后天环境，性格来自基因而非后天培养"的说法让你感到不舒服，那么"性格是由住在肠道里的细菌所决定的"这个观点呢？肠道内没有微生物的小鼠不爱交际，比起与其他小鼠在一起，更喜欢单独行动。拥有正常微生物区系的小鼠会迎上前去，与新入笼的小鼠打招呼；而无菌小鼠会选择和已经熟悉的小鼠待在一起。肠道里的微生物似乎能让它们变得更友善。除了友谊，你身上的微生物区系甚至也有可能影响你对伴侣的选择。

有一种中美洲蝙蝠，在两只翅膀上端、肩膀旁边的位置各有一个缺口。这些不是伤口，而是一个小囊袋，也是它们英文名字的由来[注，中文称作"鞘尾蝠"（sac-winged bats）]。雄性的鞘尾蝠会在囊袋里装满分泌物，如尿液、唾液甚至是精液。它们会小心翼翼地对待这包"爱的药水"，每天下午都会将囊袋清理干净，

人体里的"动物园"：与占据身体90%的微生物共存

装入新的液体，确保里面装的是它们想要的气味。接着，等时机到了，雄性蝙蝠会在一群倒挂的雌性蝙蝠面前盘旋，轻轻拍翅，让风将分泌物散发出来的味道吹向它们。和你想的一样，这么做是为了吸引雌性蝙蝠。

这完美的"香水"是由适合的细菌调配的，每只雄性鞘尾蝠的囊袋里都会有一种或两种菌株，是从它们身上的大约25种细菌中"精心挑选"出来的。这些细菌从囊袋中的尿液、唾液及精液获取养分，释放出令雌性鞘尾蝠兴奋的性信息素混合物，使雌性鞘尾蝠与它们交配。

特殊的信息素对动物来说相当重要，不论它是否有囊袋调制"爱的药水"。果蝇的身体只比针头稍微大一些，但说到交配，它们可是特别挑剔。25年前，演化生物学家戴安娜·多德（Diane Dodd）做了一个实验，将同一个物种分开饲养，看能否借由不同的饲养方式改变它们的能力，使它们变成两个不同的物种。她将果蝇分成两组，用两种不同的食物（麦芽糖及淀粉类食物）饲养，一共培育了25代。当她再次将这些果蝇放在一起，发现两组果蝇不会互相交配，"淀粉组"会和"淀粉组"的果蝇交配，"麦芽糖组"会和"麦芽糖组"的果蝇交配，而且不会搞混。

当时人们并不清楚原因，然而到了2010年，以色列特拉维夫大学的吉尔·沙伦（Gil Sharon）对那次实验的结果有了新的想法。他重复了一次多德的实验，并且得到了相同的结果，两组果蝇拒绝交配，而且这次他只培养了两代。为什么会有这种喜好上的改变？沙伦猜测，不同的食物不仅改变了果蝇肠道中的微生物区系，也改变了它们性信息素的气味。接着，沙伦用抗生素杀死了果蝇体内的微生物区系，这些果蝇果然不再挑选交配的对象了。没有微生物，果蝇无法制造出特殊的气味。若是为两组果蝇重新接种微生物区系，则会让它们再次出现之前的挑剔行为。

在你抗议将果蝇的实验结果套用到人类身上是过度推断之前，我先来说明事情的来龙去脉。果蝇的微生物区系［事实上只有植物乳杆菌（*Lactobacillus plantarum*）］显然改变了覆盖在它们身体外层的化学物质——性信息素。人类也会受性信息素影响。在一个著名的实验中，研究人员向瑞士伯尔尼大学的女学生提供了一些男学生睡觉时穿过的 T 恤，并让女生依照喜好排出顺序。结果女生挑出来的最喜欢的男生，往往有着与自己反差最大的免疫系统。这个理论说明女性借由选择与自己相异的基因组合，为后代提供一个能够应付双倍挑战的免疫系统。也就是说，女性可以通过嗅觉审查男性的基因组，为后代寻找最合适的父亲。

男生在 T 恤上留下的气味，正是由皮肤上的微生物区系产生的。这些居住在腋下的微生物将汗水转换成可以四散的味道，不论这味道是好闻还是难闻。腋下及腹股沟的汗液与可能生长的毛发，的确不太像是人体降温机制的一部分，反而比较像鞘尾蝠翅膀上的"香水袋"，能调制出每个人独特的味道。若按照小鼠实验的经验来判断，男生皮肤上的主要微生物区系至少有一部分是基因带来的，其中包括决定他免疫系统种类的基因。尽管女生不知情，但她们仍可利用微生物区系传递的信息，找到对自己最有利的基因组合。

光是想想可能被除臭剂和抗生素破坏的姻缘的数字，就觉得可怕，更不用说避孕激素的影响了。在 T 恤实验中，服用避孕药的女生选中的，几乎都是和自己有相似免疫系统的男生。避孕药中的激素显然彻底反转了她们潜意识的巨大力量。

如果受微生物影响的性信息素是挑选交配对象的第一步，我们可以考虑将亲吻作为下一个评估项目。亲吻看起来像是人类独有的行为，也可以说是文化现象。人们用这种比较温和的行为来表现占有欲、向他人宣示主权。但事实上，我们并不是唯一会接吻的动物，黑猩猩等灵长类动物与很多其他动物也会，这让我们可以从生物学的观点来讨论亲吻的目的。

接吻可以看作为了建立关系而交换唾液与细菌，这看起来似乎是一种高风险行为，尤其是与非亲属的人嘴对嘴进行舌头上的接触——天晓得对方可能会有什么病。但或许这才是重点，在你与未来的孩子受到可能的细菌攻击之前，先打探父亲候选人身上带有哪些细菌。不只如此，亲吻也可以带给你对方身上的微生物区系样本，借此"尝"一口对方的基因及免疫力。通过亲吻，我们也在决定是否要信任眼前这个人，不论是情感上还是生物学上。

虽然与"微生物影响人类行为"的想法一样奇怪，但"借由生物学的方法提升自我"的可能性也渐渐受到重视。如果微生物可以解释这一切，你就不必再花大价钱去看精神病医生了，他们总是期望你去挖掘童年时期令人沮丧的阴暗角落。微生物可以帮助你省下那些金钱并减轻痛苦。在法国的一项临床实验中，研究人员将55名正常、健康的志愿者分成两组，其中一组每天吃一根包含两种活菌的水果味棒棒糖，另一组也吃一样的棒棒糖（安慰剂），但不含细菌。1个月后，吃了含有活菌棒棒糖的志愿者比参与实验前更快乐、更不容易焦虑和生气，而且这些改变已经超越了安慰剂效应[1]。尽管这个实验小而简单，却让我们看见一条值得继续探索的道路。

吃下活菌为什么可以让人感到更快乐？这和一个潜在的生物机制与调节情绪的化学物质有关。被称为"血清素"（serotonin）的神经递质主要存在于我们的肠道内，负责让一切精确运作，但大约有10%的神经递质存在于大脑内，负责调节情绪及记忆。若我们吃下的活菌可以直接进驻肠道并立刻开始提供血清素，这一切将会多么简单！然而事情当然没有这么简单。当我们吃下活菌，可以增加血液中另一个被称为"色胺酸"（tryptophan）的化合物的浓度，这种可以让人产生幸福感的小分子会直接转变成血清素。抑郁症病人血液中的色胺酸含量确实比一般人低，饮食习惯中色胺酸（蛋白质中含有此物质）摄取量较低的国家自杀率较高。若是身体中的色胺酸被用尽，可能会让人感到暂时性的极度抑郁。一个人血液中的色胺酸浓度较低，表示他的血清素也较少，进而代表他可能不是很快乐。

这项生物机制的迷人之处，在于摄入活菌之所以会造成色胺酸增加，并不是因为细菌制造了色胺酸，而是细菌阻止了免疫系

---

[1] 又名"伪药效应"或"代设剂效应"，指病人虽然获得的是无效治疗，却"预料"或"相信"治疗有效，而让病症得到舒缓的现象。

人体里的"动物园"：与占据身体90%的微生物共存

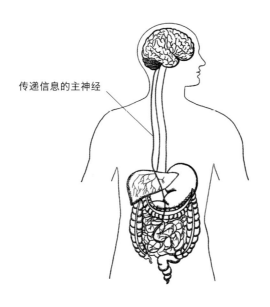

传递信息的主神经

统摧毁身体制造的色胺酸。这个惊人的想法不仅是微生物学上的巨大进展，在其他领域也是。这让我们越来越清楚一件事：过敏、肥胖症及抑郁症都有可能是免疫系统失调导致的。我们待会儿再回来讨论这个问题。

我想先告诉你们另一个"细菌能让人开心"的生物机制，这涉及迷走神经——从大脑延伸到肠道的主要神经，其中分出许多分支连接不同的器官。神经就像电线，通过传递微小的电脉冲来传递指令或改变感觉。迷走神经会将肠道运作的信息——正在消化什么东西、活跃性等——传到大脑，其特别之处在于它也会将"肠道的感觉"传到大脑，也就是我们所谓的"直觉"。当人们紧张时，会说"心里七上八下"（butterflies in the stomach），这个

"心"其实是肠子，紧张的确会让你的肠子开始蠕动，大脑只是收到了电脉冲通过迷走神经带来的信息。

或许你听了不会太惊讶，但电脉冲沿着迷走神经冲上大脑的过程也能够让人感到快乐。医生利用这个系统来治疗无法以化学或行为方法治愈的严重抑郁症患者，这种治疗称作"迷走神经刺激术"。外科医生将一个周围有金属丝线的小型装置植入病人的脖子，再小心地将线包覆在迷走神经上，并将另一个由电池供电的发电器植入病人胸部，提供刺激神经的电脉冲。经过几周、几个月或几年之后，这个"幸福起搏器"会使病患变得更快乐、更振奋。

将电脉冲装置与迷走神经连接在一起，可以促进神经活动、振奋心情。在正常情况下，这些电脉冲含有一个化学成因，类似家用电池。这些启动神经冲动的化学物质被称作"神经递质"，而接下来你听到的会比你能猜到的要多。血清素、肾上腺素、多巴胺、催产素等物质大部分都是由我们的身体合成，它们会在神经末梢引发微小的电位刺激。但是神经递质并不全由人类细胞制造，我们的微生物区系也参与其中，它们也会制造同样功能的化学物质，刺激迷走神经并且与大脑沟通。这些微生物就像天然的迷走神经刺激器，能使人心情变好。我们还不清楚它们为何能产生这样的效果，但我们确定它们的确有效果。

一个观点是，借由影响我们的心情，微生物区系可以控制我们的行为，为自己谋利。比如想象一下，某种细菌以我们食物中的某种特别化合物为生，如果我们吃了那种食物，将会为这些细菌提供养分，而它们也会生产令我们开心的化学物质来"回报"

我们，这么做对它们来说有益无害。它们在我们体内产生的化学物质，可能会使我们渴望获得那种食物，甚至让我们记得是在哪里吃到的——从前可能是一棵果树，现在可能是某间面包店——好让我们再度光临那个地方。我们吃得越多，菌群就越能蓬勃生长，产生更多的化学物质，进一步加深我们对那种食物的渴望。

让我们回到免疫系统对大脑的影响。当身体为了抵抗外来的恶意攻击而进入高度警戒模式时，免疫系统会分泌一种叫作"细胞因子"（cytokines）的化学物质，它们在体内飞驰时，有时会造成不必要的伤害。细胞因子会鼓动免疫系统的士兵，让它们准备作战，但如果没有敌人入侵，则很有可能会误伤自己人。抑郁症似乎不是好战的免疫系统对神经系统造成的唯一负面结果，前文提过的其他精神疾病患者，也有免疫系统过度活跃的迹象，即发炎反应。除此之外，注意缺陷多动障碍、强迫症、躁郁症、精神分裂症，甚至帕金森综合征及失智症都有类似的现象。法国的临床实验则显示，增加肠道有益菌对免疫系统有镇定的效果，不仅可以防止色胺酸被破坏、使人更快乐，还可以减少发炎。

孤独症患者也一样，他们的免疫系统不停工作，忙着增高细胞因子的攻击性。肠道微生物区系改变的潜在威胁显然是刺激免疫系统的主因，但现在的问题是：孤独症是如何发生的？

西德尼·芬戈尔德研究了孤独症患者及正常儿童体内微生物区系的差异，发现一些有其他企图的特殊微生物可能是引起病症的主因，他甚至为一种在孤独症儿童体内特别常见的细菌命了名：鲍氏梭菌（*Clostridium bolteae*）。不可否认的是，这些儿童体内细菌的生态平衡是不同的，且梭菌属细菌常常就是罪魁祸首。但是这些细菌做了什么，能对孤独症儿童的大脑产生这么大的影响？

在加拿大安大略省伦敦市的西安大略大学，德里克·马克费比（Derrick MacFabe）博士的教育背景及经验使他成为关联大脑与肠道这项新研究领域再适合不过的人选。他最初接受的是神经系统科学及精神病学的训练。在就读高中期间，他曾经接触过有特别需求的儿童病患，其中许多人有孤独症及肠道问题。等马克费比成为合格的医生后，在医院常遇到一些有肠胃问题的病患，他们因为表现非常异常或神经质而被送到精神科。他正在治疗的一位病患，同前文提及的比利时A小姐一样，突然精神失常并被认为是精神分裂症，然而病人的肠胃症状揭露了真正的病因——惠普尔病。和马克费比曾经照顾的孤独症儿童一样，这名年轻男子整天不断重复喊着："马克费比医生！马克费比医生！马克费比医生！"不到一个星期，抗生素治疗就让他回到了原本的样子。后来这名患者告诉马克费比，他感觉好像终于从梦中醒过来了。

这些经验给马克费比留下了很深刻的印象，他认为肠道与大脑之间一定有某种很重要的关联。"某种微生物制造的化学物质可能会使病人发疯"，这个想法一直在马克费比的心中盘旋。当听说芬戈尔德用抗生素让孤独症儿童的病情有所缓解，就像自己治疗的那位惠普尔病患者一样，马克费比开始理出一些头绪。当时他正在研究中风时大脑是如何受到伤害的，以及一种叫作"丙酸盐"（propionate）的分子产生的效果。

这种分子是肠道微生物区系分解食物时制造出来的重要化

学物质之一。短链脂肪酸（SCFAs）包含三种主要的化合物：醋酸盐、丁酸盐及丙酸盐。每种化合物都有其功用，也是维持健康与快乐的基本要素。令马克费比惊讶的是，尽管丙酸盐是体内的重要化合物，但它也被当作防腐剂加入面包中，这是许多孤独症儿童最喜欢吃的食物。更奇怪的是，梭菌属细菌会制造丙酸盐。身体内有丙酸盐"并非不好"，但马克费比开始思考孤独症儿童是否摄取了过量的丙酸盐。

是因为孤独症患者的微生物区系发生改变而制造出过多的丙酸盐吗？丙酸盐有可能影响患者的行为吗？马克费比做了一系列实验，他在活体小鼠的脊柱中植入细管，将微量的丙酸盐注射到小鼠大脑的脑脊液中。几分钟内，小鼠开始出现奇怪的行为：在原地打转、执着于某个物体、到处横冲直撞。当两只接受丙酸盐注射的小鼠被放在同一个笼子里时，它们不会停下来嗅闻对方并正常地互动，反而会忽视同伴，自顾自地沿着笼子绕圈。

如果你对这个实验感兴趣，可以在网上找到视频。小鼠的反应与孤独症患者的行为非常相似，对于物体的迷恋胜于同类、出现重复动作、抽搐、多动——所有孤独症的特征，都在丙酸盐对大脑产生作用期间表现出来，然后在半小时内，反应渐渐消失，小鼠的行为又恢复正常。不论是皮下注射还是喂食丙酸盐，都会产生一样的效果，而另一组注射生理盐水的实验小鼠的行为则丝毫没有改变。

这些小鼠的大脑被化学分子劫持了，强迫它们做出不正常的行为。丙酸盐对小鼠大脑的影响，和孤独症对人类大脑的损伤一样吗？借由比较小鼠及孤独症患者的大脑，马克费比和他的团队发现两者都充满了免疫细胞，而且和精神分裂症及注意缺陷多动障碍患者一样存在炎症。

当吞噬病原体的免疫细胞同时吞噬了多余的突触后，大脑出现炎症是正常的。学习就是记忆与遗忘之间的精确平衡，建立联结并发现模式是智慧的标志，但这个过程若是进展太快则会使人生病。当马克费比将注射了丙酸盐的小鼠放入迷宫时，发现它们可以轻松记得路径，却无法将其"忘掉"——如果改变迷宫路径，小鼠还是会坚持走原本的路，不断撞向新迷宫的墙。

这使人联想到孤独症患者惊人的记忆力，以及对特殊固定习惯的着迷。弗洛·莱曼（Flo Lyman）和凯·莱曼（Kay Lyman）是世界上唯一一对女性"孤独症天才"双胞胎，她们出现在许多纪录片中。尽管有社交障碍，而且生活无法自理，两人却拥有惊人的记忆力，能立即回忆起过去任何一天的天气、她们吃的食物，以及她们最喜欢的主持人当天在节目里穿的衣服，她们能记得排行榜上的每首歌及演唱者，还有发行日期。这些记忆一旦形成就永远固定在那儿，持有这些记忆的突触不会被丢弃，而抓住其他记忆——例如如何煮一顿饭——的突触并不存在。

利奥·坎纳在研究孤独症时注意到了同样的现象，他的研究对象在学习新东西时可以记住它的名字，却无法适应这个东西的定义。例如许多儿童会称自己为"你"，因为当家长说"你要出去玩吗"或"你要吃早餐吗"时，会无意间让孩子以为他的名字叫作"你"，而这个记忆是不会改变的。在坎纳的研究中，有一个孩

　　　　人体里的"动物园"：与占据身体 90% 的微生物共存

子甚至叫他的爸妈"我"，而称自己为"你"。

　　德里克·马克费比发现，注射了丙酸盐、不会忘记最初的迷宫路径的小鼠，它们脑中化学物质的增加与记忆的形成有关。这看起来是个棘手的问题，但马克费比相信这在演化上是有目的的。如果细菌可以释放出让大脑记住事情的化学物质，它们便能确保宿主（人体）记得要去哪里找到能让它们繁衍生息的食物。但针对孤独症，马克费比好奇的是"有没有可能是因为这个过程反应过度，造成'遗忘能力受损'、偏执行为、对特殊食物的偏好，以及记忆受限"？确实，微生物区系对正常的记忆形成非常重要。被放在迷宫中的无菌小鼠，因为记忆力无法正常运作而找不到出路，它们只记得住已经走过的路。如果马克费比是对的，只要改变体内的微生物区系组成，就能让体内充满丙酸盐，随着儿童的发育，就能改变大脑形成及破坏突触的能力。

　　丙酸盐和其他化学物质究竟是如何从肠道跑到大脑，并造成巨大的破坏的？就在马克费比着手研究一段时间后，另一位科学家艾玛·艾伦－费尔科（Emma Allen-Vercoe）博士也开始研究这个问题。她是一位英国微生物学家，在加拿大的圭尔夫大学工作。某次与西德尼·芬戈尔德共进午餐时，芬戈尔德将孤独症源于肠道的想法告诉了她。与马克费比一样，艾伦－费尔科也怀疑儿童肠道微生物的组合可以制造出扰乱大脑、免疫系统及人类基因表现的化学物质。

　　与其寻找可能导致疾病的单一微生物，不如做整体的研究分析。艾伦－费尔科将肠道内的微生物区系视为一个生态系统，就像一片雨林。从"雨林"中捕获任何特定的物种并研究它在落单时的行为,并不能得知这个物种真正的本性。确实,微生物会受到其他微生物及其制造的化合物的影响,因此艾伦-费尔科放弃研究每个种类的个体,而是在肠道外为微生物区系重建了一个"家",并置入各种"居民"。这些装满散发着恶臭的黏稠物的管子和瓶子被称为"仿真肠道"。

借由仿真肠道,艾伦-费尔科开始在实验室培养这些细菌,她也由此完成了一个循环:科学家从只能通过实验室培育来研究细菌,到经历DNA测序革命,又回到了培养细菌的原点。对于肠道微生物无法培育一说,她并不同意:"绝对是无稽之谈。你只是需要更多设备、无比的耐心和非常好的眼力。我们的冰箱里现在有一堆'无法培育'的微生物。"

艾伦-费尔科怀疑,孤独症患者肠道内的那些已经被改变的微生物区系会摧毁结肠壁的细胞,但是比起找出哪种细菌是罪魁祸首,她更想了解究竟是微生物产生的哪种化学物质导致了这个结果。她从患有重度孤独症的儿童的粪便中采集细菌,放入仿真肠道中。仿真肠道外接了三根管子,一根注入食物,一根释放有害气体,第三根管子可以过滤出一些"金黄色液体"——这些微生物区系新陈代谢所产生的化学物质。

艾伦-费尔科的研究团队希望通过观察培养皿,了解"金黄色液体"对肠道细胞造成的影响,进而得知是哪种代谢物损害了孤独症儿童的大脑,以及它们到底做了什么才造成这样的损害。团队中的一位研究生——艾琳(Erin)对这项研究充满热情,希望解开孤独症之谜，因为她正是安德鲁·博尔特的姐姐。

1998 年，埃伦·博尔特完成了她的第一篇学术论文，题为《孤独症与破伤风梭菌》，发表在《医学假说》（*Medical Hypotheses*）期刊上。论文详述了她的孤独症形成理论：儿童肠道内正常的保护性微生物区系被抗生素消灭，接着受到破伤风梭菌感染。埃伦的论文集合了足以支持她的假说的各项研究证据，是一份流行病学及微生物学的综合性杰作。埃伦对于她研究的新领域的首次贡献，部分要归功于她作为计算机程序员的逻辑思考与做事方式。她勇于尝试，打开了医学研究的"潘多拉魔盒"，尤其是发现了异常行为可能是由人体微生物改变造成的，功不可没。埃伦的成就不仅证明了她的智慧与决心，更证明了一位母亲会尽一切努力保护自己的孩子。

尽管德里克·马克费比的研究是受了埃伦的先见之明的启发，但他也指出："假说非常重要，但只有假说是不够的，它必须要被验证。"

幸运的是，埃伦·博尔特将她的假说和科学天赋传承给了女儿艾琳。艾琳发现，弟弟安德鲁在 20 年前患上改变了他一生的孤独症时，自己就注定要投入到解开这个疾病谜团的尝试中去了。她在加拿大安大略省的圭尔夫大学里，在艾玛·艾伦–费尔科的带领下，认真投入了她的科学职业生涯。她的目标是利用仿真肠道，对母亲的假说做广义上的测试。

艾琳想知道弟弟及另外 11 名孤独症儿童在接受了 8 周抗生素

治疗并出现改善后，他们的肠道内到底发生了什么。她也想知道，为什么当家长从患有孤独症的孩子的饮食中去掉某种食物后，可以改善他们的症状。仿真肠道让她得以观察在加入抗生素、麸质及酪蛋白（小麦及牛奶蛋白质）后，孤独症儿童的肠道微生物区系会产生什么变化。鉴于孤独症可以借由抗生素改善，若艾琳在仿真肠道内加入同样的药物，微生物就不会再制造代谢物了吗？又鉴于孤独症患者吃了烘焙食物后通常会使病情加重，如果艾琳在仿真肠道内加入麸质食物，微生物会生产更大量的代谢物吗？

艾琳的实验不仅为"微生物区系在孤独症中的作用"奠定了研究基础，还发现微生物对许多其他精神疾病的影响。她的母亲埃伦将侦探般的逻辑用在复杂的疾病调查中，并且在没有人愿意倾听的情况下，打开了全新的研究思路。现在，艾琳接下了接力棒，运用她的智慧及决心，继续为自己，也为越来越多存有疑问的父母寻找答案。对安德鲁来说，他的童年发育之窗已经关闭，可能一生都要与孤独症共存了。尽管如此，对艾琳、德里克·马克费比和艾玛·艾伦－费尔科来说，他们都希望能够预防这种暗中作乱的疾病，减少它对世界上每个家庭的影响。

在身体健康方面，我们倾向于认为自己是基因及经历的产物，大多数人会将我们的美德归功于曾经克服的障碍及奋斗得来的胜利。我们将自己潜在的个性视为固定的本质，仿佛这些都是天生的，例如"我就是不爱冒险"或者"我喜欢事情井然有序"。我们的成就取决于我们的决心，而我们的人际关系反映出我们的个性。至少我们是这么想的。

人体里的"动物园"：与占据身体90%的微生物共存

但如果我们不能成为自己的主人，自由意志及成就又有什么意义？人性和自我意识又有什么意义？弓形虫或其他"住"在你体内的微生物可能会影响你的感觉、决定和行动，这个观点颇令人感到困惑。如果你觉得这还不够让你吃惊，请试想：微生物是可传播的。就像会传播的某种感冒病毒或细菌造成的喉咙感染，微生物区系也可以借由一个人传染给另一人。你遇到的人、你去过的地方可能都会影响你体内的微生物组成，这个想法也赋予了文化精神传播新的意义。或者就最简单的来说，与其他人分享食物及厕所，就能够提供一次交换微生物的机会，不管好的还是坏的。这样的交换，是否有可能会让你得到鼓励你进入商学院、努力创业的微生物？或者让你拥有骑着摩托车追求刺激人生的热情？目前还没有人知道答案。但人格特质能从一个人传给另一个人，这个想法确实将我们的思路拓展得更宽了。

第 4 章 | **自私的微生物：**
过敏是因为免疫系统太尽责？

　　每个人都想知道如何增强自己的免疫系统功能，在搜索引擎中输入"免疫系统"四个字，第一个出现的联想词就包含了"增加"这个乐观的字眼。在一个理想的世界中，我们会食用甜美的超级食物（super food）来提升免疫力，最好是生长在安第斯山脉某个神秘地点的浆果，这种价格昂贵的浆果只意味着一件事：一定有效！对大部分的人来说，增强免疫系统功能是为了避免从公交车和火车布满细菌的把手上，得到各种感冒或流感病毒，从而被感染发病。但拥有健康、活跃的免疫系统的关键究竟是什么呢？

　　不幸的是，人类的超级社会性让细菌的传播变得非常容易。感冒好几周，病恹恹地提不起劲去上班，但又不至于病到整天都必须躺在沙发上，这种令人讨厌的情况在每年都会至少出现一次。当我们硬着头皮，心不甘情不愿地进了办公室，在擤鼻涕中度过一天时，就是中了这些讨厌的微生物的圈套——继续保持社交活动，让它们传播得更广更远。"不至于病到整天都得待在家"，表示病原体（致病的微生物）成功地在"病倒"与"无害"之间取得了完美的平衡。它们将毒性控制在足够让自己借由咳嗽及喷嚏传播出去，还要确保你不至于在遇到别人（潜在宿主）之前就病死。某些出现于20世纪90年代的可怕致命传染病，如埃博拉病毒和炭疽热，会使受感染的人在短时间内死去，所以它们很少有机会再去感染其他人，从某种程度上来说，这也算是高致死率带来的小小仁慈了。2014年，西非暴发了埃博拉病毒，引发了可怕的疾病大流行，这很有可能是因为病毒毒性变弱，感染者的死亡率降到50%~70%所致。病毒的毒性及致死率下降，代表染病的人会活得更久一点，让病毒有机会寻找新宿主并继续传播下去。

另一方面，许多野生动物并不容易染上这些讨厌的疾病，不是因为它们的免疫系统更强大，而是因为病毒必须在新的、易受影响的个体间传播，才会造成疾病的暴发。法国阿尔卑斯山上孤单的山羊，根本不会遇见它们在比利牛斯山脉的表亲，所以动物之间的感染很少见。同样地，对于那些喜欢独来独往的动物（如豹子），传染病很难在它们中找到立足点。

人类喜好社交和四处游荡的特性，使个体间不断发生接触，加上每年数量庞大的新生儿，正中病原体下怀。除了人类之外，蝙蝠是世界上最有影响力的病原体（可能包括埃博拉病毒）携带者。与人类一样，许多种类的蝙蝠也喜好群居。成千上万的蝙蝠挤在狭小的空间中，让病原体有足够的机会占领地盘，像波浪一

　　　　　　人体里的"动物园"：与占据身体90%的微生物共存

样在群体内散播，接着产生突变，数月或数年后在群体内再散播一次。更重要的是，蝙蝠会飞。当它们外出四处觅食时，身上的微生物也会随之散播，使病毒有机会与其他孤立的群体建立桥梁。人类和蝙蝠的共同特征，就在于喜好社交且具有高度的活动力。人类聚居在城市中，在世界各地旅游、工作，分享并散播微生物，其中大部分是无害的，有些则是病原体。

大部分人的免疫系统并非不活跃，实际上是太过活跃了。每到春天花粉症就会发作，每次接近猫就会开始打喷嚏，这些情况看似很普遍，但其实是不正常的。大部分发达国家都有大量的过敏人口，这看似没什么特别，但仔细想想，历史上有哪个演化过程，会让10%的儿童患上哮喘，每隔一阵子就喘不过气？有40%的儿童及30%的成人为花粉症所苦，他们无法忍受飘散在空气中的花粉，这样有什么益处吗？患有过敏症的人很少会认为自己免疫系统功能失调，但事实上就是。他们需要的不是"增强"，而是"减弱"。过敏是免疫系统过度反应的结果，它会摧毁那些对身体其实没有威胁的物质。要治疗过敏反应，通常会用类固醇或抗组胺药物来镇静免疫系统。

过敏症在大多数发达国家早已根深蒂固。在20世纪90年代，过敏人数增加的速度开始放缓，但这渐趋平稳的状态只能说明有过敏易感基因的人都受到了影响，而不是过敏的根本原因稳定下来了。在乡村，以及低工业化、未西化的地区，没有令人焦躁的拥挤人群，也没有过敏的问题。介于发达国家与部落文化之间的发展中地区，患过敏症的人数也在无情地增加，一代又一代，将越来越多的人卷入这种反常的免疫系统过度反应状态。自西方患病人数从20世纪50年代开始上升之后，人们心中一直有个问题：导致过敏的根本原因是什么？

20世纪的一个传统理论是：儿童的过敏是由感染引起的。1989年，英国医生戴维·斯特罗恩（David Strachan）挑战了这个理论。他以一篇简短且直接的论文，提出了一个相反的见解：过敏是由于经历的感染太少了。1958年3月的某周内，英国总共有超过1.7万名婴儿出生，斯特罗恩从国家数据库中调出了这些人的资料，研究了他们从出生到23岁的健康与社交记录、社会阶级、财富、居住地等信息。在这些资料中，他发现了两个特别突出的现象，都与他们患花粉症的概率有关。第一个是兄弟姐妹的数量，独生子患花粉症的概率，比拥有三四个兄弟姐妹的孩子高；第二个是他们在家里的排行，弟弟妹妹患花粉症的概率要比哥哥姐姐低。

有孩子的人都知道，幼儿在学步期很容易感冒，脸上时常挂着两条鼻涕。幼儿是细菌和病毒的温床，他们的免疫系统对于人类每天必须面对的病原体攻击尚无经验。蹒跚学步的孩子尤其喜欢将伸手可及的物品放入嘴里，这让他们身上的微生物得以到处散播，不论是好的还是坏的。孩子越多，鼻涕和口水的痕迹就越多，微生物也就越多。斯特罗恩的想法是，在大家庭中成长的儿童，能够从他们的手足身上得到更多感染机会，特别是哥哥姐姐带回家的微生物。不知何故，这些儿童在早期受到的感染，让他们免于花粉症及其他过敏性疾病的影响。

过敏症病例的增加与逐渐改进的卫生标准相一致，这让斯特罗恩的观点得到了支持，并很快被称为"卫生假说"（hygiene hypothesis）。从前人们不常洗澡，只有每星期去教堂前才在温水中泡一次澡，而现在人们则习惯每天用热水淋浴；人们将食物放在冰箱中冷藏或冷冻，取代了原来腌制及发酵的保存方式；家庭人数减少，生活越来越精细与城市化。鉴于过敏在传染病盛行的发展中国家仍然很少见，"卫生假说"不无道理。在欧洲与北美洲，人们太注重卫生，反而使免疫系统迫不及待地去攻击那些无害的花粉颗粒。

　　尽管"卫生假说"对免疫学家来说是一个新观念，但它很快就获得了科学界的青睐。这个假说的吸引力在于，我们可以将免疫细胞拟人化，将它们视为极具攻击性的猎人，渴望寻找东西来破坏。我们想象它们没事做的时候会变得焦躁不安，所以当凶猛的传染病病毒被疫苗击退、卫生习惯将有益菌带走后，免疫细胞

就空闲下来，没有敌人需要消灭了。于是没事做的免疫细胞将注意力转移到了其他无害的东西上，继续发动战争。

人们将同样的概念从细菌、病毒感染延伸到寄生虫，特别是绦虫和蛲虫上。它们就像微小的病原体，但发达国家的居民染上寄生虫的概率微乎其微。科学家及公众都开始怀疑，寄生虫的入侵本可以让免疫系统忙于消灭它们，而寄生虫的消失却使得免疫系统无事可做，冗员严重。

斯特罗恩发现的家庭成员多寡与过敏症之间的关系，也在许多其他的研究中得到了支持。有一个简单的比喻很适合用来解释这个假说的运作方式。想象一下，将免疫系统分成两个部分：陆军及海军。假设陆军负责应付陆地上的威胁，海军负责对付海上的威胁。当海上的威胁减少了，导致原本要加入海军的人被陆军征募，但陆地上并没有额外的威胁，结果导致陆军冗员。

如果把这个比喻套用在我们的免疫系统上，就是：假设海军是1型辅助性T细胞（T_h1），它通常会对细菌及病毒的威胁产生反应；陆军是2型辅助性T细胞（T_h2），通常对寄生虫（包括蠕虫）产生反应。由于卫生条件的改善，人们受到细菌及病毒感染的威胁降低了，1型辅助性T细胞缩编，多余的细胞由2型辅助性T细胞接收。但是这些额外的2型辅助性T细胞还是无事可做，所以在警惕寄生虫的同时，没事做的T细胞就开始攻击外来的无害粒子，其中就包括花粉和皮屑。这个比喻听起来简单明了，但这是真的吗？

斯特罗恩的下一个挑战，是要找出一个清楚的联系来支持他的假说，不只是家庭成员人数与过敏之间的关系，还有感染与过

　　　　　人体里的"动物园"：与占据身体90％的微生物共存

敏之间的联系。一些统计数据似乎可以支持他的想法：比起感染过甲型肝炎或麻疹的人，没感染过的人更容易患过敏症。然而要从大多数常见传染病病例中找到这种联系的证据是非常困难的。斯特罗恩发现，比起在出生后一个月内受到感染的婴儿，没受到感染的婴儿更容易有过敏的症状，但即使如此，我们还是需要更好的解释来说明其中的关联性。

很可惜，我举的陆军与海军的例子无法为这个理论作证，因为我过分简化了1型与2型辅助性T细胞在对抗病原体的过程中的分工。这两种T细胞并不是单独对抗病原体，每次"战斗"都是由二者合作完成的。此外，如果说过多的2型辅助性T细胞是造成过敏的主因，那么1型糖尿病及多发性硬化症的患病人数就不会跟着上升，因为后两种疾病属于自身免疫性疾病，是由身体的免疫系统攻击自己的细胞引起的，涉及的是1型辅助性T细胞过量，而非2型辅助性T细胞。

细菌与寄生虫的消失，似乎给了免疫细胞攻击花粉及皮屑正当的理由，但这也是"卫生假说"最矛盾的部分。尽管人类身上的病原体变得相对稀少，但仍然有大量的微生物存在，数量多到应该会对免疫细胞造成威胁。这一大群重达几千克的攻击性"细菌"（微生物区系）就住在人体免疫细胞密度最高的结肠里，但竟能毫发无伤地存活下来。如果免疫系统因为缺少攻击对象而躁动不安，它们会放过这个机会吗？

问题的重点在于，免疫系统要如何判别攻击目标？我们对免疫细胞的既定印象是：它们会攻击任何不属于身体的物质。任何不属于人类却出现在人体内的物质、不属于猫却出现在猫体内的物质、不属于小鼠却出现在小鼠体内的物质，换句话说，就是任何非自身的物质。所以免疫系统必须辨认什么是人类自身的一部分并接受它，也要辨认出非人类自身的部分并消灭它。免疫学正是被这种"自身"与"非自身"的教条拘束了超过一个世纪。

想想看，若这个分类方式真的适用于免疫系统，若免疫细胞真的会攻击任何非自身的物质，如食物分子、花粉、灰尘，甚至是其他人的唾液，会发生什么呢？鉴于这些物质是无害的，对这些非自身物质做出反应不仅没有帮助，还是一种能量浪费。不能因为这些物质不是出于自身，就表示它们是危险的、必须被消灭的。有些物质还是放任不管比较好。

另一方面，如果免疫系统不摧毁任何出自自身的物质，会发生什么呢？这个问题更难想象，但却同样重要，因为属于自身但有害的物质也许比你想的要多。首先，如果不是免疫系统帮忙除去某些自身的物质，我们的手指及脚趾间可能还会有蹼。在怀孕大约9周之后，人类胚胎开始形成，大概只有葡萄般大小，此时手指与脚趾之间的细胞会"自行毁灭"，好让手指分开。这项"清理"工作由吞噬细胞（phagocytes）完成，它们属于免疫细胞，会拆解并吃掉无用的蹼。

大脑中的突触也一样，借由破坏无用的神经元之间的连接，达到记忆与遗忘的平衡，这项工作由另一组特殊的吞噬细胞负责。相同的情形也会让细胞发生危险，即癌变。如果DNA复制时发生错误，有可能会让细胞病变，产生癌细胞。长久以来都是免疫细胞在身体里巡逻，找出这些错误，阻止癌变发生。由此可见，容忍某些非自身物质、攻击某些自身分子，和摧毁来自体外的病原体一样重要。

人类的微生物区系显然是非自身物质，它们是有机生命体，不仅属于与我们不同的物种，也属于几个不同的生物界。更重要的是，它们和制造麻烦的各种病原体（细菌、病毒及真菌）是极度相似的生物。微生物区系的表面甚至覆盖着一种分子，和免疫系统用来侦察病原体的分子相同，但这些微生物使用了某种方法告诉免疫系统不要攻击它们。

戴维·斯特罗恩的"卫生假说"原本是个极好的假说，但现在面临着被彻底革新的考验。他认为小时候受到的感染越多，将来患过敏症的概率就越低。问题是，相关证据并不支持这个论点，这个机制并没有真的如他所说的那样运作。但从某种意义上看，对"卫生假说"的反思正在经历一个微妙的过程。尽管我们体内的微生物区系没有引发疾病，但从某种层面来看，它们仍是一种广泛的感染。这些微生物是入侵者，而且已经入侵很长一段时间了，因为它们带来了巨大的益处，免疫系统知道必须要容纳它们。所以，我们的微生物是怎么躲过免疫系统的？经过调整的免疫系统若是失去平衡，会发生什么事呢？

曾经有一阵子，我在研究人体内的微生物时，不再将自己视为一个个体，而是一个容纳微生物区系的容器。现在，我则将我们（我和我的微生物）视为一个团队。和所有关系一样，我付出了多少，就会得到多少。我是微生物的供应者及保护者，它们也以支持我并提供营养作为回报。我发现当我在选择食物时，会按照我的微生物的喜好来做选择，而我的精神及身体健康就是作为宿主的价值标记。它们是我的殖民生物，保护它们的福祉，与保护我身体的细胞一样值得。

尽管人类特有的能力使我能够意识到这种伙伴关系，但这却不是只有人类才有的联盟。我会在后面的章节解释，微生物殖民从你母亲生下你的那一刻就开始了，数量之大，堪比挪亚方舟。你的母亲身上的第一个微生物，当然是由你的外祖母提供给她的，而你的外祖母的第一个微生物，则是由你的曾外祖母给她的，以此类推。在8000年前的某个地方，比智人更早的人类祖先也是由母亲将微生物传给孩子。从我们的演化历史往前追溯，这个传递方式超越了人类、灵长类、哺乳类，甚至可以追溯

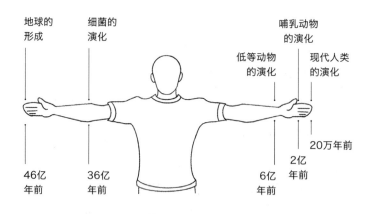

演化的历史

　　　　　　　　人体里的"动物园"：与占据身体 90% 的微生物共存

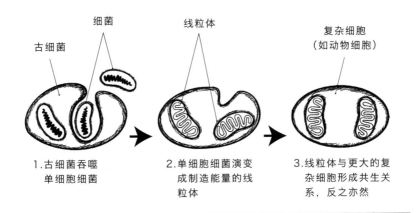

1. 古细菌吞噬
单细胞细菌

2. 单细胞细菌演变
成制造能量的线
粒体

3. 线粒体与更大的复
杂细胞形成共生关
系，反之亦然

线粒体的演化

至动物的出现之初。

　　生物老师最喜欢在上课时让学生张开双臂，以双臂的全长来追溯物种的发展演变。右手中指末端代表地球在46亿年前形成的时间，左手则代表现今。当时间进展到右手肘时，地球才冷却下来。第一个生命以细菌的形式出现，从单细胞生物演化到最基本的动物，又花掉了30亿年的时间，才终于来到了左手手腕的位置。毛茸茸的哺乳动物直到左手中指的位置时才出现，而人类历史的长度就像中指指甲末端一根绒毛宽的距离。所以才有此一说：只要用指甲锉轻轻一锉，我们存在的所有痕迹便会消失。

　　若没有细菌，就不会有动物。它们的存在与我们息息相关，几乎每种动物的每个细胞中都含有最基本的细菌——线粒体（mitochondria）。它们是细胞的能量站，借由呼吸作用将食物分子转化成能量，值得被好好照顾。从远古时代的单细胞生物到现在的复杂生命体，这些曾是细菌的小东西早已在我们的体内根深蒂固，我们也不再将其视为单独的微生物个体。线粒体是最早的两种生物有机体合作共生的演化成果，从此开启了"以小附大"的结盟模式。

我们可以从"生命树"观察到这些结盟的模式。画一个哺乳类动物的演化树，再画一个住在这些动物身上的细菌的演化树，会发现这两个族群的演化过程是互相对应的。当哺乳类动物经历一分为二的演化过程时，动物身上的微生物也会分裂，与它们的新宿主一起演化。宿主与其微生物区系紧密结合的关系，带来了一个革命性的想法：借由自然选择接近演化运作方式的核心。

让我从达尔文《物种起源》的开头说起——不是自然选择，而是人择。达尔文在书中提到了鸽子养殖，这在当时是一些贵族绅士最大的爱好。我则是用狗来阐述我的观点。大丹犬与猎狐㹴都是由狼演化而来，却跟它们的祖先长得完全不同。大丹犬曾被用来在德国的森林里猎鹿、野猪甚至是熊。育种者会按狗的体形、速度、力量，选出适合狩猎的狗来传宗接代，让这些特征越来越显著（也就是人择，非自然的选择）。猎狐㹴的育种者则以速度、灵活度，以及钻狐狸洞的能力作为育种标准，这同样不是大自然的选择。

自然选择也是以类似的方式运作，只不过是由自然环境选择特征，而非育种者。猎豹必须发展出足够强壮的腿来追赶猎物，必须有足够大的心脏及肺才能比猎物撑得久，还有好到可以注意到远方落单的小瞪羚的视力。青蛙必须有蹼才能在水中前进，卵囊必须够坚韧才能在烈日下幸存，还必须有足够的保护色才能躲

　　　　人体里的"动物园"：与占据身体90%的微生物共存

过苍鹭的注意。这些生物特征都是经过气候、栖息地、竞争者及掠食者的选择而被保留下来的。

演化生物学家争辩的是,究竟是什么被选择了?答案看似很清晰:有强壮肌肉或有蹼的个体能够存活并继续繁殖。也就是说,个体繁殖被其所处环境选择了。但是,为什么雌狮会帮助它们的幼崽?为什么工蜂会帮助蜂后?为什么年幼的黑水鸡会帮助父母?更令人费解的是,为什么吸血蝙蝠会反刍,将食物分给挨饿的同类,即使彼此并没有血缘关系?如果个体繁衍才是最重要的事,为什么它们会帮助其他同类?正是这些超越个体的选择引起了生物学家的讨论。若是合作对群体成员(特别是那些没有血缘关系的成员)的繁殖有帮助,环境选择的就不仅是个体,还会选择整个群体。

理查德·道金斯(Richard Dawkins)提醒我们,不管是个体还是群体的选择,都没有抓到要领。他在1976年出版的《自私的基因》(*The Selfish Gene*)一书中,挑战了几位知名演化生物学家的观点。他认为自然选择最终是在基因之间做选择,身体仅是基因的载体,使它们能够永远传承下去。就像个体一样,基因也会变异、可以复制,并且代代相传。重点是基因可以决定个体繁殖的可能性,因此是基因被选择或淘汰,而不是个体。当然,一个基因无法单独行动,即使是最有生命力和复制能力的突变基因,也受限于邻近的基因。这又将我们带回了起点——个体,但至少我们对自然选择的复杂性有了更多的了解。

宿主和微生物区系的配对演化,让已经纠缠不清的演化网络更加复杂了。以美洲野牛为例，它们的体形必须大到足以抵御狼、毛发厚到足以抵御冬天的严寒，并且足够强壮，才能跋涉千里找到好的草场。尽管美洲野牛具有很多强大生命力及繁殖力的特征，但如果它们没有像样的肠道微生物也是不行的。没有微生物，野牛就无法消化牧草，也就无法吸收营养、无法产生能量。没有了能量，野牛就无法成长、迁移、繁殖或生存，一切将变得毫无意义。

美洲野牛和它们的微生物区系一起演化，一起被选择。美洲野牛必须要体形够大、毛发够浓密、身体够强壮，也必须要有良好的消化能力，才能得到大自然的青睐。它们必须要有足够的微生物。宿主（美洲野牛、鱼、昆虫或人类）与微生物的组合被称为"全功能体"（holobiont）[1]，这种共存关系是演化的必然性。以色列特拉维夫大学的尤金·罗森伯格（Eugene Rosenberg）和伊拉娜·罗森伯格（Ilana Rosenberg）由此提出了自然选择的另一个层次：不仅个体会根据其繁殖上的价值被选择，群体和全功能体也是如此。动物无法脱离微生物区系独立生存；没有了宿主，微生物区系也无法存在，要大自然只选择一方而抛弃另外一方是不可能的事。自然选择对全功能体与个体的标准一样，宿主和微生物区系的组合必须足够强大、足够适合生存与繁衍。

最终，如道金斯所言，自然选择的对象是基因，不管是动物的还是微生物的基因。相应地，罗森伯格的观点被称作"全基因

---

[1] 或称"共生功能体"，指与宿主共生的所有生物。

人体里的"动物园"：与占据身体90%的微生物共存

体选择"（hologenome selection）：对宿主基因及微生物区系基因的组合做选择。

重点是，人类的免疫系统并非单独演化。免疫系统绝对不是一组不能生育的淋巴结、管和流动的细胞，杵在那儿等着被不知名的敌人攻击。它会和各种微生物一起"成长"，既包括那些让我们生病的微生物，也包括让我们保持健康的微生物。数千年的联合，让免疫系统认为微生物的存在是必要的；当微生物消失了，一切就会失去平衡。这就像驾驶配备电子手刹的车，你已经知道要用多大力气踩油门才能克服刹车的阻力，并且这样安全驾驶了几十年，但突然有一天手刹松了，汽车变得狂野又不稳定，你得特别费力才能保持和之前一样的速度。

即使是身体最差、最不健康的人，身上也不可能完全没有微生物，所以我们无法确定，若是没有微生物，免疫系统会对人体造成什么样的破坏。在人类历史中，只有一个人经历过没有微生物区系的生活，或者说是几乎没有微生物区系的生活。著名的"泡泡男孩"戴维·维特尔（David Vetter）患有严重的重症联合免疫缺陷（SCID），完全无法抵抗病原体的攻击，他的一生都在美国得克萨斯州休斯敦医院的一个无菌泡泡里度过。戴维的哥哥因为基因疾病过世，但是医生有信心在不久的将来治愈这种病，所以戴维的母亲再度怀孕。

1971年，戴维以剖宫产的方式在一个无菌的塑料泡泡中出生，医护人员接触他时会戴塑胶手套，并且喂他吃经过杀菌的婴儿食品。他从来不曾闻过母亲的味道，也没有触碰过父亲的手；他从来没有和其他小孩一起玩过，塑料薄膜成了分享玩具和笑声的阻碍。为了让戴维可以在泡泡以外的地方生活，医生试图用他姐姐的骨髓做移植手术，希望以此启动他的免疫系统。但是骨髓配型不成功，戴维别无选择，只能在泡泡内度过余生。

尽管这种罕见的疾病让戴维一生都在无菌的空间中过着相对健康的生活，直到12岁离世之前都没有生过病，但令人意外的是，他对空间记忆毫无概念，却对时间的流逝非常敏感，这或许是因为他的大脑只认识时间，而不需要去辨认空间。研究人员对戴维的身体及精神状态做了许多研究，但当时微生物区系的已知益处仅限于合成维生素的功能，所以他们并没有调查无菌空间生活对戴维的影响。最终，医院没能找到合适的骨髓捐赠者，所以尽管有风险，他们还是决定移植戴维姐姐的骨髓。手术后不到一个月，戴维死于淋巴瘤，这是一种免疫系统的癌症，由EB病毒（Epstein-Barr virus，类似疱疹毒菌）引起。戴维姐姐的骨髓里有这种病毒，因此医生在不知情的情况下把病毒移植给了戴维。

尽管大家尽可能让戴维生活在无菌环境中，但从出生之后，他的肠道里依然开始聚集越来越多种类的细菌。戴维的医生知道这个情况，因为他们会定期采集戴维的粪便，而戴维身上简单的微生物也没有对他造成任何伤害。这样的情况下，戴维算是过着无菌生活吗？验尸官在解剖时，本应该会发现戴维的消化系统跟正常人的比例不同。应该像网球般大小的盲肠（连接着阑尾的器官）在戴维体内可能会更接近一个足球的大小，小肠内壁上的皱褶表面积应该会比正常人更小，里头的微血管也更少。然而，戴维的消化系统却几乎和其他儿童一样正常。

虽然原因尚不明了，但胃肠道的异常是无菌动物的典型特征。曾有一位研究员告诉我，她第一次解剖无菌小鼠时，被其盲肠的大小给吓到了，它几乎占据了腹腔所有的空间。后来她才知道，所有无菌小鼠都有超大尺寸的盲肠。它们的免疫系统也与正常动物明显不同，例如它们不会发育成熟。微生物区系正常的哺乳类动物，包括人类，小肠内壁通常会布满充当边境巡逻站的细胞，这些细胞被称为"派尔集合淋巴结"（Peyer patch）。每个派尔集合淋巴结内都有一排微型评估中心，将经过的非自身物质"抓"起来，让免疫细胞与它们"面谈"，询问它们的意图及目的。这些令人怀疑的物质会引起警报，促使免疫细胞在肠道内或身体其他部位捕捉更多的相同物质。而在无菌生物的肠道中，这些巡逻站的数量稀少且距离遥远，守卫缺乏训练，当"边境"遭受入侵时，它们通报危险的速度很慢。带着这样的免疫系统，无菌生物若是离开无菌环境，很快就会受到感染并死亡。

很明显，微生物区系可以改变免疫系统的发展，对于它对抗疾病的能力有很大的影响。用志贺氏杆菌（*Shigella*，会造成人类严重腹泻）感染实验小鼠后，正常的实验小鼠不会被影响，但无菌的实验小鼠总是会死亡。然而只要在无菌小鼠身上植入任何一种正常的微生物区系，就能避免它们在染上志贺氏杆菌后死亡。这个效果不只发生在无菌动物身上。给动物使用抗生素会改变其体内微生物区系的正常平衡，造成更多感染。举例来说，如果给小鼠注射抗生素，它们就会无法对抗从鼻子进入身体的流感病毒，并因此生病，而那些没有接受抗生素的小鼠则不会。这是因为注射抗生素后免疫细胞及抗体（标记需要被摧毁的病原体）的数量不足以防止蔓延到肺部的感染。

这看起来很矛盾，因为抗生素是用来治疗感染而不是引起感染的。尽管抗生素治疗可以治愈感染，但也可能使我们遭受其他的感染。最简单的解释是，失去了保护我们的微生物，身体就会暴露在被病原体攻击的威胁下。但事实上，抗生素很少会减少保护性微生物的总数，而是改变微生物区系成员的种类，也因此间接改变了免疫系统的行为。

肠道的第一道防线是一层厚厚的黏液。靠近肠黏膜的黏液中没有任何微生物，但是在外层黏液中住着微生物区系的许多成员。举例来说，抗生素甲硝唑会杀死厌氧细菌，由此导致的微生物区系组成的改变，会改变免疫系统的基本反应，并且直接干预人类的基因，使生产黏蛋白的基因产量下降，导致保护性黏液层也随之变薄。当黏液层变薄，微生物就更容易穿过它靠近肠黏膜。如果这些微生物或它们产生的化合物进入肠黏膜的血管中，免疫系统就会行动起来。

你也许会疑惑，如果抗生素改变了免疫系统的运作，不会使我们病得更重吗？一份针对8.5万名病人的研究报告指出，那些长期使用抗生素治疗痤疮的人，患感冒和上呼吸道感染的概率比没使用抗生素的人高出2倍以上。另一项对大学生的取样数据显示，使用抗生素后患感冒的风险是一般人的4倍。

那么抗生素对过敏的影响又是怎样的呢？2013年，英国布里斯托大学的一群科学家提出了这个问题。他们展开了一项名为"90年代之子"的大型研究，计划的研究对象是在20世纪90年代初期怀孕的1.4万名孕妇的孩子。研究团队搜集了这些孩子的大量医疗信息，数据包含了他们在婴儿时期使用的抗生素种类和次数。结果表明，在2岁前使用过抗生素的儿童（比例高达74%）在8岁前患上哮喘的概率是其他人的2倍。接受过越多抗生素治疗的儿童，越容易患上哮喘、湿疹和花粉症。

但是常言道：相关不蕴涵因果（correlation does not imply causation）[1]。研究抗生素的科学家早就发现，看电视越多的儿童，越容易患哮喘。尽管如此，没有人真的相信看电视会使肺部的免疫系统失调。事实上，儿童看电视的时间是用来衡量他们运动量的数据。这种观点现在仍然存在，但我们要如何确定给儿童使用的抗生素剂量也是判定某项事物的数据呢？举例来说，这个数据也许跟家长大惊小怪的程度有关，或许更确切地说，是与抗生素被用来治疗哮喘早期症状的可能性有关。研究人员再次计算了这个可能性，这次他们将所有在18个月大之前就出现哮喘征兆的婴儿排除在外，但结果仍旧显示出很强的关联性。

当然，使用抗生素是为了消灭感染，所以根据其与过敏之间的关联，"卫生假说"（儿童时期接触的感染源越少，日后患过敏症的概率越大）能站得住脚。但是矛盾仍然存在：为什么免疫系

---

[1] 科学和统计学中的重要概念，指当两个变量明显相关时，两者间不一定有因果关系。

统会攻击无害的过敏原，而不是专注于体内明显更令人担忧的微生物呢？如果过敏率的上升与感染率的下降有关，为什么我们之中那些较少被感染的人，没有罹患更严重的过敏呢？

瑞典哥德堡大学的艾格尼丝·沃尔德（Agnes Wold）教授，首先在1998年提出"卫生假说"的替代方案。当时，科学界刚开始重视对人体内微生物区系的研究，感染与过敏之间缺乏相关性也开始挑战斯特罗恩的假说。与使用抗生素及过敏之间的相关性比起来，其实还有一个更直接的关联。

沃尔德的同事英格德·阿德勒贝特（Ingegerd Adlerberth）曾经比较过在瑞典和巴基斯坦的医院中出生的新生儿身上的微生物。在瑞典出生的婴儿过敏比例较高，而且他们体内的细菌多样性比在巴基斯坦出生的婴儿要少，特别是缺少叫作"肠杆菌"的细菌。毫无疑问，瑞典的卫生水平远远超越巴基斯坦，但是巴基斯坦的婴儿并没有生病，也没有受到感染。他们身上有更多的微生物，特别是有一组会出现在成人肠道中的细菌，也包含母亲粪便中的细菌和一般环境中的细菌。瑞典的助产程序包括在生产前清洁妇女的生殖器，这么做可能会彻底改变进驻新生儿肠道的第一批微生物。

沃尔德认为是微生物区系组成的改变使过敏人数增加，而非受到感染的次数。她在瑞典、英国及意大利组织了一项大型的婴儿研究，随着时间记录他们体内微生物区系的变化。不出所料，在非常卫生的环境中出生的婴儿，身上只有几种细菌，特别是缺少了肠杆菌。取而代之的是更多的葡萄球菌，而它们通常出现在

　　　　　人体里的"动物园"：与占据身体 90% 的微生物共存

皮肤上，而不是肠道内。过敏的发生不会只和某一种微生物有关联，而是和婴儿肠道内整体的微生物多样性有关。患过敏症的婴儿肠道中的微生物多样性比健康的婴儿低很多。

沃尔德重构了斯特罗恩的"卫生假说"，使其在免疫学家和微生物学家中占了一席之地。20年来，科学家对体内微生物区系的研究，为我们认识让免疫系统健康发展的因素增添了一层复杂性。太干净的环境不仅阻绝了传染病，有时也阻绝了被称为"老朋友"的正常微生物的出现。这些"老朋友"随着我们一步步演化而来，并且忙着与免疫系统沟通。"卫生假说"转变成"老朋友假说"，这是一次对老观点的重新诠释。下一个有待厘清的问题，是微生物区系究竟想对人体或其他动物的身体传达什么信息。身体是如何知道该相信哪种微生物，又是如何分辨哪种是冒充者的呢？

免疫系统"手下"有一个细胞团队，在侦察与摧毁威胁的过程中，不同形态的细胞有各自的特殊功能，很像武装部队。巨噬细胞（macrophages）像是步兵，它们会吞噬有威胁的细菌；记忆B细胞（memory B cells）是狙击手，被训练来攻击特殊的目标；辅助性T细胞（1型与2型）则是通信兵，警告其他部队有敌人入侵。引起所有这些免疫反应的来源是"抗原"，它们是病原体表面的蛋白质分子，不管免疫系统以前有没有见过这种病原体，都会自动将抗原视为危险的信号。所有病原体都带有这些危险标志，一旦它们进入身体就会被侦测出来。

让我们回到主导免疫学家观点的"自身物质"与"非自身物质"概念上。免疫学家认为病原体入侵人体，是因为细胞表面的抗原泄露了行踪。但他们当时没有注意到的是，有益的微生物表面也带有抗原，而与病原体一样，这些抗原仅仅是让有益菌被辨识出来，并没有告诉免疫系统它们是敌是友。我们的免疫系统还没进步到能辨认出来者的善恶，因此这些有益的微生物一定是发现了什么方法，说服免疫系统让它们留下来。

你或许认为，所有免疫细胞都希望彻底消灭威胁。但是体内的每个系统都有平衡机制，免疫系统也一样，促炎（攻击）必须与抗炎（撤退）取得平衡。抗炎反应是由近年来才被发现的调节性 T 细胞（T_{reg}）引起的，如同陆军准将，它们负责协调整体的免疫反应，让免疫系统队伍中极具攻击性、嗜杀的成员冷静下来。调节性 T 细胞越多，免疫系统就越不会反应过度；调节性 T 细胞越少，身体对入侵者的攻击就越强烈。

事实上，有基因突变的儿童无法制造调节性 T 细胞，这会导致一种叫作"IPEX 综合征"的重大疾病。患者的免疫系统失去平衡，制造大量的促炎性免疫细胞，导致淋巴结及脾脏肿大。这种极具侵略性的细胞会攻击身体器官，让患者在童年时期就患上早发型糖尿病、湿疹、食物过敏、炎症性肠病和难以根治的腹泻。这些自身免疫性疾病及过敏疾病会使器官陆续受损，导致患者早亡。

然而令人惊讶的新证据指出，控制抗炎调节性 T 细胞的上级指挥官不是完全为人体着想的人类细胞，而是微生物区系在传达指令。它们利用调节性 T 细胞巧妙地操纵免疫细胞军团，确保自己能够幸存。对它们来说，一个冷静、有包容性的免疫系统代表着安逸的生活，不必时时担心被攻击或被消灭。我们的微生物区系为了自身利益，演化出了抑制免疫系统的能力，这个想法似乎有些令人紧张不安——一个关乎我们生存的重大安全机制，被我们最古老的敌人在最高级别篡改了。但不必担心，人类与微生物区系共同演化的历史，已经将我们的免疫系统调整成对双方最有利的状态。

比较值得担心的是，过着现代化生活的人们开始失去体内的微生物区系多样性。若是多样性消失，调节性T细胞会何去何从呢？包括艾格尼丝·沃尔德在内的一群科学家，用实验室最受欢迎的动物——无菌小鼠——来寻找答案。他们观察调节性T细胞在无菌小鼠身上发挥的效力，并和正常小鼠做比较。无菌小鼠需要更多的调节性T细胞才能控制侵略型细胞、抑制免疫反应，这表示无菌小鼠体内的调节性T细胞比正常小鼠的要弱。在另一组实验中，研究人员仅从正常小鼠的肠道中提取了一种微生物区系植入无菌小鼠体内，就能让其调节性T细胞的产量增加，并有效抑制免疫系统的攻击行为。

微生物区系的成员到底是如何办到的？它们的细胞表面与病原体一样，布满危险标志，但它们不仅不会激怒免疫系统，还有办法使免疫细胞平静下来，似乎不同种类的微生物都有一个只有自己和免疫系统知道的通行密码。美国加州理工学院的萨尔基斯·马兹曼尼亚（Sarkis Mazmanian）教授发现这个"密码"是由脆弱拟杆菌（*Bacteroides fragilis*）制造的，它们是微生物区系中数量较多的细菌之一，通常在人类出生后会立刻在肠道里驻扎下来。脆弱拟杆菌会产生一种叫作"多糖A"（PSA）的化学物质，这种物质会从脆弱拟杆菌表面的小荚膜释放出来。这些荚膜会被大肠内的免疫细胞吞噬，而其中的多糖 A 会激发调节性 T 细胞的活化作用，接着 T 细胞就会给其他免疫细胞发出镇静的信息，防止它们攻击脆弱拟杆菌。借由多糖 A 这个通行密码，脆弱拟杆菌可以将免疫系统的促炎反应转化成抗炎反应。同样地，其他与我们共存已久的细菌制造的多糖 A 和其他通行密码可能也有镇静免疫反应、阻止过敏发生的效果。通行密码有许多种，它们可能由微生物中的某几种特别菌株产生，以获得人体的认同，成为人体的一部分。与致命的 IPEX 综合征一样，患有过敏症的动物也缺乏足够的调节性 T 细胞。没有调节性 T 细胞的免疫系统就像手刹系统坏了的车子，免疫细胞会全速前进，攻击那些无害的物质。

现在，让我来告诉你一些关于霍乱的事。1854 年，英国伦敦苏荷区因水源污染引发的白色水状腹泻就是这种疾病，而且至今仍在一些发展中国家盛行。霍乱是由小肠中的"霍乱弧菌"（*Vibrio cholerae*）引起的，但这种细菌从来不打算在人体内久留。大部分的传染性细菌都会偷偷摸摸地躲过免疫系统的追查，直到它们建立起足以抵挡免疫系统攻击和引发感染的军团，而霍乱弧菌则是一抵达肠道就开始大肆炫耀。在任务的第一阶段，霍乱弧菌会将自己固定在肠壁上，倾尽全力快速繁殖。比起到处游荡或造成永久性的感染，这种细菌还打着其他主意。它们会离开人体，混着水状的粪便从宿主的身体中大量排出。

腹泻是细菌和免疫系统的共同策略，细菌利用此法离开，继

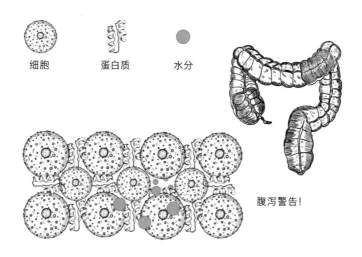

细胞　　　　蛋白质　　　　水分

腹泻警告!

续感染其他宿主，免疫系统则利用此法排出病原体及毒素。这个生理机制是这样的：将肠壁比作一面砖墙，有一层细胞紧紧排列在一起，但它们不是被水泥一样的黏合剂永久地粘在一起，而是以链状的蛋白质相接，使得这面"墙"更有弹性。大部分时候，任何想穿越肠道进入血液的东西，都得被迫穿越细胞，接受各种"审问"。但是，蛋白链偶尔会松开，互相交换肠道与血液内的物质。必要时，血液中的水分可以穿过肠壁细胞进入肠道，造成腹泻。当身体需要将病原体赶出去时，这个方法很有用。

关于霍乱弧菌的撤退策略有两点值得注意的：一个与我们特定的微生物及免疫系统运作的影响有关；另一点非常有趣，也是我接下来要叙述的。

重点在于霍乱弧菌在离开前与其他细菌的"对话"。我没有拟人化，这些细菌真的会和周围的其他细菌沟通。它们演化出来的感染策略如下：第一阶段，感染小肠、大量繁殖；第二阶段，当数量达到一定程度时，宿主已在死亡边缘，它们就利用腹泻的方式离开人体，再去影响另外10个新宿主。这个策略的困难之处，在于如何才能"知道"开溜的最佳时机。细菌的解决方法叫作"群体感应"。每个细菌都会持续释放微量的化学物质，以霍乱弧菌为例，这种化学物质称作"I类自诱导分子"（CAI-I）。细菌数量越多，周围的诱导物浓度就越高，当达到某种程度时，细菌就会感应到是时候该离开了。

它们就是有办法运作得恰到好处。I类自诱导分子和AI-2自诱导分子集合之后，会使霍乱弧菌改变它们的基因表现。霍乱弧菌会集体关闭帮助它们附着在肠壁上的基因，接着开启产生使肠壁"泄洪"的物质的基因。其中一组产生毒素的基因编码称作"封闭带毒素"（zonula occludens toxin，简称Zot），由意大利科学家与胃肠病学家阿莱西奥·法萨诺（Alessio Fasano）发现。他就职于美国波士顿麻省总医院儿童分部。封闭带毒素会使连接肠壁细胞的蛋白链松弛，使水分渗入肠道，让霍乱弧菌奔向自由。

法萨诺的发现让他陷入了思考：如果封闭带毒素是一把可以解开人体之锁的病毒钥匙，那当初为什么要有那道锁呢？是不是存在一把能打开这道锁的人类之钥，但后来被霍乱弧菌复制了呢？果然，法萨诺发现了一个类似封闭带毒素的新的人体蛋白质，并将它命名为"连蛋白"（zonulin）。连蛋白与封闭带毒素一样，可以控制肠壁细胞的渗透性，使肠壁细胞之间的紧密连接松动。连蛋白越多，

　　　　人体里的"动物园"：与占据身体90%的微生物共存

细胞之间的连接就越松，距离就越大，使更大的分子可以进出血液。

法萨诺的发现告诉了我们与免疫系统有关的一点。当肠道内有健康的环境与正常的微生物区系时，蛋白链锁定到位，肠壁细胞紧密地靠在一起，没有任何"大型"或危险的物质可以进入血液。然而当微生物区系失去平衡，它会表现得像是被温和版的霍乱弧菌感染一样，刺激免疫系统。接着免疫系统会做出回应，释放出连蛋白，使肠壁细胞间的蛋白链松开，想办法将细菌冲出体外。肠壁不再是一面坚不可摧的墙壁，将所有食物分子以外的东西阻隔在外，它的细胞之间出现漏洞，"不法分子"趁机穿过，借由血液向人体内的其他乐土移动。

这个理论让我们进入了一个充满争议的领域。肠漏的概念是替代医疗产业的最爱，这意味着它可能和该产业的主流成员——某些大型制药公司——同样贪婪又扭曲事实。关于"肠漏症"是疾病根源的这个主张，就跟这个产业本身一样古老，但直到最近，人们才对它的起因、机制和影响有了更多科学上的理解。尽管大型制药公司有许多令人诟病的缺点，但"替代医疗"大体可以总结为两种治疗方法：那些效果根本不足以被称为"药物"的药，以及没有科学或临床证据的药物。或许第三种疗法更值得我们注意，它不能被注册专利或销售，那就是健康饮食与好好休息。

有许多病人常被没来由的疲惫、疼痛、头痛、肠胃不适等问题困扰，却始终找不到原因，肠漏症恰好提供了一个可信的解释。不论是替代医疗的健康从业者还是江湖骗子都搭上了这股浪潮，他们可以轻易地替患者诊断，并推荐一套合理的生活方式作为治疗。他们甚至还有一套检测肠漏严重程度的方法，让自己不仅能做出诊断，还能追踪改善的过程。但科学界及医疗机构对待肠漏症的概念则谨慎许多，卫生部门和医学院并没有能够支持这个概念的证据，对医生来说，它的可信度仍然很低。英国国民医疗保健网站上也不鼓励民众研究这个概念：

> "肠漏症"的倡导者（大部分是补充和替代医疗的营养师及从业者）相信肠黏膜会因许多因素发炎并产生"漏洞"，包括肠道内酵母或细菌数量过多、不良的饮食习惯或滥用抗生素。他们相信未消化的食物微粒、细菌毒素和致病菌可以通过肠壁上的"漏洞"进入血液，刺激免疫系统，引起全身性的持续发炎。他们说肠漏与更广泛的疾病和健康问题有关联，然而上述理论还不是很明确且未经证实。

但这个观点很快就过时了。参与研究肠黏膜通透性和慢性炎症的科学家及医生，很少有人愿意冒着破坏辛苦建立的信誉的风险，支持替代医疗的观点。身为一位科学作家，我也很犹豫是否要在这本以严谨的科学研究为主的书中提及这个主题，因为我担心这样做会将持怀疑态度的读者推出他们的舒适区。但这项研究的证据越来越多，其中的机制也正在被发现，在你判断这个理论是胡说八道还是事实之前，让我们回顾一下证据。

一切都要从阿莱西奥·法萨诺和连蛋白开始说起。尽管他当初的意图是进一步了解霍乱入侵的策略，但最后他发现自己找到

人体里的"动物园"：与占据身体90%的微生物共存

了另一个更接近核心问题的答案。20世纪90年代，法萨诺是一位儿科的胃肠病学家，刚从意大利来到美国。他的患者都是患有麦胶性肠病的儿童，而在以前，这种疾病相对少见，在1994年出版的一份800页的消化道疾病重要报告中甚至未被提及。法萨诺接诊的儿童只要吃到一点麸质食物就会病得非常严重。麸质是小麦、黑麦及大麦中的一种蛋白质，可以让生面团变得有延展性，并能保留住酵母制造的气泡。对麦胶性肠病患者来说，这种蛋白质会引起他们的自身免疫反应。免疫细胞会将这种蛋白质视为入侵者，制造抗体对抗它。这些抗体也会攻击肠道的细胞，造成损害、疼痛及腹泻。

麦胶性肠病是一种特别的自身免疫性疾病，是唯一一个过敏原（麦麸）已知的自身免疫性疾病。找到过敏原让免疫学家十分开心，因为他们知道患病的原因了。遗传学家也感到高兴，因为他们找出了许多让人更容易罹患麦胶性肠病的基因。他们认为，不良的基因加上环境中的刺激物引发了疾病。但是身为一位胃肠病学家，法萨诺并不满意。麸质要引发疾病，就必须要和免疫细胞接触，但在接触之前，它必须先经过肠黏膜。就像糖尿病患者必须注射胰岛素，而不是喝胰岛素一样，麸质也不能借由消化道通过肠壁，因为蛋白质分子太大了。

但是法萨诺关于霍乱毒素，也就是封闭带毒素等同于人类的连蛋白的发现，为走出这个困境提供了线索。一个人不论是8岁还是80岁，要罹患麦胶性肠病，不仅需要麸质和不好基因的组合，还必须要有让麸质通过肠壁的管道。法萨诺知道麦胶性肠病患者的肠壁有漏洞，也预感连蛋白可能与其有所关联。他检测了患有麦胶性肠病的儿童及健康儿童的肠道组织，如他所料，麦胶性肠病患者体内的连蛋白含量更高。患者的肠壁会门户大开，让麸质蛋白质进入血液，引起自身免疫反应。现今，大约有1%的西方人口患有麦胶性肠病。

麦胶性肠病不是唯一与肠漏及连蛋白有关的疾病，1型糖尿病也有明确的肠道穿透问题，并且法萨诺发现连蛋白也是背后的原因之一。某种被用来研究糖尿病的小鼠总是在发病的几周前出现肠漏症状，表明肠漏也是自身免疫性疾病发展的必经阶段。用药控制小鼠的连蛋白反应，可以防止三分之二的小鼠患糖尿病。那么其他"21世纪文明病"呢？也会有肠漏症及连蛋白增加的症状吗？

我们首先来看肥胖症。我在第2章提过，体重增加与脂多糖这种化合物在血液中的高含量有关。你可以把这些分子视作细菌的皮肤细胞，它们可以保护细菌的内脏，将威胁排除在外；它们也会像皮肤细胞一样脱落，时常进行换新。革兰阴性菌（Gram-negative）的外面就包覆了一层脂多糖分子，它们与微生物的识别及功能的关联，多于它与我先前提及的种、属、门之间的关联。革兰阴性菌和革兰阳性菌（Gram-positive）都住在肠道里，它们本质上不"好"也不"坏"。但是在肥胖症患者的血液中，被脂多糖分子包裹的革兰阴性菌都是"不好的"。问题是，它们是怎么跑进血液里的呢？

脂多糖是相对较大的分子，在正常情况下无法通过肠黏膜。但当肠道的穿透性增高，也就是肠道出现"漏洞"时，脂多糖就会从肠壁细胞间穿过，偷偷溜进血液中。途中，它会触发受体（确保"边界"无人闯入的"警卫"），当受体遇到脂多糖后，会释放出一种叫作"细胞因子"的化学信使，这些信使在身体里快速移动，发出警报、唤醒免疫系统。

这个过程会使整个身体处于发炎状态。一种叫作"吞噬细胞"的免疫细胞会充斥储存脂肪的脂肪细胞，迫使它们变得更大，而不是让它们分裂成两个。高达50%的肥胖症患者身上的脂肪细胞不会变胖，然而他们的吞噬细胞会变胖。超重及肥胖症患者的身体会处在一个低水平、慢性的发炎状态，这不仅造成体重增加，血液中的脂多糖也会干扰胰岛素，引发2型糖尿病和心脏病。

精神疾病也与血液中过量的脂多糖有关。抑郁症患者、孤独症儿童和精神分裂症患者，通常也会有肠漏症及慢性炎症。值得注意的是，心理上的重大创伤，例如从小与母亲分离或失去挚爱，也会引起肠漏症。尽管遭受压力与抑郁症之间的生物学关联尚不明朗，但顺着"肠道—微生物区系—大脑"这条线，可以发现越来越多相关的证据。抑郁症通常伴随健康问题，例如肥胖症、肠易激综合征及痤疮，但这些通常是由于疾病本身造成的痛苦，而非抑郁症带来的。肠漏症导致慢性发炎，引发生理及精神问题，这种想法的出现对医学来说是一件令人兴奋的事。

肠漏症当然不是所有疾病的原因，更不必说有些人喜欢将政治及社会问题的责任归之于它。但是面对目前的这些质疑，我们必须重新思考并重塑肠漏症的概念，因为关于许多疾病起源的重要研究工作，现在都因它不光彩的过去而蒙上阴影。肥胖症、过敏、自身免疫性疾病与精神疾病都显示出肠道渗透性增加的迹象，以及接踵而来的慢性发炎。发炎是自身免疫系统过度反应的结果，它会攻击穿越肠道边界进入体内的"非法入境"者，从麸质、乳糖等食物分子到脂多糖等细菌的产物，都在攻击范围内。有时人体自身的细胞会在"交战"中被抓住，导致自身免疫性疾病。总体来看，平衡且健康的微生物区系似乎是加强肠道完整性、维持身体良好状态的关键。

不仅过敏原和身体自身的细胞会在前线交锋，某些微生物区系的成员也会参与其中，例如一种非常普遍的"文明病"：痤疮。借科学研究之名，我探访了地球上一些最偏僻的地区。在离开凉爽、潮湿的伦敦市区的大部分时间里，我通常都是待在与原本居住环境及文化彻底不同的地方，例如人们以负鼠与鼷鹿作为晚餐的丛林里、以骆驼作为交通工具的沙漠中，或是漂浮在海上木筏上的村庄中。在这些地方，每天的生活都与都市生活完全不同。食物是当天打猎来的，立刻处理之后就吃掉；日落之后，一切就陷入黑暗之中，仅以油灯或火堆作为照明；若是生病了，死亡的可能性近在眼前、非常真实。在这些地方，熟睡的儿童可能会不小心被鸡啄瞎，失去眼睛，可能因采集蜂蜜而意外从树上摔下来。在这些地方，没有雨水就代表没有晚餐。食物需依靠亲手种植、采集或捕捉，而卫生保健则依靠草药及祷告。

在巴布亚新几内亚境内离最近的公路还有几十千米的高地上，或是印度尼西亚苏拉威西岛的巴夭部落中，你不会看到有人患有痤疮，即使青少年也没有。然而在澳大利亚、日本及一些欧美国家，人人都有痤疮。我说"人人都有"，是以最接近的近似值来说的。这是真的，工业化社会中有超过90%的人，都会在他们人生中的某个时期被痤疮困扰。青少年最为严重，但在过去的几十年间，它的影响范围似乎进一步扩大了。现在的成人，特别是女性，在二十几岁、三十几岁，甚至更大的年纪仍会罹患痤疮。在25~40岁的女性中，约有40%的人都患有一定程度的痤疮，而其中许多人在青少年时期根本没有这个问题。去皮肤科求诊的患者最常见的问题就是痤疮。如同花粉症，我们早已将之视为生活中理所当然的一部分，特别是对青少年来说。但如果是这样，为什么不发达地区的人没有得过痤疮呢？

这么多人出现痤疮的确不合常理，更荒谬的是，尽管痤疮的发生率一直在上升，特别是早已度过青春期的成人的患病率在上升，但很少有关于痤疮成因的研究。近半个世纪以来，我们都只能接受同样的解释：雄性激素过于活跃、皮脂分泌旺盛、痤疮丙酸杆菌（Propionibacterium acnes）肆虐，以及免疫系统反应造成红肿及化脓（白细胞死细胞）。但仔细想想，这其实没什么道理。实际上，有较多雄性激素的女性不一定就有更严重的痤疮；有更多雄性激素的男性，痤疮的严重程度也不一定比女性更高。

所以这到底是怎么一回事？新的研究显示，我们一直把注意力放错了地方。痤疮丙酸杆菌会造成痤疮，这个观点已经出现几十年之久，而且来源很明确。但要想了解是什么引发了你的痘痘，就要彻底检查一个痘痘，看有什么微生物藏在其中，不论它是出现在痤疮患者健康皮肤部位的细菌，还是非痤疮患者皮肤上的细菌。然而，有些痘痘中完全没有痤疮丙酸杆菌，这种细菌的密度跟痤疮的严重程度也没有直接关联，而皮脂及雄性激素的分泌程度也不是痤疮出现的指征。

口服或直接在脸上涂抹抗生素通常可以改善痤疮，这支持了痤疮丙酸杆菌的理论并让它的地位十分稳固。抗生素是治疗痤疮最常见的药物，许多人会持续使用长达数月或数年之久。但是抗生素不只影响了皮肤上的细菌，肠道内的细菌也会被影响。我们在前文介绍了抗生素改变免疫系统的行为，这会是痤疮出现的真正原因吗？

人们越来越清楚的是，痤疮丙酸杆菌并不是造成痤疮如此普遍的决定性原因。皮肤上的细菌究竟扮演什么角色仍备受争议，但是关于免疫系统造成现代人皮肤状况的新观念正在酝酿。痤疮患者的皮肤上存在过多的免疫细胞，甚至在没有出现痤疮的区域也是这样。有些人的免疫系统对痤疮丙酸杆菌与皮肤上的其他微生物高度敏感，不再将这些微生物视为朋友，而是视为敌人。似乎痤疮是身体慢性发炎的另一种表现。

以上特点也适用于炎症性肠病，如克罗恩病和溃疡性结肠炎。有可能是因为正常微生物区系组合的改变，使肠道的免疫细胞不再与肠道微生物和平相处。抑或是因为调节性 T 细胞放弃了对侵略型免疫细胞的控制，所以免疫系统一反常态，不再容忍或鼓励有益微生物，而是对它们发动攻击。与其说这是自身免疫，不如说是"共同体"免疫——免疫细胞攻击了对我们身体有益处的共

　　　　人体里的"动物园"：与占据身体 90% 的微生物共存

生微生物。

炎症性肠病患者比健康的人更有可能得肠癌的这个事实，暗示了身体健康与失调之间的深刻联系。我们已知某些特定的感染会引发癌症，举例来说，大部分得宫颈癌的人，都是由于感染了人乳头瘤病毒；造成胃溃疡的幽门螺杆菌也有可能造成胃癌。伴随炎症性肠病的内部失调似乎增加了额外的风险；发炎以某种方式损害肠壁的人类细胞DNA，促使形成肿瘤。

微生物区系失调会导致肠漏及发炎症状，其可能引发的癌症也不仅限于消化系统。肝癌就是一个相当明显的例子。在某项针对肥胖症、高脂肪饮食与癌症关系的相关实验中，研究人员让瘦小鼠和肥胖小鼠暴露在有致癌化学物质的环境中，瘦小鼠通常不会得癌症，而有三分之一的肥胖小鼠会患肝癌。研究人员不确定高脂肪饮食是如何使肠道之外的器官出现癌变的，因此他们比较了两组小鼠血液的内容物。肥胖小鼠血液中有较高水平的名为"脱氧胆酸"（DCA）的有害化合物，它会对DNA造成损害。

脱氧胆酸是从胆汁酸转变而来的，而胆汁酸是一种帮助消化食物脂肪的物质。但只有在伴随某种特定梭菌的情况下，胆汁酸才会转化成脱氧胆酸，而且只有肝脏才能分解。肥胖小鼠肠道中的梭菌比瘦小鼠多，因此它们特别容易罹患肝癌。以抗生素对抗肥胖小鼠体内的梭菌，可以降低患癌的概率。

我们都知道抽烟喝酒会增加患癌的风险，但一般人不知道的是，我们更容易因为超重而患癌。在男性中，约有14%因癌症死亡的人与超重有关；女性的统计数字更高，有20%。乳腺癌、子宫癌、结肠癌及肾癌的许多病例都被认为与肥胖有关，并与"肥胖的"微生物区系脱不了干系。

传染病的时代已经结束，要保持健康取决于拥有更多的微生物，而不是更少，这真是对21世纪健康的巨大讽刺。我们是时候从"卫生假说"过渡到"老朋友假说"了：我们并非缺乏感染，而是缺乏会训练并安抚免疫系统的有益微生物。

我在第1章中提出了一个问题：到底是什么将肥胖症、过敏、自身免疫性疾病和精神疾病这些表面看起来毫不相干的"21世纪文明病"联系在一起的？答案就是：发炎。我们的免疫系统并没有因为传染病不再盛行就度假去了，反而比以前更加活跃。它们面临着永无休止的战争，但并不是因为有更多敌人入侵，而是因为一方面我们放松了警惕，向应该成为我们盟友的微生物敞开了防御的边界；另一方面则是我们失去了微生物盟友培养的"维和部队"。

所以如果你真心想增强免疫力，不必花大价钱在浆果或特殊的果汁上，你应该重视你的微生物区系，一切自然就会好转。

第 5 章 | **细菌大战：**
| 抗生素的故事

2005 年，英国伦敦帝国理工学院的生物化学教授杰里米·尼科尔森（Jeremy Nicholson）提出了一个颇具争议的观点：抗生素是造成肥胖症流行的主要原因。弗雷德里克·巴克赫的无菌小鼠实验（见第 2 章）指出，微生物区系在我们吸收养分及储存能量的过程中发挥了巨大作用，并促使科学家开始思考微生物控制体重增加的可能性。如果肠道微生物可以使小鼠体重增加，用抗生素改变微生物的组成是否也会造成人类肥胖呢？

虽然直到 20 世纪 80 年代才有大量的人出现超重和肥胖问题，但肥胖症的流行趋势从 20 世纪 50 年代就开始了，这与 1944 年大众开始使用抗生素的时间仅相差几年，尼科尔森想知道这样的时间因果关系究竟是不是巧合。当然，他的假设不仅根据时间的先后顺序。他知道数十年来，农民为了销售，一直都用抗生素使饲养的动物长胖。

注射了抗生素的鸡

今天是我出生7个星期的生日，也算是成"鸡"礼！

　　在20世纪40年代末，美国科学家意外发现，给鸡注射抗生素可以使其生长时间大约缩短一半。当时经济不景气，城市住宅越建越多，大众厌倦了高昂的生活成本，受够了长期以来的节俭生活，而更便宜的肉类被人们列在了战后愿望清单的第一位。抗生素在鸡身上产生的效果简直可以说是奇迹，当农民发现牛、猪、羊和火鸡都对每天一剂低剂量的药物有相同的反应时，他们开心地摩拳擦掌，准备大赚一笔。

　　人们不知道这些药品是如何促进生长的，也不知道会有什么后果，食物短缺和物价高昂才是大家关心的问题。仅投入鸡饲料的费用，就能增加如此庞大的产量，实在非常惊人。从此之后，所谓的"低剂量抗生素疗法"成了养殖业的重要部分。在美国，可能有70%的抗生素都用在了家畜身上，这样做的好处是可以将更多的动物塞进一个更小的空间，因为抗生素不会让它们感染疾病。如果没

　　人体里的"动物园"：与占据身体90%的微生物共存

有这些生长催化剂，美国每年必须要饲养4.52亿只鸡、2300万头牛与1200万头猪，才能产出相同重量的肉类。

令尼科尔森感到忧虑的是：如果抗生素可以让家畜变得更胖，我们能证明抗生素不会对人体造成同样的效果吗？人类的消化系统和猪的消化系统并无太大差异，猪和人都是杂食性动物，都只有一个胃，以及一个充满微生物、负责将小肠消化后的残余食物再次充分利用的结肠。抗生素可以让乳猪的生长速度提升，意味着农户可以提早屠宰家畜，而对于饲养量大的屠宰业来说，这则意味着巨大的利润。但是人类也有可能因为大量摄取抗生素而变胖吗？

对于许多受体重困扰的人来说，变瘦是他们最大的愿望，但是无论他们有多想变瘦，都无法成功。在一项研究中，成功减重的病态性肥胖病人对变瘦的渴望非常强烈，他们说宁愿失去一条腿、失明或是失聪，也不愿意再变胖；每47名患者中就有一人表示，他们宁愿当一个苗条的平凡人，也不愿意成为肥胖的千万富翁。

如果人们有这样的决心，为什么就是无法维持体重呢？即使是最乐观的估计，也只有20%的超重人口在他们人生中的某个时期成功减重，并且维持理想体重超过一年。为了保持体重，他们必须减少热量的摄取，而以他们的身高来看，大部分人每天吃的食物都少于应该摄取的最低热量。因为减重太困难，某些政府放弃了让人们减重，转而倡导大家不要再增重。美国的广告中出现"维持体重，不要增加"的标语，许多办工场所都提供课程及咨询，帮助员工不要在节假日的聚餐中放纵自己导致体重增加。

这种怀疑符合我们对肥胖的理解，如同我在第2章解释过的，如果尼基尔·杜兰德哈教授的想法是对的，肥胖不只是热量摄取与消耗的不平衡，而是一种复杂的疾病，那么抗生素是影响肥胖这种流行病的重要因素就可能被证实，这也将为一些与肥胖相关的惊人数据提供有吸引力的解释。在某些发达国家中，有65%的人超重或肥胖，这项数据简直是对人类行为提出了一个令人难以置信的疑问：真的是我们过于懒惰、贪婪、愚昧又毫无进取心，才导致肥胖与纤瘦的比例如此失衡吗？或许造成肥胖的原因其实没有我们想的这么简单呢？

肥胖流行病是由抗生素引发的，这个说法不只减轻了我们对超出的体重的责任，也给了我们另一个对抗肥胖的方法，不必再依赖看似无用的节食。

1999年，在美国纽约出生的护士安妮·米勒（Anne Miller）去世，享年90岁，比预期多活了57年。1942年，33岁的米勒流产，接着感染了链球菌，躺在康涅狄格州医院的病床上，生命垂危。她的体温接近42摄氏度，医生向她的家人征得了同意，在必要时以极端的手段拯救她的生命。

医生听说新泽西州的药厂开发了一种叫作"青霉素"的药物，但从来没有在病人身上使用过。当时米勒整个月都因为高烧而神志不清，在3月14日下午3：30，她被注射了一茶匙量的青霉素（这是当时世界总供应量的一半），到了晚上7：30时，她的高烧消退，病情稳定下来。几天之后，安妮·米勒痊愈了，她是首位被抗生素拯救的人。

从那时起，抗生素拯救了无数人的生命，其中包括1944年第二次世界大战中在诺曼底登陆时受伤的士兵。青霉素神奇的治愈功效逐渐被大众所知，需求量也越来越大。1945年3月，青霉素的产量提升，在美国，有需要的人可以在当地药局买到青霉素；到了1949年，青霉素的价钱已从20美元降到10美分。此后的65年间，20多种不同的抗生素陆续被研发出来，每种都针对不同的细菌。1954年~2005年，抗生素产品在美国的产量从每年900吨猛增到每年2.3万吨。这些神奇的药物改变了我们的生死，它们的发明是人类伟大的胜利之一，阻止了为我们带来苦难与死亡的、我们最古老也是最危险的敌人。这些药物曾像救命仙丹，在最危急的情况下用来拯救性命。

现在，我敢打赌，在发达国家你绝对找不到一生中没有使用过抗生素的人。在英国，女性一生之中平均会经历70次抗生素的治疗，70次，也就是大约每年都会经历一次；而对于男性，或许因为他们生病时不太愿意看医生，或许因为男女的免疫系统不一样，他们一生中平均会经历50次抗生素治疗。从欧洲整体情况来看，40%的人在过去一年内使用过抗生素。从国家来看，在意大利，这个数字是57%；瑞典比例较少，是22%，稍微平衡了整体数据。美国的数值与意大利相近，而且其中约有2.5%的人持续使用抗生素。

即使要找到没有使用过抗生素的2岁以下儿童也很困难。大约有三分之一的婴儿在6个月大时就接受过抗生素治疗，约一半1岁儿童接受过抗生素治疗，2岁儿童的比例则有四分之三；等到他们18

岁时，发达国家的青少年平均接受过10~20次的抗生素治疗。医生开的抗生素处方大约有三分之一是给儿童使用的，美国每年1000名儿童中就有900次治疗；西班牙每年1000名儿童则有多达1600次治疗，也就是说，平均每个儿童每年都会经历1.6次抗生素治疗。

小孩子的耳朵很容易感染，这些抗生素处方大概有一半是开给耳朵受感染的儿童使用的。连通耳朵及喉咙的细小管道在婴儿时期几乎是水平状态，使鼻涕不容易流进喉咙，但管道中间就容易堆积分泌物。现在吸奶嘴的婴儿非常普遍，而这些婴儿耳朵受感染的概率大约是其他婴儿的2倍。医生很重视这些感染，因为有两个发生概率不大却有可能非常严重的潜在危险：第一，在幼童学习讲话的关键时期反复受感染，有时会造成听力问题；第二，如果感染蔓延并影响耳朵后方的乳突骨，可能会造成乳突炎，导致永久性的听力损伤，甚至死亡。尽管发生风险很低，许多医生还是宁愿谨慎处理。

果然不出所料，并非所有治疗都是必要的。美国疾病控制与预防中心估计，在美国开出的抗生素有一半都是不必要或是不合适的。这些处方大多开给了迫切想要痊愈的感冒或是流感患者，他们从那些懒得拒绝开安慰性药品的医生手上得到抗生素。感冒和流感都是由病毒引起的，而非细菌，抗生素无法杀死它们。而且大多数的感冒都会在几天或几周内痊愈，不会对生命或肢体造成危害。

细菌对抗生素产生的耐药性成了一个严重的问题，正因为如此，医生开具处方必须更谨慎才行，在这一点上，还有很大的改进空间。1998年，美国家庭医生发放的抗生素中，有四分之三被用于5种呼吸道感染：耳道感染、窦炎、咽炎、支气管炎与上呼吸道感染。在2500万因上呼吸道感染而就医的人中，有30%的人会得到抗生素的处方。你或许认为这不算太糟，但你不知道的是，其中只有5%的上呼吸道感染是由细菌引起的。咽炎也是一样，1998年有1400万人被诊断出咽炎，62%的人接受了抗生素治疗，而只有10%的人是细菌感染。总之，这一年大约有55%的抗生素处方是不必要的。

身为药物治疗的把关者，抗生素滥用之责似乎最终落到了医生头上，但其实病人的无知也形成了一种难以抵挡的压力。2009年，一项对欧洲2.7万人做的调查显示，有53%的人错误地认为抗生素能杀死病毒，而47%的人相信抗生素对于治愈由病毒引起的感冒及流感是有效的。许多医生害怕让患者空手而归，光是想到让患者带着细菌感染的严重并发症回家，他们就足以说服自己为了以防万一开出抗生素处方。特别是婴儿，他们大哭大闹或许是为了得到拥抱，或许是因为严重的疼痛；他们安静和无精打采可能是因为扑热息痛的镇静作用，也可能是因为病得很重。对一位缺乏经验的年轻医生来说，比起留下遗憾，他宁愿选择安全的做法。但是这么做值得吗？

在某些情况下，答案是肯定的。举例来说，胸腔感染通常会转变成肺炎，特别是年纪大的患者。若以抗生素来治疗，大约40位年长患者中会有一位可以避免染上肺炎，其他人则无法从抗生素中得到任何好处。但对其他许多疾病来说，为了让每个患者都避免严重的并发症而使用抗生素，只会让抗生素浪费在更多患者身上。超过4000名咽炎及上呼吸道感染的患者将会无故接受抗生素治疗，只为了防止其中可能会有一人出现并发症。幼儿耳朵感染的风险甚至更小，为了防止其中一个人患乳突炎，约有5万名儿童需要接受抗生素治疗。即使真的不幸患上乳突炎，大部分儿童也都可以恢复健康，死亡的概率大约是一千万分之一。用抗生素治疗这些儿童，会使细菌对抗生素产生耐药性，比起感染本身的微小风险，这对大众健康来说毫无疑问是更危险的。

在发达国家中，人们大量使用抗生素，而这在大部分的情况下显然是不必要的。克里斯·巴特勒（Chris Butler）是执业家庭医师及英国威尔士卡迪夫大学初诊治疗学教授，他在英国广播公司（BBC）第四台的某次采访中，阐述了传染病尚且存在、需要抗生素救命的发展中国家与发达国家使用抗生素的对比：

> 我原本在南非乡村的一家医院工作，那里的传染病严重到令人难以置信，原本健康的人们会大量感染肺炎及脑膜炎，医院里挤满了危在旦夕的病人。如果我们及时给予抗生素治疗，通常几天后他们就可以出院。我们用抗生素这种神奇的药物将病人从死亡边缘拉回来。我刚来到英国时，最初是在普通诊所工作。在这里，我们用在南非救了无数人生命的抗生素，治疗那些流鼻涕的小孩。

所以，到底为什么不能使用抗生素以防万一呢？它能造成什么伤害？巴特勒对于将救命药物用于治疗轻度病患的情形感到忧虑，主要是因为抗生素的耐药性。与许多科学家及医生一样，巴特勒也认为我们很快会进入与"前抗生素时代"相似的"后抗生素时代"——外科手术死亡率极高、小小的割伤就能致命。这种预测很早之前就出现了。亚历山大·弗莱明发现青霉素之后，他就不断告诫那些短时间内持续使用小剂量抗生素，或是没有足够理由就使用的人，这么做会让细菌对抗生素产生耐药性。

弗莱明的担忧是正确的。一次又一次，细菌演化出对抗生素的耐药性。第一种对青霉素产生耐药性的细菌，在青霉素开始使用的短短几年后就被发现了。原理非常简单：易受影响的细菌会死掉，因基因突变意外被留下的细菌继续繁殖，进而让整个族群对抗生素免疫。20世纪50年代，有种常见的金黄色葡萄球菌（*Staphylococcus aureus*）对青霉素产生了耐药性。它们之中的一些成员会产生一种叫作"青霉素酶"的酶，来破坏青霉素，使其失去作用。当所有无法产生青霉素酶的细菌被杀死后，幸存的细菌就成了支配者。

一种新的抗生素——甲氧西林（methicillin）——在1959年被引进英国，用来治疗对青霉素产生耐药性的金黄色葡萄球菌感染。仅3个月后，英国凯特林的一家医院就发现了一种新的金黄色葡萄球菌菌株，这种菌株不只对青霉素有耐药性，也对甲氧西林产生了耐药性，它就是可怕的耐甲氧西林金黄色葡萄球菌（MRSA）。这种细菌每年会造成成千上万的人死亡，而且它不是唯一对抗生素产生耐药性的细菌。

这种耐药性的后果不仅会影响个人，也会影响全社会。"我们要知道，导致耐药菌感染的最大风险因素，就是你最近是否使用

了抗生素。"正如克里斯·巴特勒所说:

> 如果你使用过抗生素,当下次受到感染时,细菌产生耐药性的可能性会更大,而这会引发一连串的问题。例如常见的泌尿系统感染若是由具有耐药性的细菌引起,会更难痊愈,病人也会因此接受更多抗生素治疗,进而导致英国国民医疗保健的开销更多,而病人的症状只会变得更加严重。所以滥用抗生素不只破坏了细菌未来的敏感度,也会对那些不是必须使用抗生素的人带来不利的影响。

耐药性不是滥用抗生素的唯一缺点,巴特勒还提出了另一种担忧:伤害性的副作用。他的团队设计了一个大型临床实验,测试抗生素治疗突发性咳嗽的效果。

> 我们至少治疗了30人,才成功地让其中1人免于症状恶化或产生新症状。但同时,每21个接受治疗的人之中,就有1人出现副作用。你可以看到,通过抗生素治疗获得好处与伤害的人,在数字上没有太大的差别。

副作用通常以皮疹和腹泻的形式出现。从开始使用青霉素之后的70多年间,有20多种抗生素被陆续研发出来,每种都用来对付不同的细菌,它们是最常见的处方药。研究人员日夜不停地研发更多抗生素,以对抗千变万化的细菌。然而,当我们打败最大的敌人(细菌)、赢得胜利的同时,却忽略了使用抗生素所造成的附带伤害。这些强效药不仅能摧毁使我们生病的细菌，也会摧毁有益菌。

抗生素不会特别针对某种菌株，而是"广效性"的。它们可以同时杀死许多菌种，对医生来说非常实用。也就是说，就算人们还不确定是哪种细菌造成的问题，也可以用抗生素治疗各种感染。更确切的说法是，采集并辨认引发疾病的罪魁祸首太慢了，也太昂贵，有时候更是不可能完成的任务。即使"窄效性"抗生素更有针对性，也不会只破坏引起疾病的菌株，所有属于同一群系的细菌都会遭殃。这种大规模杀菌剂对个人及社会的影响，比任何人预测的都要深远。

抗生素带来的耐药性与附带伤害结合在一起，将造成可怕的状况：艰难梭状芽孢杆菌感染。1999年，艰难梭状芽孢杆菌感染在英国演变成了一个严重的问题，造成500人死亡，其中许多人都接受了抗生素治疗。2007年，有将近4000人死于这种细菌。

艰难梭状芽孢杆菌感染的死亡过程相当痛苦，它们会在肠道内制造一种毒素，引发持续、难闻的水状腹泻，并伴随着脱水、腹部剧痛、体重迅速下降。患者就算没有肾衰竭，也可能会出现中毒性巨结肠。巨结肠病如其名，患者肠道内会产生多余的气体，造成结肠肿大。这会带来阑尾炎与结肠破裂的风险，但这些风险的后果更加致命。若肠道破裂，排泄物和各种细菌被释放到腹腔的无菌环境中，患者存活的概率将会大大降低。

艰难梭状芽孢杆菌日渐上升的感染率和死亡率，部分原因是细菌对抗生素产生了耐药性。20世纪90年代，艰难梭状芽孢杆菌演化出一种危险的新菌株，这种菌株的耐药性与毒性更强，并在临床中越来越常见。此外还有一个根本原因，使人们开始正视抗生素滥用的问题。一些人的肠道中本来就有艰难梭状芽孢杆菌，它们并不会造成太大问题，但是对人体也没有益处。不过只要抓到一点点机会，它们就会开始搞破坏，而这个机会就是抗生素带来的。通常，肠道内的微生物区系在健康且平衡的状态下，可以约束艰难梭状芽孢杆菌，将它们挤到边缘地带并限制在一个无法造成危害的小范围内。然而使用抗生素，特别是"广效性"的抗生素，正常的微生物区系会被扰乱，艰难梭状芽孢杆菌便能找到据点。

如果使用抗生素会间接让艰难梭状芽孢杆菌繁荣起来，那抗生素会改变微生物区系的组成吗？如果会的话，这个影响会持续多久呢？大部分人接受抗生素治疗都会伴随腹胀与腹泻，这是最常见的副作用，是微生物区系受到破坏（即生态失调）的结果。感染和副作用通常会在治疗结束的几天内消失，但是体内的微生物呢？它们能恢复正常、健康的平衡吗？

瑞典的研究小组在2007年提出了这个非常重要的问题。他们对拟杆菌属这个族群的改变特别感兴趣，这些细菌专门消化植物中的碳水化合物，对人类的新陈代谢有很大的影响。研究人员将健康的志愿者分成两组，其中一组使用7天克林霉素，另外一组没有接受治疗。志愿者接受药物治疗后，肠道微生物立刻受到巨大影响，尤其是拟杆菌属的细菌多样性锐减。研究人员每隔几个月会检测两组志愿者的微生物区系，但直到这项治疗结束两年之后，克林霉素组的志愿者的拟杆菌也没有恢复到原本的状态。

疗程 5 天、用来治疗尿路感染和窦炎的广效性抗生素环丙沙星（ciprofloxacin）也会对微生物区系产生"重大且即时"的影响，这种抗生素仅在 3 天内就能改变肠道内细菌种类的组成，使细菌多样性下降。随着治疗，大约有三分之一的细菌数量会发生变化，且其中某些细菌完全无法恢复。抗生素对婴儿的影响可能更大，在一项针对婴儿体内微生物区系改变的研究中，抗生素能让细菌数量大量减少，研究人员甚至无法侦测到任何细菌的 DNA。

在常见的抗生素药物中，至少有 6 种会对肠道微生物区系造成长期影响。每种抗生素都会以不同的方式改变我们体内微生物的组成，即使是时间最短或是剂量最低的治疗都会为我们的身体带来比原本的疾病更长久的影响。你或许会觉得没有这么严重，毕竟这些改变不一定会让事情变得更糟，但是想想"21 世纪文明病"的盛行，例如 20 世纪 50 年代出现的 1 型糖尿病和多发性硬化症，以及 20 世纪 40 年代末期出现的过敏症和孤独症。肥胖症的流行一直被归咎于自助超市带来的匿名消费的"无内疚"购物乐趣，但是这样的消费方式是何时开始流行的？是 20 世纪 40 年代和 50 年代。这个时间与安妮·米勒借抗生素逃离死神之手的时间段不谋而合，或者更确切一些，是与抗生素开始被大量使用的1944 年诺曼底登陆日不谋而合。

从这个具有历史性意义的日子起，抗生素迅速地流传开来，并主要被用来治疗梅毒：当时有 15% 的成人多少都感染过梅毒。不久以后，抗生素的生产成本越来越低，一般大众也开始越来越频繁地使用。青霉素是最受欢迎的抗生素，另外 5 种抗生素也在 10

年内被研发出来并被广泛使用。

某些"21世纪文明病"暴发的时间点比1944年抗生素的使用稍稍延迟了一些，但这种滞后是完全正常的。抗生素的普及需要时间；新药的开发也需要时间；成长中的儿童受药物的影响也要随着时间流逝逐渐加深，慢性病也是在不知不觉中发展的；这种影响在人口、国家及洲之间传播同样需要时间。若抗生素的使用必须在某些方面为我们现在的健康状况负责，那么20世纪50年代正是它们的影响起作用的开端。

我们先别太早下定论。任何一位科学家都知道"相关不蕴涵因果"这个科学观念。把疾病率的上升，归结为抗生素的及时出现，或许就如同将肥胖症的盛行归咎于20世纪40年代的自助超市购物一样不切实际。存在相关性有时能提供有用的指引，但不见得就一定有因果关系。我在一个关于虚假相关（spurious correlations）[1]的有趣网站上发现了一项令人惊讶的数据：美国的人均乳酪消费量和每年因床单缠绕致死的人数有密切的关联。乳酪会使人做噩梦，但是不太可能因为吃乳酪而造成一个人被床单缠绕而死，或者因床单缠绕的死亡事件导致其他人去吃更多乳酪。

要找出真正的因果关系需要两个要素。首先是证据，证明关联真实存在。使用抗生素真的必须承担"21世纪文明病"发生的风险吗？其次是机制，解释前者如何引发后者。使用抗生素是如

---

[1] 指两个没有因果关系的事件，很可能因为其他潜在的干扰因素而显示出统计学上的相关，让人以为"两个事件有所关联"。

何导致过敏、自身免疫性疾病或肥胖症的？抗生素可能会改变微生物区系，进而导致新陈代谢（肥胖症）、大脑发育（孤独症）与免疫系统（过敏和自身免疫性疾病）的改变，但除了事件发生的时间点同步，我们还需要其他的说法或证据支持。

抛开抗生素对家畜体重的影响，实际上我们从20世纪50年代就知道，使用抗生素会让人类的体重增加。在肥胖症开始流行之前，人们是为了刺激生长而有意使用抗生素的。有些富有实践精神的医生，意识到抗生素对家畜生长的新影响，便试着用同样的方式治疗早产儿或营养不良的婴儿，结果非常惊人——这些新生儿的体重迅速增加，并且从致命的危险中康复。但是以如今超重人群的角度来看，这些尝试也许应该是一个警告。

在当时，这种体重上升的结果也不局限于儿童。1953年，美国海军新兵开始接受一种实验性抗生素治疗，目的在于研究可预防疾病的金霉素是否也能减少链球菌感染。这些年轻男性的身高和体重都被严谨地记录下来，结果出乎预料，比起接受相同包装安慰剂的士兵，接受抗生素治疗的新兵的体重有显著上升。与治疗早产儿的尝试一样，人们从这个意料之外的结果中看见的是抗生素潜在的营养价值，而不是一个令人担忧的指标。

这些早期的尝试为我们提供了另一种视角，来思考抗生素对体重增加的作用。抗生素在动物身上产生的效果令人惊讶，甚至对人类也有惊人的效果，但考虑到目前肥胖症流行的比例，可以看出人们对研究抗生素作用的忽视。我们知道使用抗生素会导致体重增加，因为我们正是用它催肥家畜、为营养不良的人增加营养的，然而在全人类健康出现问题的情况下，我们却忽视了它的副作用。

巴克赫、特恩博与其他我在第2章中提到的研究者的科学发现，加上尼科尔森的预言，让我们开始重新审视这个旧的关联。很明显地，微生物区系对体重增加有重大影响，但是抗生素是否会让我们的微生物区系从纤瘦变成肥胖？

这是一个很难回答的问题。给一群健康的人使用抗生素，只为了看他们会不会变胖，这种做法违背科学伦理，所以科学家们必须依赖自然实验，或是用一两只小鼠来做实验。法国马赛市的研究人员发现一个测试杰里米·尼科尔森理论的机会。心脏瓣膜受到感染的成人需要接受大量的抗生素治疗，这是一个研究抗生素与体重增加相关性的大好机会。在接下来的一年中，研究人员将接受抗生素治疗的患者与未接受抗生素治疗的健康人的身体质量指数做了比较，患者的体重增加了许多，但只有使用特定抗生素组合（万古霉素与庆大霉素）的人受到了影响，使用其他抗生素的人的体重和健康人的差不多。

通过观察这两组人的肠道微生物，研究人员可以发现是否有某种特别的细菌可能造成体重增加。他们发现使用万古霉素的患者肠道内有大量属于厚壁菌门（*Firmicutes phylum*）的罗伊氏乳杆菌（*Lactobacillus reuteri*），这种细菌对万古霉素有抵抗力，意味着当其他细菌被抗生素一一"打倒"时，它们反而会像杂草一样蔓延。在这场细菌战争中，抗生素的"差别待遇"为"敌人"提供了一

　　　人体里的"动物园"：与占据身体90%的微生物共存

个优势。不仅如此，罗伊氏乳杆菌也会自行制造某种细菌素，阻止其他细菌生长，以确保自己在肠道中的支配权。几十年来，人们将罗伊氏乳杆菌等乳杆菌属（Lactobacillus）的细菌用在家畜身上，目的同样也是让动物增加体重。

另一项研究则是在"丹麦出生队列研究"（Danish National Birth Cohort）的珍贵资料库中挖掘信息。研究人员分析了将近3万组母子的健康数据，发现婴儿使用抗生素的效果会受到母亲体重的影响。母亲越瘦，孩子因使用抗生素而超重的风险越高；而母亲超重或肥胖则会产生相反的效果：降低了孩子因使用抗生素而超重的风险。很难确定为什么抗生素会对婴儿造成这些相反的效果，但一个想法是，也许抗生素扰乱了纤瘦微生物区系，而反过来，抗生素也可能"修正"了肥胖微生物区系。在另一项研究中，有40%的超重儿童在满6个月之前接受过抗生素治疗，而正常体重的儿童中这项数字只有13%。

这些数据虽然有说服力，却没有直接证实抗生素会造成体重增加，或证实这是微生物区系改变而不是药物本身造成的结果。美国纽约大学的马丁·布莱泽（Martin Blaser）是传染病医生和人类微生物组计划的主管，他的团队正打算研究抗生素会对微生物区系和新陈代谢产生什么影响。2012年，他们证实了给小鼠幼崽使用低剂量的抗生素会扰乱其体内微生物区系的组成，改变它们的新陈代谢，让脂肪含量增加，却没有造成整体的体重增加。他们猜测时间点是关键，在小鼠出生不久就使用抗生素，效果可能更显著。流行病学的研究显示，在出生后6个月内使用抗生素的人类婴儿，比在1岁生日前都没有使用过的婴儿更容易超重。同样的情况也发生在家畜身上，要想得到最佳的增重效果，就必须尽早给动物使用抗生素。

在第二组实验中，布莱泽的团队试着在小鼠出生前，给它们的妈妈使用低剂量的青霉素，并且持续整个哺乳期。果然不出所料，使用了青霉素的刚出生的雄性小鼠在哺乳期的成长速度超出了正常范围。长成成鼠之后，不论雄性还是雌性，体重都比平均值更重，脂肪含量也比没有使用任何药物的小鼠更高。

布莱泽的团队也想了解，如果小鼠在接受低剂量青霉素的同时摄取高热量饮食，会发生什么事呢。投喂正常饮食的雌性小鼠，不论有没有使用抗生素，在30周大的时候，它们小小的身体内都会有大约3克重的脂肪。给一组雌性小鼠投喂高热量的食物，能让它们的脂肪含量增加到5克——体重不会增加，但肌肉含量降低了。若是使用低剂量青霉素，再加上高热量食物，则会让对照组的雌性小鼠的脂肪含量增加到10克。青霉素以某种方式扩大了高热量饮食的效果，让小鼠储存了比吃进的食物更多的热量。

对雄性小鼠来说，高热量饮食对它们造成的影响更大，同样分量的食物让它们的脂肪含量从正常饮食的5克（不论有没有使用青霉素）增加到了13克。高热量饮食结合低剂量的青霉素则会再次促进脂肪含量增加，让雄性小鼠的脂肪含量增加到17克。显然，光是高热量饮食就会造成肥胖，抗生素则会让情况更糟。

将受到低剂量抗生素影响的微生物区系移植到无菌小鼠体内，结果也一样，这表示造成小鼠体重增加的是微生物区系的不同组成，而非药物本身。令人担忧的是，尽管停止使用抗生素能让微生物区系恢复，但抗生素对代谢的影响仍然会残留在体内。青霉素是最常给儿童使用的抗生素，根据小鼠实验的经验，在年幼时用这些药物治疗，会使个体的新陈代谢永久改变。

当然，要由此断言抗生素会造成肥胖症还言之过早，有可能是哪种抗生素造成的也还有待研究。然而不断增加的肥胖人口，显示这种疾病不单纯是懒惰和贪心造成的，提醒我们应该对于过度使用这些复杂的药物提高警觉。布莱泽警告，美国有30%~50%的女性在怀孕及生产期间持续使用抗生素，通常是青霉素——跟他的小鼠所接受的药物一样。尽管这些都是经过批准的药物，但当新的证据出现，我们显然得重新评估使用这些药物的益处与代价。

有证据表明，抗生素耐药性会从家畜转移到人类身上，至少在欧洲，抗生素已经被禁止用作生长促进剂。从2006年起，欧盟禁止农民使用抗生素让家畜增长体重，不过抗生素当然还是能用于医疗用途。在美国和许多其他国家，抗生素依然作为生长促进剂在使用。这让我们不禁会想，就算我们自己避免使用抗生素药物，然而在吃牛排或牛奶玉米片时，会不会顺便将这些药一起吃下肚了呢？毕竟许多抗生素都会被吸收进动物的血液中，再以某种方式进入肌肉和乳汁。幸运的是，大多数发达国家制定了严格的法规，禁止养殖户屠宰近期内使用过抗生素的动物，或是挤取它们的乳汁。但是在其他监管不太严格的国家，抽样检查通常都会显示食物中的抗生素残留已经超出安全范围。你从食物中吸收抗生素的可能性，取决于你居住和旅行的地方。

素食主义者可能会认为自己很幸运，但他们并没有因此被排除在威胁之外。蔬菜虽然没有被直接注射抗生素，但菜农时常会用动物粪便施肥。肥料不仅含有丰富的养分，也包含药物，动物体内大约75%的抗生素会借此直接传给蔬菜。某些种类的抗生素量可能多到每升肥料中就包含一剂的量，换算下来，每10平方米的田地就含有1~2粒胶囊的量。

有些抗生素在肥料中仍然可以保持"活跃"——能够杀死细菌，这意味着每次施肥都能提高抗生素的浓度。如果抗生素只是残留在肥料中也没事，但偏偏它们会被植物吸收，芹菜、芫荽（香菜）、玉米等蔬菜谷物和香草，都有微量的抗生素残留物，对人体的影响会随时间逐渐累积。人们对用于动物体内的抗生素剂量

含有微量抗生素残留物

和养分、药物加在一起，约含有75%的抗生素

或是屠宰方式有所规定，但对施于作物的肥料却没有规定。你的盘子里有肉有菜，其中蔬菜可能也含有肉类分出来的一些抗生素。

"食物中的抗生素残留是造成肥胖症流行的根本原因"，这个观点至今仍受到各种争议与质疑，但是其中的关联非常有说服力。20世纪50年代，在大众开始使用抗生素之后不久，腰围的平均值也开始增加；20世纪80年代，超重人口数量急剧上升，养殖业也在同期转变为超级集约型。全球的鸡饲养量维持在大约190亿只（大约人均3只），其中大部分都被挤在一层层的笼子里，要让鸡在这样的状况下生活而不生病，通常得使用大量的抗生素。公共卫生专家李·赖利（Lee Riley）博士指出，在20世纪80年代和90年代，美国东南部依赖注射抗生素的养鸡场最多，这一地区也正好是美国现在肥胖症最严重的地区。

如果抗生素会使我们变胖，那除了这个，还有可能造成其他的伤害吗？抗生素会扰乱肠道内的微生物区系，我已经提过一些与肠道生态失衡有关的疾病：过敏症、自身免疫性疾病和几种精神疾病。鉴于抗生素可以破坏微生物区系，所以理论上，这些疾病都有可能是由抗生素治疗引起的。

还记得我在第3章提到的埃伦·博尔特吗？她的儿子安德鲁在学步期患上了孤独症，埃伦将病因归咎于治疗疑似耳朵感染的抗生素。与肥胖症一样，孤独症也曾是非常罕见的疾病，从20世纪50年代开始流行，直到现在每68名儿童中就有1人患病。男孩儿受到的影响尤其严重，几乎有2%的男孩儿在8岁时被诊断出患有孤独症谱系障碍。可能的原因有很多，其中最受争议的是麻疹、腮腺炎和风疹的混合疫苗，但却没有相关的证据，研究方向也已经转向了微生物区系。

患有孤独症的儿童似乎有体内微生物生态失衡的状况，这种失衡会影响学步期儿童大脑的发育，让他们变得易怒、孤僻，并且经常出现持续的重复性动作。埃伦·博尔特对于安德鲁孤独症病因的猜测有可能是正确的吗？抗生素确实会扰乱微生物区系，但是安德鲁使用的抗生素真的是他患孤独症的诱因吗？针对这个问题，他的经常性耳部感染提供了一个线索。93%的孤独症儿童都在2岁之前出现过耳朵感染，而没有孤独症的儿童在2岁前有57%的人出现过耳朵感染。正如我前面提到的，没有医生会对儿童的耳部感染置之不理，他们唯恐学步期的儿童会因此产生语言障碍，或导致更糟的状况，如风湿热。所以医生倾向于使用抗生素，比起留下遗憾，这是一种较为安全的选择。

更多的耳部感染与更多的抗生素之间的关联支持了埃伦的想法。一项流行病学研究指出，患有孤独症的儿童曾接受过的抗生素治疗，几乎是正常儿童的3倍，而那些未满18个月就接受抗生素治疗的婴儿风险更高。更重要的是，这是一种真正的联系。我们不能将其归咎于关心则乱的父母，他们相信自己的孩子生病了，所以才要求让孩子接受抗生素治疗；我们也不能将其归咎于健康状况不佳导致的不亚于孤独症的其他疾病。我们知道这些都不是事实，因为该研究中的孤独症儿童在被确诊之前，都没有看过医生或者接受过多于正常发育的儿童的药物。在断言之前，我们需要研究更多儿童以确定其中的关联，以及一个能解释这些是如何发生的明确机制。鉴于我们已经被警告要减少使用抗生素，孤独症患病率突然飙升的威胁让这些警告变得更真实了。

我们可以在抗生素和过敏症之间看见一个更清晰，或者可以说更直观的关联。我在上一章中提到，在2岁前使用抗生素的儿童，患哮喘、湿疹及花粉症的概率是没用过抗生素的儿童的2倍；接受的药物治疗越多，患过敏症的概率就越高。

说到自身免疫性疾病，情况就更复杂了。自身免疫性疾病患者的人数同样随着抗生素的使用而逐渐增加，但直到最近，此类疾病的病因一直被归咎于感染，1型糖尿病就是一个典型的例子。几十年来，医生发现了一个模式：一名青少年最初因为感冒或是流感来看医生，但几周之后再来时，症状变成了极度口渴且极度疲惫。他们胰腺中的β细胞开始停止运作，拒绝再释放胰岛素。没有这些关键的激素来转化并储存葡萄糖，血液中的葡萄糖含量就会开始增多并且吸收水分，而肾脏在排出葡萄糖时也就排出了大量的水，导致这些不幸的青少年脱水。几天或几周后，情况可能变得更严重，没有适当治疗的话会造成休克或死亡。值得注意的是，感冒或流感与糖尿病之间的联系是什么？人们通常将病毒性感染视为触发点，这不只针对糖尿病，其他许多自身免疫性疾病也是如此。

然而统计数据显示的似乎又是另一个故事。曾经发生病毒性感染的儿童，日后患1型糖尿病的概率和风险并没有更高；此外，美国的1型糖尿病患者人数每年上升5%，而传染病的传播率却已然下降。那么为什么会有如此明显的联系呢？为什么医生始终认为青少年是因为受到感染才会发展成糖尿病的呢？

从这里开始，科学将被猜测取而代之。我们已经知道，医生常滥用抗生素，即使并非细菌感染的疾病，也会用抗生素治疗。那么糖尿病有没有可能并非始于感染，而是治疗感染的抗生素所造成的结果？只是在患者家人和医生看来，比较像感冒、流感或肠胃炎诱发了糖尿病。抗生素似乎是一个无辜的旁观者，但也有可能是药物本身或是两者的结合诱发了糖尿病。

不幸的是，到目前为止，1型糖尿病的诱发原因仍不清楚。在丹麦一项儿童使用抗生素的研究中，完全看不出在接受药物治疗后会增加患糖尿病的风险。但在另一项研究对象超过3000名儿童的研究中，则倾向糖尿病与抗生素使用有关联。除此之外，另一种自身免疫性疾病与抗生素有更明显的关联。对长期用米诺环素（minocycline）治疗痤疮的青少年和成人来说，患红斑狼疮的概率是未使用这种抗生素的人的2倍。这种自身免疫性疾病会攻击身体的许多部位，患者主要是女性，不过也有本不易患病的男性患者。如果单看女性，使用米诺环素这种特定抗生素后患红斑狼疮的概率是未使用的人的5倍。多发性硬化症也一样，这是一种会摧毁神经的自身免疫性疾病，更容易发生在那些曾经接受过抗生素治疗的人身上。究竟是抗生素、感染，还是两者的结合诱发了疾病，目前还没有确切的答案。

尽管抗生素耐药性和对微生物区系的附带伤害可能引发严重的问题，但抗生素也不全然有害，别忘了它曾拯救了无数的生命。不论是医生还是患者，都应当了解抗生素能为我们带来的好处，同时衡量我们必须付出的代价，如此才能更好地评估它的价值，以减少在不必要的情况下使用抗生素，维持我们体内的生态平衡及身体健康。

尽管"卫生假说"的基础理论——感染让我们免于过敏——后来被证实是错误的，但其中的一个论点却被保留了下来。作为一个社会群体，我们太过注重卫生，以至于对住在我们身上的有益微生物造成影响，我们也由此受到伤害。大部分发达国家的居民每天至少洗一次澡，用肥皂和热水覆盖自己的皮肤。我们常说皮肤是对抗病原体的第一道防线，但这并不完全正确。住在我们皮肤上的微生物区系，不论是鼻子上的丙酸杆菌属，还是腋下的棒状杆菌属细菌，都会在皮肤表面形成一层有益的保护层。如同肠道中的细菌，这些有益菌层会赶走潜在病原体，并调节免疫系统对外来物质的反应。

如果抗生素能显著改变肠道内微生物区系的组成，那肥皂对皮肤上的微生物区系会有什么影响呢？请看看超市的货架上，很难找到不含抗菌成分的洗手液或清洁剂。生活中触目所及的广告都在暗示有害的细菌正在我们的家中肆虐，必须用能杀死99.9%的细菌和病毒的抗菌清洁产品来保障我们的安全。这些广告没有告诉我们的是，一般的肥皂也有同样的功效，而且不会在使用过程中对我们或环境造成伤害。

当你用温水和不含抗菌成分的肥皂正确地洗手时，你无法杀死可能对你有害的微生物，只是物理性地除去它们。肥皂和温水不会伤害它们，只是较容易除去附着在微生物上的物质——肉汁、灰尘或是皮肤分泌的油脂和死去的细胞。表面清洁剂也是一样，清洁厨房台面可以清除有害细菌的食物来源，但不会真的杀死微生物，也不需要杀死，加入抗菌成分不会带来任何额外的效果。

当抗菌产品声称可以杀死99.9%的细菌时，其实并没有提到产品在人类手上或厨具表面的测试效果，这个数据只是实验室测试容器的结果。他们将大量的细菌直接浸入肥皂液中，并且在一段时间（比肥皂接触皮肤的时间久得多）之后观察还有多少细菌存活下来。100%杀光细菌是不可能的，因为没有人仅凭某个小实验样本，就能证明可以将某种东西清除得一干二净。正如科学家所说：证据不足不代表证据不存在。确实，很难说清这些清洁剂杀死了哪些种类的细菌；99.9%指的是被杀死的个体比例，而不是世界上99.9%的细菌种类都可以被消灭。要知道，许多病原体可以形成孢子，不论使用什么化学品，它们都能有效地"冬眠"，直到危险过去。

抗菌产品是广告和科学假设的胜利，如同我们每天接触到的许多化学物质一样，抗菌物质的安全性从来没有被真正仔细检查过。就像医疗药物一样，化学物质的安全性和有效性没有在销售之前被证实，而是在上市之后才由管理部门查验其危险性，进而决定是否禁止使用。西方国家有超过5万种化学物质在销售，只有300种左右做过真正的安全测试，其中5种被禁止使用，占被测试化学物质总数的1.7%。如果我们假设5万种化学物质中只有1%是有害的，那就有超过500种化学物质不应该出现在我们的家中。

人们很容易就对这些数据和说法感到厌倦，毕竟，如果这些化学物质真的如此危险，我们不是应该会因此而生病吗？但这些化学物质是会累积的，它们可能具有的慢性作用，并不一定很容易就被发现。此外，的确有人因此生病，只是我们的记忆太短暂，潜在因素太多，我们很难分辨什么危险、什么不危险。举例来说，石棉这种天然的化学物质在被禁用前，全世界的建筑物中都有使用，成千上万的人因为接触这种一度非常普及的化学物质而死亡，而且它的影响到现在依旧存在。

我不是说抗菌剂和石棉一样具有高度危险性，但它确实存在于无数种产品中，从清洁剂到砧板、从毛巾到衣物、从塑料容器到沐浴乳，而且没有一种产品是能保证安全的。有一种叫作"三氯生"（triclosan）的特别常见的抗菌复合物，近年来一直在接受审查，鉴于它的效果非常令人担忧，美国明尼苏达州政府签署了一项法案，从2017年开始禁止三氯生再被用于消费产品中。我几乎可以确定，就算没有很多，你家至少也会有一种产品含有三氯生，但你最好不要接触它。

起初，三氯生被证实比不含抗菌成分的肥皂更能消除家中的细菌污染，但是随着长时间使用，三氯生会污染我们的水源——就是它设法杀死细菌的地方，并且破坏淡水生态系统。或许乍看之下这与我们没有直接关联，但事实上三氯生也会渗入我们的身体。它可能出现在人体脂肪组织中、出现在母乳中，或是出现在新生儿的脐带血里，有75%的人在尿液中可以检测出大量的三氯生。

三氯生对人体的影响仍是一个亟待解决的议题，但就目前所知，尿液中的三氯生含量与人们过敏的严重程度有明显的关联。

体内的三氯生越多，我们就越有可能患花粉症和其他过敏症。尚不清楚这是由于体内微生物区系被破坏，形成了某种毒素，还是有益微生物减少的反应。但不论是什么原因，都让我们对广告中强调的卫生清洁——妈妈将食物直接放在用抗菌剂清洁过的"干净"桌面上，喂她的宝宝用餐——有了新的看法。

甚至有证据显示，三氯生会让你更容易受到感染。我们的生活中确实充斥着三氯生，甚至在成人的"鼻道分泌物"（鼻涕）中都能发现它。但是这些"抗菌物质"并不会帮助我们对抗感染，鼻涕中三氯生浓度越高的人，感染金黄色葡萄球菌的概率就越高。使用三氯生，实际上反而减弱了身体抵抗细菌的能力，让耐甲氧西林金黄色葡萄球菌乘虚而入，造成每年成千上万人丧命。

上述这些还不够，人们发现三氯生也与甲状腺激素有关，并且在培养皿实验中，三氯生还会让人类细胞停止分泌雌性激素和睾酮素。现在，美国食品药品监督管理局（FDA）要求制造商证明产品中三氯生的安全性，否则将被禁止销售。正如前文提到的，明尼苏达州政府已于2017年率先禁止在消费产品中添加三氯生，但却不是基于我刚刚提及的任何一项原因。州政府和许多微生物学家忧虑的是，让细菌暴露于三氯生中，会让它们发展出耐药性。没有人会想洗去手上所有脆弱的有益菌，仅留下具有伤害性和耐药性的细菌。从人类的鼻子中提取一些可能产生耐药性的三氯生鼻涕，加入一些金黄色葡萄球菌，放置几天之后，你会得到什么呢？会得到一个移动的耐甲氧西林金黄色葡萄球菌"工厂"，还附带一个高效率的传播系统。

哦，还有一件事，当三氯生碰到加氯消毒的自来水，会转变成致癌物质和犯罪小说家最喜爱的工具——氯仿（麻醉镇静剂）。所以，你可以等待禁令生效，或者在购物时先阅读产品标签。

正确的洗手方式——用普通不含抗菌成分的肥皂，在温水下搓洗15秒——是非常重要的，它是维护公共卫生的中流砥柱，并且对降低感染传播有显著效果，特别是肠胃疾病的传播。但是除了洗掉你从环境中接触到的"暂时寄生"的微生物，洗手也会扰乱你手上的微生物区系。有趣的是，不同种类的微生物有不同的能力，有的可以抵抗冲洗，有的可以在洗手后快速复原。举例来说，葡萄球菌属和链球菌属的细菌在冲洗之后会立刻形成一个更大的细菌社群，这些细菌只有在经过多次洗手后才会逐渐减少。

我说这很有趣，是因为它会导致强迫症。这种焦虑症的一种表现，是患者会觉得自己被细菌污染了，以至于发展出对清洁的"迷恋"及洗手的"强迫行为"。这种奇怪且终身无法治愈的病症很难明确界定，成因众说纷纭，但其中有一组线索指向了微生物。

第一次世界大战接近尾声时，欧洲开始流行一种神秘的疾病。1918年冬天，这种疾病传到了美国，次年传到加拿大。几年后，它横扫全球，波及范围包括印度、俄国、澳大利亚及南非。这种肆虐了整整10年的流行性疾病叫作"流行性脑炎"（encephalitis lethargica），症状包括严重嗜睡、头痛和不自主运动，有点儿像帕金森综合征。通常，这种疾病会表现为精神疾病，许多患者会变得精神错乱、抑郁或性欲亢进，最终，20%~40%的患者会死亡。

许多战胜流行性脑炎的幸存患者并没有完全康复，成千上万的人仍有强迫症。这种罕见的行为障碍就像传染病一样突然出现，对于这种疾病究竟是心理疾病（弗洛伊德学派），还是由"器官"引起的，医学界暴发了激烈的争论。一直到70年后，人们才发现病因。

21世纪初，2位英国神经学家——安德鲁·丘奇（Andrew Church）博士和罗素·戴尔（Russell Dale）博士对于流行性脑炎的起因很感兴趣，他们发现自己的某些病人的症状跟这种奇怪的疾病很相似。这个消息在医学界传开，其他同行纷纷将相似的病例转交给戴尔，最后他一共收治了20名病患，这些人都曾被诊断出患有一种早在几十年前就被认为已经消失的疾病。他和丘奇开始比对病患的症状，希望能找到关于病因的线索或治疗方法。他们很幸运地找到了一个共通点：许多患者在急性期都有咽喉疼痛的症状。

咽喉疼痛通常是由链球菌属的细菌引起的，在美国常称之为"链球菌性咽炎"。丘奇和戴尔认为这种细菌可能是关键，他们为患者做了检查，果真发现这20名病人都被链球菌感染了。几周之后，这些发炎症状没有消失，反而引发了自身免疫反应，使免疫细胞攻击被称作"基底核"（basal ganglia）的脑细胞。结果，原本普通的呼吸道感染变成了神经精神性疾病。

基底核与"行为选择"有关，大脑的这部分会帮助我们从所有可能的动作中，选定我们应该执行的动作。基底核似乎有办法从潜意识中得知哪种动作会带给我们好处。你应该坚持还是改变，应该刹车还是加速？你是应该伸手去拿茶杯，还是挠挠发痒的头皮？执行过的动作越多，大脑里的基底核在做选择时就有越多可参考的信息。这就像玩扑克牌时跟还是不跟，取决于你手上

　　　　人体里的"动物园"：与占据身体90%的微生物共存

有什么牌、发牌员有什么牌，以及你脑中估计牌堆中剩下什么牌。练习得越多，你的基底核就会被调整得越准确，即使你的意识并不是这么认为的。

如果这些脑细胞被攻击，行为选择就会出错。你该跟牌还是不跟？跟、不跟，还是跟比较好？你有可能因为迟疑不决而痉挛，这是因为应该自动跟随大脑指令的肌肉似乎得到太多个指令，无法做出流畅的决定性动作，以至于产生类似帕金森综合征的颤抖。日常生活中的习惯也会受强迫行为所扰——重复开关电源、锁门、洗手。关于疯狂洗手的强迫症患者，有一个有趣的猜测。我在前文中提到有些细菌会在洗手后变得更多，这或许是因为少了其他对手，它们才可以蓬勃发展。链球菌就是这种细菌。虽然还不确定，但或许就是在我们洗完手后，这些乘虚而入的病原体在手上及肠道中抢占了地盘、建立了基础，通过大脑基底核强制执行习惯，"说服"宿主继续洗手。

若说许多"精神健康"疾病——更恰当地说，应称为神经精神性异常——与基底核功能失调和链球菌有关，可能你也不会感到太惊讶。想想图雷特综合征表现在声音与动作上的抽搐症状，就可能是因大脑基底核运作失效、决定不去抑制意识恶作剧的后果。如果儿童在过去一年受到过某种特别棘手的链球菌菌株的多重感染，会让他患图雷特综合征的可能性高出14倍。帕金森综合征、注意缺陷多动障碍和焦虑症也都与链球菌和基底核损伤有关。

当然，我不是说我们不应该洗手，以免让链球菌逮到机会。但若让一些常见的微生物从它们平常聚集的地方（例如粪便）转移到不该出现的地方（例如嘴巴或眼睛），那只会造成更糟的结果。关于抗菌肥皂是否会让手上暂时占据优势的链球菌的情况恶化，我们还不清楚，但是身为坚强的机会主义者，既然它们比手上的其他微生物更耐冲洗，当然有可能更快演化出对抗菌产品的耐药性。但是，还有一种方法可以杀死细菌，而且确定有效，那就是用酒精洗手液。酒精可以摧毁微生物细胞，而且它们没有抵抗的能力。更重要的是，酒精对有抗生素耐药性的细菌也有效，例如耐甲氧西林金黄色葡萄球菌，医护人员与上班族使用起来也很简单方便。

当你忙着查看个人卫生用品上的标签时，你可能会因为看到太多从来没听过的化学物质而备受打击，它们似乎可以达到清洁作用，并且闻起来很清香。当然，就算不使用沐浴乳、润肤露和除臭剂，你的皮肤也会自己照顾自己。如果问在热带雨林中漫步可以让你学到什么，那就是只有门外汉才会每天洗澡，并且用闻起来很糟的止汗剂涂抹身体。当地人才不会这么做，尽管他们不常洗澡，也从来没用过除臭剂或清洁用品，但原始部落的居民并没有体臭的困扰。

吉塔·卡司萨拉（Gita Kasthala）是人类学家与动物学家，她在印度尼西亚巴布亚省和东非做研究，发现部落社会中的个人卫生习惯可以分成三种。第一种是与西方文化几乎没有接触的族群。她说："这些人通常会把个人卫生清洁和其他的活动合并，比如去钓鱼时顺便洗澡，但他们不使用肥皂，用来遮蔽身体的许多东西也都是天然材质。"第二种人在某种程度上已受西方文化影响（通常是通过传教士），他们会穿西方服饰，通常是20世纪80年代的人造纤维二手衣物。"这类人通常有强烈刺鼻的体味，他们以特别的方式清洗身体，并且会使用肥皂，但他们仍旧不太清楚为什么要洗澡、洗衣服，只知道每隔一段时间就该这样做一次。"最后一种人完全受到西方文化影响，他们可能在石油基地或伐木公司工作，并且每天都用清洁用品洗澡。"除非大量运动或是天气非常热的时候，否则这些人通常不会有体味。"卡司萨拉解释道，"但从来没有用过肥皂的第一种人，即使大量运动也不会有体臭。"

为什么他们没有体臭呢？为什么大部分生活在现代社会的人一两天没有洗澡，就会产生让人无法接受的体臭和油腻，而那些不使用肥皂和热水的热带居民则可以保持干净？

根据微生物公司AOBiome的说法，这跟一种非常敏感的微生物有关。这家公司的创办人戴维·惠特洛克（David Whitlock）是化学工程师，专门研究土壤中的微生物。2001年的某天，他在马棚中收集土壤样本时，有人问他为什么马喜欢在泥土中打滚。他当时也不知道原因，但这个问题让他开始思考。惠特洛克知道土壤和天然水资源中含有许多硝化细菌（*ammonia-oxidising bacteria*），这是一种会将氨代谢氧化成亚硝酸的细菌。他也知道汗液中也含有氨，他想知道马或其他动物是否在利用土壤中的硝化细菌来改变皮肤上氨的组成。

大部分人流汗散发出的味道，并不是来自汗腺中释放的含有氨的液体，而是来自泌离腺体或臭腺。这些腺体只存在于腋下或是鼠蹊部，它们释放出来的气味都是为了增加性吸引力，并且在青春期之前都不活跃。青春期之后，泌离腺体会制造具有信息素功能的气味，将我们的健康状况及繁殖能力传达给异性。但是泌离腺体释放的汗水实际上完全没有臭味，只有当我们皮肤上的微生物将汗水分解，转化成具有挥发性的难闻化合物，才会产生气味。至于会产生什么样的气味，取决于你身上的微生物组成。

借由冲洗并使用除臭剂，我们可以除去细菌或遮盖它们产生的味道，但也因此改变了皮肤上的微生物区系。硝化细菌是一个特别敏感的细菌族群，而且繁殖得很慢，所以每天的清洁对它们来说就像受到化学物质轰炸。问题是，根据惠特洛克的说法，没有硝化细菌，我们排出的氨就不会转化成亚硝酸和一氧化氮，而这些化学物质不只在调节人类细胞运作中发挥重要作用，也在管理皮肤上的微生物方面发挥作用。要是没有了一氧化氮，依靠我们的汗水维生的棒状杆菌和葡萄球菌就会失控。而棒状杆菌属细菌的数量变化，似乎就是我们身上难闻气味的罪魁祸首。

讽刺的是，我们用肥皂和除臭剂来维持身上好闻的味道，却同时开启了恶性循环。肥皂和除臭剂除掉了皮肤上的硝化细菌，意味着皮肤上的细菌平衡被破坏了；细菌组成的改变会使汗水的味道变得难闻，所以我们得用肥皂清洗身体，并且用除臭剂掩盖掉臭味。AOBiome公司建议大众补充皮肤上的硝化细菌，以打破这种无止境的恶性循环。

想要达到这个效果，你可以每天在泥中打滚，或是在未被污染也未经处理的水中（如果你找得到这样的地方）游泳。惠特洛克和AOBiome的团队提供了另外的选择，你可以每天使用他们的

AO+清洁喷雾，它看起来、闻起来和尝起来都像水，但是里面含有一种活的亚硝化单胞菌（*Nitrosomonas eutropha*），这是一种从土壤中采集的硝化细菌。AO+清洁喷雾目前以化妆品的名义销售，所以AOBiome团队没有被要求证明它的有效性——这也是他们接下来的目标。在产品测试的过程中，志愿者的皮肤状况有所改善，比使用其他产品的人的皮肤更加光滑紧致。

不洗澡虽然不会让你闻起来有花香或肥皂香，然而许多参加AO+清洁喷雾试用的人发现自己和其他人身上原本的味道其实也很棒。戴维·惠特洛克过去12年来都没有洗澡，而我们确定他并没有散发出臭味。AOBiome的许多其他员工也不再使用肥皂和除臭剂，而且经常一星期，甚至一年只洗几次澡。

不用肥皂洗澡或减少洗澡的次数，这个想法对大多数人来说或许是非常恶心的一件事。事实上一开始我不仅大受冲击，甚至觉得很荒谬。洗澡在我们的文化中已经根深蒂固，承认自己没有每天用肥皂洗澡几乎是一种禁忌。但从智人出现开始，人类过了25万年不用肥皂洗澡的日子，如今我们却如此依赖肥皂，无法想象一天不洗澡该怎么办，也许现在的我们才更荒谬吧。

如同抗生素，抗菌产品已在我们的生活中占有一席之地。但就健康而言，你的身体并没有理由去接受它。我们已经拥有了叫作"免疫系统"的微生物防御系统，也许我们应该好好利用它。

第 6 章	人如"其"食:
	微生物吃什么,你就"变成"什么

某次我和蕾切尔·卡莫迪(Rachel Carmody)博士在哈佛大学喝下午茶,她告诉我,她发现我们看待人类饮食的方式是完全错误的。那时,她刚完成关于烹调对食物营养价值的影响的研究生论文和口试。在口试最后,坐在离卡莫迪最远处的主考人起身,将一堆新发表的科学论文放在桌面上推向她。当那摞论文在卡莫迪面前呈扇形散开时,她瞥到上面的标题有"微生物组""肠道微生物区系"等字眼。主考人说:"你或许会想思考一下,这些对你的结论有没有影响。"

"我们从食物中摄取的能量,推动了生物的一切。"卡莫迪解释道,"一个有机体的外貌及行为方式,很可能与它获得食物的方式有关。问题是,作为研究人类如何消化食物的演化生物学家,我只研究了问题的一半。"卡莫迪一直专注于研究小肠的消化过程，然而当《自然》（*Nature*）和《科学》（*Science*）这类著名期刊开始发表有关肠道微生物区系的专题论文、说明它们对营养吸收与新陈代谢的影响时，她才意识到自己的研究与其他对于人类营养学的研究永远无法解答所有的问题。卡莫迪告诉我："很遗憾，我们对于饮食的认知和思考并不完善。"

直到最近，我们对于营养学的整体观点才发生了改变：在小肠内发生的一切都很重要。人类的胃就像一个搅拌机，后面接着一根又长又薄的管子，即小肠，就人类的消化和吸收而言，这里就是一切发生的地方。来自胃的消化酶，加上胰腺和小肠本身分泌的酶，将大的食物分子分解成小分子，让它们能够穿过肠黏膜的细胞进入血液中。蛋白质就像扭曲且折叠的珍珠项链，被分散成短链和一颗颗被称作"氨基酸"的"珍珠"，它们是建构人体的基础分子；复杂的碳水化合物被切割成更容易吸收的片状物，称作"单糖"，例如葡萄糖和果糖，脂肪则被分解成甘油和脂肪酸。这些小分子被我们的身体吸收，制造能量、形成肌肉并再次为我们所用。

根据生理学的基本教条，营养的供给在7米长的小肠末端就会停止。接着是长度较短、较宽的大肠，但是它的功用一直都被忽略了，仿佛它只是一个特大号的污水管。许多人在学校学到的是小肠负责吸收养分，大肠则应该吸收水分，并且负责将食物残渣排出体外。就像并非毫无用处的阑尾，大肠的重要性也一直被忽视了。19世纪末，俄国诺贝尔奖得主埃黎耶·梅奇尼科夫（Elie Metchnikoff）在免疫细胞研究中取得重大发现，他认为人类没有大肠会更好。他写道："许多调查都指出，大肠似乎缺乏消化力。"

幸好，从梅奇尼科夫之后，科学家在大肠研究方面有了很大的进展。我们在几十年前就发现，这个器官至少会吸收几种经大肠内微生物合成的重要的维生素。没有它们，我们的健康就会出问题。20世纪70年代的"泡泡男孩"戴维·维特尔生活在几乎无菌的隔离空间内，因体内缺少微生物，他必须依靠饮食补充几种维生素。事实上，微生物区系对人体营养的贡献远比制造维生素重要多了。对某些动物来说，若是没有微生物帮助吸收营养，进食可以说完全是无用的。

吸血的水蛭和嗜血的吸血蝙蝠极度依赖微生物来帮助它们获得营养。对它们来说，血液并不是最营养的食物。血液富含铁元素（所以有金属味）和蛋白质，但是碳水化合物、脂肪、维生素和其他矿物质的含量却很少。没有肠道微生物帮助合成这些缺少的元素，食血动物将难以维生。

大熊猫是另外一个典型。尽管它们属于食肉动物（和灰熊、北极熊及其他熊类同属熊科，与狮子、狼和其他猛兽同属食肉目），但在某种意义上，它们又不像食肉动物。大熊猫演化出了另一种食性，避开肉类而选择竹子作为喜爱的食物。它们的消化系统非常简单，长度也不像牛羊等植食动物那么长，这让大肠和居住其中的微生物格外忙碌。

重点是，大熊猫拥有食肉动物的基因组，许多基因编码产生的是能分解肉类蛋白质的酶，却没有产生用来分解植物多糖（碳水化合物）的酶的基因编码。大熊猫每天都要咀嚼大约12千克干燥、高纤的竹子，但只有2千克会被消化，如果没有肠道里的微生物区系，这2千克也无法被消化。然而大熊猫肠道内的微生物区系的基因中，有一组可以破坏纤维素的基因，这组基因通常只存在于食草动物的微生物区系中，例如牛、小袋鼠及白蚁。有了这些基因和带有这些基因的微生物，大熊猫才得以从原本食肉动物的设定中跳脱出来。

由此可见，微生物区系对于营养吸收的贡献不容忽视。从某种意义上来说，人类和水蛭、蝙蝠、大熊猫没有太大的差别。我们吃的某些食物由我们的基因组编码产生的酶所消化，接着在小肠中被吸收。但有许多食物分子——通常是"难以消化"的那些——会被留下来，这些残余物会来到大肠，这里有更多、更饥饿的微生物，准备用它们的酶来分解这些食物。在进食的过程中，微生物区系会释放出另外一种物质，这些分子随着水分被吸收进血液中。由此可见，它们的重要性出乎意料。

至于卡莫迪，她后来又取得了博士学位，但她知道自己只回答了问题的一半。她从哈佛人类演化生物学大楼来到了不远处的系统生物学中心，在经验丰富的微生物猎人彼得·特恩博的带领下，开始找寻另外一半答案。

我恐怕必须先将我在上一章给你的肥胖"免灾卡"收回来。抗生素药物治疗及将含有抗生素的食物吃下肚所导致的结果，绝对值得我们注意，特别是儿童。但我们还没有摆脱险境。马丁·布莱泽做的低剂量青霉素与高热量饮食的小鼠实验，显示抗生素不太可能是体重增加的唯一原因，也不太可能是引起其他"21世纪文明病"的唯一原因。饮食也是关键，只是它不是你期望的因素。

我们的饮食方式改变了。走进超市，看看眼前的食物，你知道它们是从哪儿来的吗？人类的食物来自植物与动物，然而你会惊讶地发现，它们看起来与原本的样子完全不同。你会看到至少一半的架子上排满了纸盒、塑料袋和瓶子。有多少用植物或动物做成的食物被装在了盒子里？西蓝花，鸡肉，苹果？当然，有些原材料是以这样的形式包装的，但我想到的却是饼干、薯片、饮料、即食食品和早餐谷物。有些美国超市对外国人来说不像卖食物的商店，反而看起来像仓库。若是对品牌不熟悉，人们很难辨认成排的盒子里装的是什么，就像英语国家的人拿着日文菜单点寿司一样。真正的食物应该是可以辨认的，苹果就应该是苹果的样子，鸡肉就应该是鸡肉的样子。我怀疑现代超市架子上摆放的商品，对20世纪20年代的杂货店老板来说大概有一半是不需要的。

改变同样发生在超市之外。人们没时间做饭，快餐店和即食食品应运而生；白开水不够美味，因此有了罐装的气泡饮料和果汁。星期五晚上的外卖、上班族人手一个的现成三明治，大部分人无法完全掌控自己吃下了什么。与以前比起来，我们亲自下厨的次数越来越少，更不可能自己"生产"食物。现在几乎所有的动植物食物都是密集型生产，空间狭小、化学催熟。有些人认为自己的饮食比一般人的要健康，也只是在一个相当低的标准上比较。

然而什么是健康的饮食？健康饮食建议的更新速度就像某些人买鞋的频率一样，但有一件事情非常清楚：现代人的一些饮食习惯其实并不真的适合我们。全世界超重和肥胖的人口比例之高，高到应该将其归类于全球性流行病，而非区域性流行病。除了肥胖症，不良饮食习惯也会使疾病恶化，例如关节炎、糖尿病、心脏病、中风、癌症，以及肠易激综合征、麦胶性肠病等消化道疾病。说实在的，不良的饮食习惯必须为发达国家的人口死亡率负责。

问题是，没人能够断言怎样才是最好的饮食。各种热门饮食派别的拥护者热衷于宣扬他们的选择，他们对于哪些是"好"的、哪些是"坏"的食物，持有非常不同的立场。然而在每种流行饮食法的背后，似乎都有一个演化上的逻辑解释，并主张减重能让身体恢复健康。不管你是尝试低碳水化合物、低脂还是低升糖的饮食方法，或许控制饮食就能让你的身体发生改变。

现今最受欢迎、最受推荐的饮食法，都有一个基本的宗旨：人类就应该这么吃。现在，让我们转而寻求祖先的智慧，找回正常人类应该有的饮食。以前的农夫、狩猎–采集者、穴居人，甚至吃生肉的原始人类，都会令人联想到我们的近亲类人猿。或许我们不需要回溯到这么久远之前，毕竟我们的曾祖辈并没有饱受现代疾病之苦，而他们仅比我们早出生100年。比起充满纸盒的超市及快餐餐厅，他们对饮食的态度的确与我们大不相同。

还有一个了解"人类应该怎么吃"的方法，就是去看看那些尚未被精耕农业、全球化饲养及便利食物渗透的族群。以布基纳法索布尔彭村落中的居民为例，意大利的科学家和医生将这个非洲村落的儿童与住在意大利佛罗伦萨的儿童做比较，目的是了解这两组实验对象的饮食对肠道微生物区系的影响。布尔彭村村民的生活方式，和那些"新石器时代革命"之后、距今约1万年

人体里的"动物园"：与占据身体90%的微生物共存

前就生活在此处的农民并无太大差异。

新石器时代是人类演化的决定性时期。人类在新石器时代有两项重要发明：驯养动物与有意识地种植作物。稳定的食物来源让人类放弃了游牧的生活方式，定居促进了建筑的发展，增加了形成社会群体的机会（虽然也增加了传染病流行的概率）。这就是现代文明与饮食的开端。

对我们祖先的饮食来说，农业和畜牧业代表有了谷物、豆类及蔬菜的稳定供应，在某些地区还有蛋、奶供应，偶尔还可以吃到少量肉类。在如今的一些地区，这种生活方式几乎没有改变。在布尔彭的村庄中，居民吃的是典型非洲村落食物：将小米和高粱磨成面粉，混合制成可口的粥，佐当地蔬菜做成的酱料。他们偶尔也会吃鸡肉，在雨季时到处飞的白蚁则是他们的美味点心。这和欧美国家最畅销的健康食谱完全扯不上关系，但和以肉类为主的狩猎–采集型饮食相比，或许更能反映我们祖先的饮食结构。与此同时，意大利的儿童则吃着现代西方人常吃的食物：比萨、意大利面、大量的肉和奶酪、冰激凌、无酒精饮料、早餐谷物、薯片等等。

不出所料，两组实验对象的肠道微生物完全不同。意大利儿童肠道内的细菌主要属于厚壁菌门；布基纳法索儿童的肠道细菌则以拟杆菌门细菌为主，其中一半以上都属于普雷沃氏菌属（*Prevotella*），20%属于木聚糖菌属（*Xylanibacter*）。这两种细菌显然对非洲儿童非常重要，但是在意大利儿童的肠道中却完全没有出现。

意大利与布基纳法索儿童饮食之间的差异，哪一点最令你印象深刻呢？或许是他们对脂肪及糖分（单一碳水化合物）摄取量的差异。我们都认为我们摄取了太多这类型的食物，而它们正是诱发肥胖症及相关疾病的原因。确实，要想让一只实验小鼠变胖，最快的方式就是喂它吃高脂肪、高糖分的食物。这就是微生物学家所谓的"西方饮食"。以这种方式进食，仅用一天就能让小鼠肠道微生物的组成发生变化，并且开始动用不同组的基因；两周之内，小鼠就变胖了。

那么相反的饮食习惯会产生相反的效果吗？重回低脂或低碳水化合物的饮食，会扭转微生物组成并成功减重吗？我在前文中提到过，微生物学家露丝·利首次发现肥胖者体内的厚壁菌含量高于拟杆菌。她想进一步了解，若是让超重的人控制饮食，他们肠道内的微生物组成比例是否能变得和苗条的人一样。为此她追踪并记录肥胖志愿者的体重与粪便样本，以便找出答案。

志愿者被分为低碳水化合物和低脂饮食两组，分别持续6个月。在实验开始前及实验过程中，他们的肠道微生物区系都会被采样，体重也被记录下来。两组志愿者的体重在这6个月内都有减轻，厚壁菌及拟杆菌比例也依照他们减轻的体重而有所改变。有趣的是，微生物的改变只有在志愿者减去一定体重后才变得明显。低脂饮食志愿者必须减去6%的体重，数量变多的拟杆菌才会开始反映出他们努力的成果；也就是说，一名170厘米高、90千克重的女性，必须减去5.4千克的体重。对那些低碳水化合物饮食的人来说，只要减轻体重的2%就足以开始影响微生物比例；也就是说，身高、体重相同的肥胖女性只须减去1.8千克。

要了解微生物区系的改变造成初期体重下降的差异所代表的意义，还须继续观察这12位志愿者。但值得注意的是，虽然低碳水化合物饮食以快速见效著称，然而经过长期的节食实验，低脂饮食不仅后来居上，有时甚至会超越低碳水化合物饮食的减重效果。

在利的实验中，两组志愿者吃的都是低热量餐，女性每天摄取1200~1500卡路里的热量，男性则为1500~1800卡路里的热量。事实上，只要执行低热量饮食，并且维持一段时间，不管是低脂肪还是低碳水化合物，都会让体重减轻。甚至只要是营养平衡的餐点，即使不特意减少食物的脂肪或碳水化合物含量，仅维持低热量摄取量，也会让体重减轻。利和其他研究人员现在相信，比起肥胖与否，厚壁菌和拟杆菌的比例更能反映出一个人的饮食习惯。如果任何低热量饮食都会使体重下降，那限制脂肪或碳水化合物的摄取真的有意义吗？

若斩钉截铁地说脂肪和碳水化合物是"不好的"，便辜负了这些食物所包含的多元营养。这就像是因为汽车能撞死人，所以说汽车是不好的，而不提它为我们生活带来的便捷一样。说脂肪是不好的，等于忽视了它是让我们生存的关键。我不能说自己比其他人更了解饱和、单不饱和、多不饱和及反式脂肪的最佳平衡组合，但当它们出现在流行的节食方法中时，关于什么对健康有害、什么是安全的意见都会被极端化，即使这些方法是由专家提出的。

即使是在实验条件下，也很难评估微生物区系对脂肪及糖分的反应。想象一下，你想用小鼠来测试高脂肪饮食对肠道微生物的影响。你在它们平常的食物中添加了额外的脂肪，但小鼠也得到了比以前更多的热量，所以你不知道改变是来自脂肪的增加，还是热量的增加。于是你在增加脂肪的同时减少了食物中的碳水化合物，以保持摄入的热量的稳定；但问题又来了，如果实验结果发生任何改变，你不知道是因为脂肪增加还是碳水化合物减少。所以营养学不能被单独研究。

如前文所说，为小鼠提供高脂肪、低碳水化合物饮食，会造成其肠道微生物组成的改变、体重增加，进而增加肠壁的渗透性、血液中脂多糖的含量及发炎指数。这些改变不只和肥胖症有关，也和2型糖尿病、自身免疫性疾病及精神疾病有关。高单糖（如果糖）饮食似乎也会引发同样广泛的改变，至少对啮齿类动物来说如此。

这样看来，过量的脂肪及糖分确实对人体不好，在世界各地，脂肪与糖分的消耗量都与肥胖症人口数并肩而行。但其中有个矛盾点：在大众媒体塑造的形象中，肥胖的人手里总拿着汉堡和一杯超甜奶昔，然而在英国、斯堪的纳维亚及澳大利亚部分地区，人们对脂肪及糖分的消耗，实际上从第二次世界大战后就已经开始下降了。由英国政府主导的一项全国食物调查，追踪了英国家庭1940年~2000年消耗的食物。随着时间推移，这项调查统计的数据推翻了我们关于饮食改变的所有假设。举例来说，在1945年，英国人饮食中的脂肪含量是平均每人每天92克；1960年，平均每人每天摄取的脂肪量是115克，当时英国人很少有超重的问题；但是到了2000年，平均每人每天摄取的脂肪量反而降到了74克。

即使将脂肪分解成饱和及不饱和脂肪，也无法提供解释。传统上，不饱和脂肪酸被认为对人体更好，也占英国人脂肪摄入量的很大一部分。英国人对奶油、全脂牛奶和猪油的摄取量降低，对脱脂牛奶、橄榄油和鱼肉的摄取比例提高了，但人们的体重还是在继续增加。

若只看脂肪摄取（在所有能量摄取中的占比）和身体质量指数，很难找到其中的关联。在位于欧洲的18个国家之中，男性的脂肪平均摄取量和身体质量指数完全找不到关联性。女性的关联性则可能与你想的完全相反：脂肪平均摄取量较高（占饮食的46%）的国家，平均身体质量指数较低，脂肪平均摄取量较低（占饮食的27%）的国家，平均身体质量指数较高。这表示吃下更多脂肪并不一定会让你变胖。

糖分的消耗更难评估，因为调查虽能搜集到关于食物类型的数据，却无法搜集到其中所含的糖分数量。但蔗糖、果酱、蛋糕及甜点的消耗量，也在随着时间推移而下降。以蔗糖为例，在20世纪50年代末，每人每周的平均消耗量是500克，到2000年时变成了大约100克。但相较之下，英国人喝下了越来越多的果汁，吃下了更多的高糖分早餐谷物。总体来看，20世纪80年代以来，英国人消耗的糖分比以前减少了约5%，大概是每天一茶匙的量[1]。若从20世纪40年代开始计算，下降得可能会更多，但要考虑到这包含了第二次世界大战期间和战后的定量配给。澳大利亚人的糖消耗量也是自20世纪80年代起开始下降的，1980年，他们每人每天可以消耗30茶匙的糖；到了2003年，糖分摄取量降到每人每天25茶匙。但在这段时间内，澳大利亚的肥胖人口增加了3倍。

总体热量消耗的增加似乎也无法解释这些变化。英国全国食物调查显示，在20世纪50年代，成人与儿童每天的能量摄取平均达到2660卡路里的热量，但是这项数据在2000年下降到1750卡路里的热量。在美国，有些研究也显示出在人们体重普遍增加的时期，摄取的热量量其实是下降的。美国农业部的全国食品消费调查数据显示，1977年~1987年间，人们的热量摄取从1854卡路里降到了1785卡路里，脂肪摄入量从41%降到了37%，但同时期的超重人口比例却从总人口数的四分之一变为了三分之一。摄入的

---

[1] 约为4克~5克。

热量多于消耗的热量，在某些地区的某些时期看来似乎是造成肥胖的主因，但许多科学家指出这并不能解释肥胖症在全球的大规模流行。

我的观点是，并不是说摄取过多的脂肪和糖分是无害的——它们的确能造成伤害，也不是说这两种食物在全世界的整体消耗量没有增加——可能是有的。相反地，正如小鼠饮食实验，提高某种营养的摄取量一定会对其他营养的摄取产生影响，尤其是在整体热量摄取量维持不变的状况下。近年来人们激烈争论的是，脂肪和糖分是否为肥胖症流行的主因，但会不会两者其实都不是呢？

如果改变脂肪、糖分和热量的摄取并不能完全解释肥胖症的流行，那原因到底是什么？随着超重的人越来越多，我们已经提出了疑问，到底是饮食中什么的增加造成了这一切？答案似乎很明显：脂肪和糖。在许多地区，高脂肪和高糖的饮食与肥胖并驾齐驱。

虽然摄取过多的脂肪有一种直观的吸引力，然而增重却不像表面看起来这么简单。我们看到自己身上多余的脂肪，就将它比作食物中的额外脂肪，例如牛排边缘的油脂或是粉红色培根上的白色花纹，但这是不合逻辑的。我们身上的脂肪可以从蛋白质、碳水化合物、脂肪，或任何一种需要被储存的营养转化而来。

尽管我们直觉上认为布基纳法索和意大利的儿童的饮食应该非常不同，但实际上他们的脂肪摄取量并没有太大的差别：布尔彭儿童饮食中的脂肪大约占14%，佛罗伦萨儿童饮食中的脂肪则占了约17%。或许我们只寻找饮食中增加的元素，是将问题过度简单化了？或许我们也该看看饮食中缺少了哪些元素？

将一部分的下降和另一部分的上升联系在一起不仅是本能的联想，也是合情合理的。再次比较布基纳法索和意大利儿童的饮食，可以发现一个明显的不同，就是纤维的摄取量。布尔彭儿童的饮食主要是由高纤维的蔬菜、谷物及豆类组成的。平均来看，佛罗伦萨2~6岁的儿童摄取的纤维量，比布尔彭的儿童少了2%；布尔彭儿童摄取的纤维比例占饮食的6.5%，是佛罗伦萨儿童的3倍。

让我们再次检视过去几十年发达国家的饮食统计数据，可以看出同样的差异。20世纪40年代，一名英国成年人每天消耗约70克的纤维，而现在每人每天只消耗20克。我们现在吃的蔬菜比以前要少得多。1942年，人们吃的蔬菜量几乎比现在多一倍，那还是在食物短缺的战争期间。我们对新鲜绿色蔬菜（如西蓝花和菠菜）的摄入量呈现急剧下降的趋势，而且丝毫没有减缓的迹象。在40年代，人们每天的新鲜绿色蔬菜摄取量为70克左右，而这项数据在过去10年中已经降到了27克。豆类、谷物（包括面包）和马铃薯也都富含纤维，然而这些食物的摄取量也从40年代开始下降。总之，我们吃进肚子里的植物一天比一天少。

通过观察布基纳法索儿童体内的微生物区系与其基因，很容易就能明白为何普雷沃氏菌属和木聚糖菌属细菌的比例能占到所有微生物种类的75%。这两个菌群都有生产分解木聚糖和纤维素的酶的基因编码，而不易消化的木聚糖和纤维素是构成植物细胞壁的主要成分。肠道内有了这两种细菌，布基纳法索的儿童就可以从他们的主食（谷物、豆类和蔬菜）中吸收更多养分。

　　　　人体里的"动物园"：与占据身体90%的微生物共存

相反地，意大利儿童体内完全没有普雷沃氏菌属和木聚糖菌属的细菌，因为这两种细菌需要消化大量的植物纤维才能存活。意大利儿童体内取而代之的是由厚壁菌支配的微生物区系，而厚壁菌正是美国一些研究中发现与肥胖症相关的细菌。在意大利儿童的肠道内，有与肥胖症相关的厚壁菌和与纤瘦相关的拟杆菌，其比例差不多是3∶1；布基纳法索儿童的这一比例则是1∶2。

看来富含植物纤维的饮食，是专门为了"纤瘦的"肠道微生物组合而生。那么，若是让一组美国人吃以肉类、蛋和奶酪为主的餐点，另一组吃谷物、豆类、水果和蔬菜组合的餐点，会发生什么事呢？毫无意外地，他们肠道内的微生物组成会发生变化。吃植物的人，肠道内分解植物细胞壁的菌群会迅速增加；吃肉的人则会失去可以分解植物的细菌，而分解蛋白质、合成维生素与除去烧焦肉类中所含致癌物质的细菌则会增加。植物组人的肠道微生物区系开始变得像植食动物，肉类组人的肠道微生物区系则变得像肉食动物。有一名参与实验的志愿者从小吃素，却被安排在了肉类饮食那一组。他肠道中原本有很多普雷沃氏菌属的细菌，但在他开始吃肉后，这种细菌的数量下降，而喜欢蛋白质的细菌在4天之内就超过普雷沃氏菌属细菌的数量。

如此快速的适应性表明，在任何特定的时间利用食物时，与微生物合作都是非常有用的。利用微生物迅速又强大的适应能力，我们的祖先在作物丰收期可以充分利用植物纤维的养分，而当他们屠宰动物时也能从肉类得到养分。处理某些特别的食物时，与细菌合作就显得特别实用。例如日本人的肠道内有时会有一种特别的微生物，其特别的基因编码产生的特别的酶，可分解海藻中的碳水化合物。海苔是制作寿司的一大食材，典型的日本人身上会住着一种叫作"蓝斑拟杆菌"（*Bacteroides plebeius*）的微生物，它会从另一种住在海藻上的食半乳聚糖卓贝尔氏黄杆菌（*Zobellia galactanivorans*）那里偷走制造紫菜聚糖酶（porphyranase）的基因，用来分解海藻。或许有更多住在食物上的微生物和它们的基因，可以帮助我们从不同的食物中吸收养分。有些人提出，我们从牛身上得到的好处不只是牛肉和牛奶，还借此让它们肠道中帮助消化纤维的微生物转移到了我们身上。

纤维摄取量可能在肥胖症的流行中发挥了重要作用，但不代表脂肪和糖分就变得无关紧要。在高脂肪、高糖分的饮食中，复合碳水化合物的含量通常都很低。大部分纤维都是碳水化合物，包含像纤维素和果胶这样的"非淀粉多糖"和存在于青香蕉、全谷物、种子，甚至是煮熟后冷却的米和豆类中的"抗性淀粉"。如果食物中的脂肪和糖分增加，就可能意味着纤维含量下降。所以饮食让我们超重，但不是因为食物中的脂肪和糖分，而是因为纤维含量下降了吗？

还记得我在第2章提及的帕特里斯·卡尼吗？他是比利时鲁汶大学的营养学及新陈代谢学教授，他发现瘦人比超重的人有更多阿克曼氏菌。这种消化道细菌可以加强肠黏膜的保护机制，强迫肠黏膜制造更厚的黏液，以阻止脂多糖分子穿越肠黏膜进入血液，造成脂肪组织发炎，使体重病态增加。

卡尼认为阿克曼氏菌也许可以帮助减重，或至少能阻止体重

人体里的"动物园"：与占据身体 90% 的微生物共存

增加。这个想法令他感到兴奋，他试着在小鼠的食物中加入这种细菌，结果真的有效。不仅小鼠血液中的脂多糖减少了，它们的体重也变轻了。但是在饮食中加入阿克曼氏菌只是一个暂时的解决方法，如果不持续加入这种细菌，它们在肠道内的比例就会下降。该如何维持它们在肠道内的数量呢？而且对大多数人来说，更重要的是如何增加已有的阿克曼氏菌数量。

卡尼在尝试增加另一种双歧杆菌（Bifidobacteria）时找到了答案。在喂小鼠吃高脂肪食物时，双歧杆菌的数量会下降。在人类身上也一样，身体质量指数越高，体内的双歧杆菌数量就越少。双歧杆菌是一种特别喜欢纤维的细菌，卡尼想知道，如果在高脂肪饮食小鼠的食物中补充纤维，是否就能让这种细菌的数量增加，甚至防止体重增加。他试着以低聚果糖（香蕉、洋葱和芦笋中都含有这种膳食纤维）作为高脂肪饮食的补充，而它真的让肠道中的双歧杆菌数量增加了。

尽管双歧杆菌因为低聚果糖而大量繁衍，但实际上阿克曼氏菌才是真正数量大增。有一组遗传性肥胖小鼠吃了加低聚果糖的食物，5周后，其肠道内的阿克曼氏菌比没有吃含低聚果糖食物的小鼠多了80倍。整体来说，在肥胖小鼠的饮食中加入纤维，可以减缓它们体重增加的速度；对因摄取高脂肪饮食而变胖的小鼠来说，在食物中增加纤维可以让它们体重下降。

卡尼试着将另一种称作"阿糖基木聚糖"（arabinoxylan）的纤维用在由食物引起肥胖的小鼠身上。阿糖基木聚糖是包括小麦和黑麦在内的全谷物中纤维的重要组成部分，在小鼠的高脂肪饮食中补充阿糖基木聚醣，和补充低聚果糖有一样的健康效益，不只双歧杆菌增加了，拟杆菌和普雷沃氏菌属细菌的数量也变成了瘦小鼠肠道内该有的比例。只要让这些小鼠在摄取高脂肪饮食的同时多吃纤维，就可以解决它们的肠漏问题，让它们的脂肪细胞数量变多，而不是长得更大，降低胆固醇含量，并且减缓体重上升的速度。

"如果我们同时喂小鼠吃高纤和高脂的食物，它们便能对抗饮食造成的肥胖，"卡尼说，"我们可以证明，若是吃了高脂食物却没有同时吃下高纤食物，对肠黏膜会有不好的影响。我们的祖先吃的食物是非常不易消化的碳水化合物，他们每天吃下约100克的纤维，大约是我们现在摄取量的10倍。"

对从前的人类来说，体重增加是有益的，可以将大餐的能量储存下来好度过饥荒时期。但如今体重增加对我们来说却是一件糟糕的事，包括容易引发心脏病、糖尿病和多种癌症，这是为什么呢？某些研究认为，因为我们让体重增加到了超出人体正常预期的重量，才会诱发相关疾病。卡尼的研究也为这个由好变坏的过程提供了进一步的线索。也许摄取脂肪没有那么糟糕，只要在饮食中提供足够的纤维，喜好纤维的微生物就会帮忙保护肠黏膜、降低肠道的穿透性，避免脂多糖进入血液，进而使免疫系统保持冷静，这样一来，脂肪细胞就会正常地增加数量，而不是变得越来越大。

事实上，造成影响的并不是微生物本身，而是它们分解纤维时产生的化合物，也就是我在前文提过的短链脂肪酸。短链脂肪

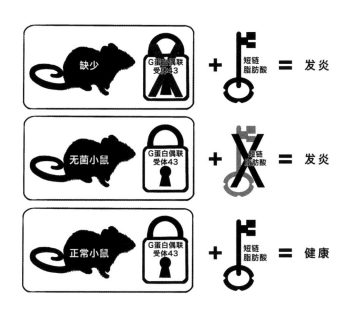

短链脂肪酸与G蛋白偶联受体43的运作示意图

酸包括醋酸盐、丁酸盐及丙酸盐，在你吃进纤维之后，它们会大量地出现在大肠中。微生物消化纤维后的这些产物是人体内很多道锁的钥匙，它们对人体健康的重要性一直都被低估了。

其中一道"锁"叫作"G蛋白偶联受体43"（GPR43），属于免疫细胞上的蛋白质受体。但是它有什么功用呢？在生物学中，要了解一个东西的功能，最简单的方法就是将其分解，看看会发生什么。借由研究体内缺少GPR43的小鼠，研究人员发现少了这些受体，小鼠会发生严重感染并易患结肠炎、关节炎或哮喘。若体内有GPR43，但缺少短链脂肪酸，也会发生同样的事。无菌小鼠无法产生短链脂肪酸，因为它们没有能分解纤维的微生物，所以它们的GPR43仍然在锁定状态，正因如此，无菌小鼠易患炎症性疾病。

这个有趣的结果表明，GPR43是微生物与免疫系统沟通的桥梁。借着短链脂肪酸这把钥匙，我们喜爱纤维的微生物打开了免疫细胞的锁，告诉它们不要攻击。GPR43不只存在于免疫细胞中，也存在于脂肪细胞中。当它被短链脂肪酸打开之后，会强迫脂肪细胞分裂，以健康的方式储存能量，而不是让脂肪细胞变得更大。更重要的是，以短链脂肪酸解开GPR43会释放纤瘦素，这是一种能让你产生饱足感的激素。如此一来，食用纤维也可以让你有饱足感。

3种形式的短链脂肪酸都很重要，但我要告诉你特别重要的一种——丁酸盐，它似乎是治疗肠漏症的关键。我曾多次提及，肠道内微生物区系的健康与平衡，与肠黏膜细胞之间连接的松紧有关。一旦连接变松，肠壁就会出现渗透性，所有不该渗透到血液中的化合物就会趁机渗入，刺激免疫系统，造成发炎，而这就是许多"21世纪文明病"的成因。丁酸盐的任务就是要堵住这些漏洞。

将肠道细胞连接在一起的链状蛋白质，和其他在人体内默默工作的蛋白质，都是由我们的基因制造的。但我们将一些基因控制权交给了微生物，让它们决定肠道蛋白质链的制造量。丁酸盐是微生物的使者，微生物能生产越多的丁酸盐，我们的基因就会生产越多的蛋白质链，让肠壁细胞连接更紧密。要让这一切顺利运行，你需要两个要素：首先是合适的微生物，例如能将

　　　　　人体里的"动物园"：与占据身体90%的微生物共存

植物纤维分解成更小分子的双歧杆菌，以及可以将小分子转化成丁酸盐的柔嫩梭菌（*Faecalibacterium prausnitzii*）、罗氏弧菌（*Roseburia Intestinalis*）、直肠真杆菌（*Eubacterium rectale*）等；其次就是用高纤食物喂养这些微生物。做到这两点，微生物就会完成剩下的工作。

卡尼的研究团队扭转了大众对于饮食与体重的因果关系的认知。比起热量摄取与消耗的平衡，饮食（特别是纤维）、微生物、短链脂肪酸、肠壁渗透性及慢性发炎让肥胖症看起来更像一种能量调节方面的疾病，而不单纯是暴饮暴食的结果。卡尼相信不良的饮食习惯只是让体重增加的其中一个原因，任何会扰乱微生物区系的事物（包括抗生素），都会让脂多糖从肠道渗透到血液中，造成同样的后果。

这是说我们只要多吃豆子，就能享用蛋糕吗？或许吧。许多研究都表明肥胖症与低纤维摄入量有关。一项已经开始超过10年、针对美国年轻人所做的实验显示，低身体质量指数与高纤维摄取有关，与脂肪摄取量无关。在另外一项超过12年的研究中，研究人员追踪调查了7.5万名女性护士，比起喜欢吃低纤维精制谷物的人，那些常吃膳食纤维、全麦食品的人更能保持较低的身体质量指数。其他研究也显示，在低热量饮食中加入纤维，会加速体重的下降。有一项实验，让超重女性每天摄取1200卡路里热量的食物，持续6个月，其中有补充纤维的人减重了8千克，其他没有补充纤维的人则减重了5.8千克。

随着时间改变纤维的摄取量，似乎也会影响体重。有一项长达20个月的研究，持续追踪了250名美国女性的体重及其纤维摄取量，结果显示她们在每1000卡路里热量的食物中多摄取1克的纤维，就会减重0.25千克。这看起来并不多，但以女性每天2000卡路里的正常摄取量来说，若将每1000卡路里热量的食物中的纤维摄取量增加到8克，就能让女性减重2千克。这等同于在你每天的餐饮中多加半匙麦麸和半杯煮熟的豆子。

我要在此特别提及碳水化合物，与脂肪和纤维一样，并非所有的碳水化合物都是一样的。主张低碳水化合物饮食的人声称，所有的碳水化合物都是"不好的"，但是仔细思考你会发现：糖是碳水化合物，扁豆也是。以蛋糕为例，因为使用精制的面粉和糖，做出来的蛋糕大约有60%是碳水化合物，很容易就会被小肠吸收。西蓝花的碳水化合物含量也差不多，大约有70%，然而其中有一半是会被微生物消耗掉的纤维。"碳水化合物"的大标签下包含一个广泛的食物谱系，从纯糖、精制碳水化合物（白面包），到未经精制、高纤、难以消化的糙米。低碳水化合物饮食通常给人一小匙果酱或抱子甘蓝的恶劣印象，但其实这样的饮食方式纤维含量也不高。

碳水化合物对身体的影响，取决于它们包含的分子种类。这不仅会决定身体吸收多少热量，还影响体内微生物的种类和生长。正因如此，这也会影响食欲调节、能以脂肪的形式储存多少能量、肠壁的渗透性、消耗体内储存能量的速度，以及你细胞内发炎的程度。说到碳水化合物，就像蕾切尔·卡莫迪指出的那样："真正重要的是养分在哪里被吸收，是在小肠内被吸收，还是转化成短链脂肪酸后在结肠中被吸收，而这些都不会记录在食品标签上。"

把食物磨成粉或是做成果汁，也会影响它的纤维内容物。100克未经处理的全麦谷物含有12克的纤维，精磨的全麦面粉和白面粉要达到相同的纤维量，必须多增加3克。一杯250毫升的水果冰沙可能含有2~3克的纤维，但是如果直接吃完整的水果，可以摄取6~7克的纤维。200毫升的橘子汁大约含有1.5克纤维，但是榨汁用的4个完整的橘子有12克的纤维和衬皮，纤维量是果汁的8倍。

另一个很可能对微生物区系产生影响的是生机饮食法。这是理查德·兰厄姆（Richard Wrangham）教授提倡的一个学派，他是哈佛大学的人类演化生物学家，也是蕾切尔·卡莫迪在念博士学位时的指导教授。此学派认为人类用火将食物煮熟，让我们加速演化出了更大的体形，甚至更大的大脑。正如卡莫迪在博士期间的发现那样，某些食物若是生食，其养分无法被身体吸收，而将食物煮熟后会改变它们的化学结构，让营养得以被身体或是体内微生物区系吸收。不仅如此，高温还会破坏某些植物中可能杀死肠道有益微生物的化学物质。

吃生食确实可以帮助人们减重，因为吸收的热量较少。但长期来看，影响太极端了，想以生机饮食维持健康的体重似乎是不可能的事。卡莫迪说："如果长期跟踪观察生机饮食者，你会发现他们无法维持体重。他们大量进食，即使吃进大量的热量，体重仍会持续下降。严格执行生机饮食的人可能会导致严重的能量流失，甚至使适龄生育的女性不再排卵。"从演化的观点来看，这明显不是一个好策略。这也表示煮熟的食物不仅是旨在改善食物口感的文化上的发明，也是人类在生理上适应后不得不继续的饮食方式。而烹煮食物对人体微生物区系产生的影响，就是卡莫迪现在正努力解开的谜题。

如果纤维对人体有益，你或许会纳闷儿，为什么那么多人对小麦和麸质过敏？小麦和其他全麦谷物富含纤维，并且被证明能为健康带来益处，例如降低患心脏病和哮喘的风险、改善血压、有利于预防中风。然而近年颇为流行"不含特定成分"的饮食法，其主要概念正是立足于小麦、黑麦和大麦中的麸质会对我们的健康不利。

麸质是面包中的蛋白质，能让面包维持海绵般的柔软。搓揉面团时，麸质会产生筋性，包住酵母产生的二氧化碳，让面包膨胀起来。麸质的分子很大，就像一条珍珠链，这条链子的某些部分会被人类小肠中的酶分解，剩下更小的链进入大肠。

不久之前，我们在餐厅及超市还见不到无麸质食品，或是无

乳糖和无酪蛋白食物。然而这些"不含特定成分"的食品却在最近10年内蓬勃发展,它们不再被视为有罕见过敏症状的人才能吃的"医疗饮食",而是变成了数百万人选择的生活方式,并且因名人的推广而受到欢迎。这种饮食方法大概是应近几年关于"食物是造成疾病之原因"的浪潮而生的,有些人甚至想说服大众不应该吃小麦,或食用乳制品是"不自然"的。我看过一个网站,上面声称只有人类会喝其他动物的乳汁,因此这么做对我们没有好处。这条没有科学根据的信息就这样通过网络媒介流传开来。

大约从1万年前的新石器时代起,人类就开始食用小麦和乳制品及其所含的麸质、酪蛋白、乳糖等,一直以来都没有造成什么大问题,直到最近。让我们回到意大利裔胃肠病学家阿莱西奥·法萨诺的研究,他任职于美国波士顿麻省总医院儿童分部。当他开始尝试研发霍乱疫苗时,却在无意间发现了"连蛋白"——一种会使肠黏膜细胞之间的连接变松的蛋白质。他发现连蛋白是造成自身免疫性疾病麦胶性肠病的原因。麸质从麦胶性肠病患者的肠壁渗出,而这种肠漏现象正是由过量的连蛋白造成的,进而引起自身免疫系统反应,使免疫细胞去攻击患者肠道的细胞。

麦胶性肠病在过去几十年变得越来越普遍,治疗它的唯一方式就是不吃麸质,即使非常微小的量也不行。但是麦胶性肠病患者不是唯一需要避开这种蛋白质的人,还有很多人认为自己的身体无法适应麸质食物。这对特殊食物制造商是一件值得开心的事,却让许多医生感到惊愕。无麸质饮食的拥护者声称在食物中去除麸质,不仅能减少胀气、改善肠道功能,也会让皮肤变得更光滑,让人变得更有精神、更专注。肠易激综合征患者特别热衷这样的饮食方式。乳糖不耐症也变成一种越来越常见的疾病，超市里到处可以看到不含乳糖的产品。

但是，如果小麦和乳制品会造成如此严重的问题，为什么我们的祖先会吃这些食物呢？以乳糖（牛奶中的糖分）为例，许多人实际上都演化出了"乳糖酶耐受性"。我们在婴儿时期通常都能消化乳糖，因为母乳中就含有乳糖。我们的基因会制造一种"乳糖酶"，特别用来分解乳糖。在新石器时代之前，当成人不再需要乳糖酶，这个基因会在婴儿期结束之后"失效"。但是到了新石器时代，若某些聚落开始驯养动物，例如山羊、绵羊及牛的祖先，这些聚落的人就会演化出乳糖酶耐受性，使其持续发挥作用，而不是在断奶之后就失效。

从演化上来看，对乳糖酶耐受性的自然选择发展得非常迅速，这代表了一件事：如果人类到了成年还能消化乳糖，将有助于他们生存及繁衍后代。仅仅在数千年内，整个欧洲的人类都发展出了对乳糖的耐受性。现在的北欧和西欧，约有95%的成人能够耐受乳糖。其他地区驯养动物的聚落或族群，例如埃及驯养山羊的贝都因人和卢旺达驯养牛的图西人，都以不同于欧洲人的突变方式独立演化出了乳糖酶耐受性。

虽然有很多人不能耐受麸质及乳糖，但这不太可能成为我们"不应该"吃这些食物的证据。毕竟我们祖先中的许多人，特别是那些具有欧洲血统的人，几千年来都吃这些食物。这就好像过去60年来生活习惯的改变，就能够破坏近1万年来人类饮食的演化结

　　　　人体里的"动物园"：与占据身体90%的微生物共存

果一样。我并不是指这些饮食上的不耐症状是假象，我的意思是，造成这些症状的源头并不在我们的基因组内，而在于我们受损的微生物区系。人类已经演化成可以食用小麦，许多人也发展出了对乳糖的耐受性，但我们的身体可能开始对这些食物反应过度了。

并不是食物本身有问题，而是我们身体内部发生了什么导致了问题。不同于麦胶性肠病，对麸质特别敏感的人的肠黏膜并未受到损伤，而是微生物区系的生态失调，使免疫系统变得过度担心麸质的存在。为了制作更轻、更松软的面包，麸质含量越来越多，这对我们不仅没有帮助，反而刺激了已经很敏感的免疫系统。因此，我想换个角度思考，与其避开麸质及乳糖，我们更应该重建新石器时代人类与这些食物的关系，同时重建体内微生物的平衡。

美国饮食作家迈克尔·波伦（Michael Pollan）曾说："饮食不宜过多，且应以植物为主。"他在我们对微生物区系的认知发生革命性变化之前写下的这句话，现在看起来简直不能更正确。避开那些仍有安全疑虑的化学防腐剂与盒装食物；避免饮食过量，保持食欲、消化与能量储存的平衡；以植物纤维喂养我们的微生物，就能够培育出支撑我们健康与幸福的微生物平衡。

我已经在本章解释了纤维对人体的好处，但仍然值得再次强调：在我们的饮食中，没有任何一种营养是可以独立运行的。关于各种饮食类型的利弊错综复杂，无论是脂肪的各种形式还是碳水化合物分子的大小，都必须适应饮食的整体框架。只说"脂肪有害，纤维有利"是不够的，不论现今最流行的饮食法如何宣扬自己的优点，"遵循中庸之道"才是正确的观念。人类在从植食性动物转变成杂食性动物的过程中，发展出了受纤维影响的特定微生物区系。在我们的消化器官中，大肠是喜爱植物的微生物的家；盲肠的功用则类似情报人员的安全屋，提醒我们并不是完全的肉食动物，植物也是我们的主食。我们缺少的营养是纤维，但我们总是忘了要多吃植物。

我有时觉得自己无比幸运，拥有生理上的恩惠——为了生存，每天都要吃东西。这是生命中最大的，也是必要的喜悦之一。几乎没有其他人类活动对生存同时具有愉悦性和必要性，但是对于吃，我们必须在享乐主义和持续性两点上维持平衡。讽刺的是，住在发达国家的人们，不论是在什么季节，都能获得地球上最丰富、最新鲜、种类最繁多、最营养的食物，然而我们却有许多人因饮食引起的疾病而死亡——比因营养不良或营养失调死亡的人还多。是的，我们可以将责任归咎于跨国食品公司贩卖营养不均衡的食品，怪罪他们在产品中添加了大量的糖、盐、脂肪和防腐剂。当然，我们也需要了解更多关于以医学方法处理密集型农业的后果。当被问到如何维持营养的完美平衡，医生和科学家都不会有完整的答案，但最终，我们都得对自己及孩子的饮食负责，而且我们可以选择要吃什么食物。

人如"其"食。更重要的是，你的微生物吃什么，你就会变成什么样。在你吃东西之前，先为你的微生物想想，它们今天会希望你吃什么呢？

第 7 章 | **出生：**
来自母亲的微生物

树袋熊宝宝在 6 个月大时，会开始从妈妈的育儿袋中探出头来，这正是从吃母乳转变成食用桉树叶、开始适应成年树袋熊饮食的时期。对大部分的植食动物来说，坚韧、带有毒素且缺乏养分的桉树叶并不怎么可口，哺乳类动物的基因组中，甚至没有制造相关酶的基因编码，来帮助从桉树叶中萃取营养。但是树袋熊找到了解决这个问题的方法，与牛、羊和其他动物一样，树袋熊借助微生物的力量，从富含纤维的植物中吸收能量与养分。

问题是，树袋熊宝宝身上还没有可以分解桉树叶的微生物，必须由妈妈帮忙，在它们的肠道内"播下"微生物群落的种子。等到时机成熟时，树袋熊妈妈会制造一种柔软、湿润的物质，称作"软便"，这是一种类似粪便的膏状物，由经过消化的桉树叶与肠道细菌的接种物组成。妈妈用"软便"喂养宝宝，不仅能为它们提供消化所需的微生物区系，同时还能为微生物供给所需的食物，让它们开始生长繁衍。一旦微生物占据了肠道，就会开始改变树袋熊宝宝的消化能力，让它们可以自己消化桉树叶。

在大自然中，动物从母亲身上得到微生物区系是很正常的事，即使在非哺乳类动物中这种情况也很常见。蟑螂妈妈会将它的微生物区系留在一种被称为"含菌细胞"（bacteriocyte）的特别细胞内，这种细胞会将微生物集中于在母体内发育的卵上，在被产下前，卵会吞噬这些微生物。椿象（臭虫）妈妈将微生物留给后代的方式类似无尾熊，它产下卵后，会在卵表面涂抹充满细菌的粪便；等卵孵化了，幼虫就会直接吃掉那层粪便。另一种虫子——筛豆龟椿（Kudzu bug）刚孵化时身上也没有微生物，它会吃下母亲留在卵附近的一个细菌囊包；若是囊包不见了，这些幼虫会出现古怪的徘徊行为，寻找其他卵的囊包。鸟类、鱼类、爬行动物和其他种类的动物都会将自身的微生物区系传给后代，不是通过卵传递，就是等到幼崽出生后传递。

不论用什么方式，几乎每种动物都会想办法将有益的微生物传给后代，来帮助它们生存。这种行为的普遍性，足以说明与微生物共生在演化上的好处。如果用细菌覆盖卵的行为和吞食细菌的机制是一个通则，那生物就必须演化成这样，以提高个体的存活率及繁衍能力。那人类呢？很明显地，我们身体中的微生物区系对我们有益，但要如何确定我们的孩子也能成功接收我们的微生物，并培养出对他们有益的微生物呢？

在婴儿刚出生的几个小时内，至少从细胞数量来看，他的主

人体里的"动物园"：与占据身体 90% 的微生物共存

体会从"人类"变成"微生物"。婴儿在子宫内受到温暖的羊水保护，与外界的微生物隔绝，也与母体的微生物隔绝。一旦羊水破了，微生物便会开始转移到婴儿身上。在离开母体的过程中，婴儿会遭受微生物的连环攻击。事实上，"连环攻击"这个描述不够贴切，因为这些微生物并不是敌人，而是朋友。原本几乎无菌的新生儿在通过妈妈的产道时，身上包覆了妈妈的微生物，这是出生的必经过程。

当婴儿即将脱离母体时，会从妈妈的阴道口附近得到另一群微生物。这听起来很恶心，但我前面也说过，小树袋熊吃妈妈的粪便不是什么稀奇的事。在人类分娩时，宫缩诱导激素（contraction-inducing hormones）和婴儿向前推挤造成的压力会促使大部分女性排便。婴儿出生时通常都是头先出来，并且面向母亲的臀部，在等待下一次让身体脱离母体的宫缩时，他们的头和嘴会刚好在一个"重要位置"停留一段时间。不管你是否本能上对此感到厌恶，但这对婴儿来说是一个好的开始。生产之后，母亲给孩子的第一套生日套装，就是阴道和粪便中的微生物。

这是婴儿"适应"外界的第一步。或许肛门与阴道距离这么近不是没有原因的，而引发宫缩的激素对直肠蠕动也有一样的效果。人体构造演化至现今的模样，或许就是因为对我们的下一代有利，至少没有带来任何伤害。这些微生物和它们的基因，已经与你母亲的基因和谐运作了很久，接受这份礼物，可以给你一个好的开始。

通过比较婴儿肠道中的微生物，母亲的阴道、粪便及皮肤上的微生物，以及父亲皮肤上的微生物样本，会发现母亲阴道与婴儿肠道的菌株最为相似，其中以乳杆菌属及普雷沃氏菌属细菌最为常见。母亲阴道中的微生物多样性远不及肠道微生物，但都是精挑细选出来的，在新生儿的消化道内扮演着医生的角色。只要有乳杆菌属细菌出现的地方，就不会有病原体和艰难梭状芽孢杆菌、假单胞菌（Pseudomonas）、链球菌。这些坏菌无法在肠道中找到立足点，因为乳酸杆菌会将它们挤出去。乳酸杆菌属于乳酸菌，也就是将牛奶变成酸奶的那种细菌。乳酸菌（酸奶酸味的来源）不仅会对其他细菌制造一个充满敌意的环境，也会产生一种称作"细菌素"的抗菌素，这种化学物质可以杀死与它们竞争的病原体，保卫它们在新生儿肠道中的地盘。

但是，为什么婴儿肠道中的微生物，是与母亲产道而非肠道中的微生物相似呢？如果是肠道微生物帮助我们消化食物，那它们不才是更适合的吗？除了医生，许多女性也意识到阴道中有非常旺盛的乳酸杆菌，很久以前就有用喝酸奶治疗霉菌性阴道炎（一种酵母菌感染）的民间疗法。这些乳酸菌通常被认为是用来使阴道免于感染的，虽然它们将这项工作做得很好，但这却不是它们的主要目的。

阴道中的乳酸菌擅长分解牛奶，它们取走牛奶中的糖分（乳糖），将其转化成乳酸，并在这个过程中为自己生产能量。婴儿也喝牛奶，他们的身体将乳糖转化成两种更简单的分子——葡萄糖和半乳糖，并通过小肠吸收进血液中，为自己提供能量。通过小肠而未被消化的乳糖不会被浪费，而会直接来到有乳酸菌存在的大肠，这里的乳酸菌就是婴儿从母亲产道经过时获得的。由此可见，产道中的乳酸杆菌不是为了保护母亲的阴道，而是准备进入新生儿的身体。说阴道被乳酸菌永久占领有点儿夸张了，但阴道的功能就是生产，是婴儿的起跑线，所以它演化成了一个对生命赛跑来说最好的起点。

尽管乳酸菌对于刚出生的婴儿帮助很大，但他们最终还是需要肠道微生物来帮忙分解母乳或牛奶，因此他们需要一些母亲肠道里的微生物。除了出生时的"粪便问候"，婴儿也从母亲的阴道中获得了一些肠道微生物。怀孕女性阴道中的菌群和未怀孕的女性不同，其中有一大部分是肠道中的常见细菌。

举例来说，约氏乳杆菌（*Lactobacillus johnsonii*）通常出现在小肠，它们能产生可分解胆汁的酶。但女性怀孕时，阴道中的约氏乳杆菌数量急速增加。这种小东西极具攻击性，会产生大量的细菌素，杀死有威胁的细菌，让自己得以在阴道中占领地盘，进而出现在新生儿的肠道内。

怀孕期间，女性阴道内的微生物多样性会降低，仿佛是为了向新生儿提供最重要的第一批微生物而有意为之。当微生物进入婴儿体内后，他肠道内的微生物多样性就会相对提高，其中包含母亲粪便（肠道）及阴道内的细菌。但这些最初得到的细菌种类也会很快地减少，只留下可以帮助消化牛奶的细菌。我的猜测是，婴儿从母亲的粪便中获得的细菌应该是被储存在阑尾中，以便日后使用。

婴儿肠道中最初的微生物区系是一个重要的起点，将会决定微生物接下来几个月甚至几年的发展轨迹。在宏观世界中，一块光秃秃的岩石会先积聚地衣，接着是苔藓，直到这些"先驱"能够产生足够的土壤来维持一小株植物的生命，并最终造就灌木和森林。一块光秃秃的平地可能有一天会变成英国的橡树森林、美国的山毛榉林或是马来西亚的热带雨林。同样的事情也会发生在"光秃秃的"肠道内，微生物区系从单纯的乳酸菌开始发展，种类变得越来越多、越来越复杂。这就是生态演替——每个阶段都将为下个阶段提供栖息地与必要的营养。

微观的演替也发生在婴儿的肠道内及皮肤上。最开始的细菌拓荒者会影响接下来在此安顿的细菌的种类。如同橡树林出产橡子、热带雨林出产水果，微生物区系也会为成长中的婴儿提供不同的资源，在改善婴儿新陈代谢及教育免疫系统上发挥重要作用。免疫细胞、组织和血管在奉行利己主义但对人体有益的微生物区系的指示下成长与发展。多亏了这些健康的阴道微生物，婴儿的微生物伙伴才可以正常发展，并且有个好的开端。

这种微观演替到目前为止一切顺利，除了每年有上千万新生儿在出生时并没有经过母亲的阴道。在某些地区，剖宫产的普及率远远高于自然分娩。在巴西，大约有一半的女性都是剖宫产，考虑到住在偏远乡村的女性人数，医疗资源丰富的大城市内的剖宫产比例可能更高。确实，在巴西里约热内卢的某些医院，有超过95%的产妇都是剖宫产。2014年发生的阿德莉尔·卡门·莱莫斯·德·戈埃斯（Adelir Carmen Lemos de Goés）事件，让我们了解到剖宫产观念在巴西社会是如此根深蒂固。阿德莉尔曾剖宫产下两个孩子，第三次她想要自然分娩。当被医院告知必须剖宫产后，她离开该医院，想在家中生产，却很快被警察带回医院，并且被迫剖宫产子。对巴西的许多医疗机构来说，自然分娩太过耗时，也有太多不确定因素。

即使是在尊重女性选择的国家，剖宫产的比例仍旧高得惊人。许多女性被告知，若第一胎是剖宫产，之后的孩子也都要剖宫产，因为上次手术留下的疤痕会因为宫缩的压力而破裂。但这并不是真的。信息从研究人员传给建立医疗指导方针的人，再传给医护人员需要一段时间，但现在普遍认为，即使经历了4次剖宫产，选择自然分娩也不会有重大的额外风险。在美国的某些医院，70%甚至更多的女性选择剖宫产；美国全国剖宫产的平均比例是32%。在发达国家，剖宫产的人数介于总生育人口数的四分之一与三分之一之间。许多发展中国家也紧追在后，而且数字上升得很快，多米尼加共和国、伊朗、阿根廷、墨西哥和古巴30~40岁女性的剖宫产比例都很高。

但情况并不是一直都是这样的。几个世纪以来，人们都是谨慎地施行剖宫产手术，通常是为了在母亲因难产死亡时保住婴儿。20世纪，麻醉药的使用和手术技术的进步，不只拯救了婴儿，也拯救了他们的母亲。难产时，婴儿可能会因缺氧而死，母亲则可能会大出血。剖宫产提供了一个更安全的替代方案，大大降低了女性生产的风险。如同抗生素的使用，剖宫产从20世纪40年代末开始越来越普及；到了70年代，剖宫产人数突然急剧增加，并从此一路上升。现在，剖宫产手术已经成了最常见的腹腔手术。

许多大众媒体逮到机会就提起"妈妈战争"，企图让人相信剖宫产人数增加是因为越来越多的女性"追求优雅而不愿用力生产"，所以选择快速、方便又无痛的方式代替数小时的自然分娩。尽管在分娩前选择剖宫产的女性比例在增加，但有很大一部分剖宫产是在分娩过程中由助产士及产科医生建议的。鉴于美国人热衷责怪、诉讼的社会文化，遇到难产或可能的棘手状况时，私营医疗机构的医护人员往往不愿意承担风险。但即使是在国家运作的医疗服务体系，如英国国民医疗保健制度中，医生也越来越愿意在产妇遇到生产困难时转而进行剖宫产。这里说的生产困难指的是耗时太久、胎儿太大可能会卡住或是胎位异常。

对许多女性来说，当医院在分娩过程中提出剖宫产的建议，刚好可以让她们从内疚感中解脱。剖宫产为她们远离疼痛、精疲力竭，以及对自然分娩的恐惧提供了一个大好机会。这个相对于自然分娩的替代方案削弱了女性的意志，让她们觉得用力生孩子太困难或太危险了。事实上情况刚好相反，对母体来说，剖宫产的风险远超过自然分娩。在法国，大约每10万人中有4名原本健康的女性死于自然分娩，而在剖宫产后死亡的女性有13人左右。即使在生命无虞的情况下，剖宫产也比自然分娩要危险，它可能会造成感染、大出血及麻醉产生的问题。所有腹腔手术需要承担的风险，剖宫产一项都少不了。

从医学角度讲，在必要情况下，剖宫产是自然分娩的重要替代方案——因为有些女性别无选择，必须剖宫产。世界卫生组织评估，最理想的剖宫产比例应该是占总生育人口的10%~15%，在这个范围内，既能保证产妇和孩子的安全，又不会产生任何不必要的手术风险。医生也知道应该将剖宫产的比例控制在这个范围内，但执行起来并不简单。对于产前就选择剖宫产的女性，通常不会有医护人员向她详细解释这样做的风险，甚至还会获得私人看护的鼓励。

照目前情况来看，剖宫产给婴儿带来的主要风险，通常发生在刚出生的几天或几周内。英国国民医疗保健对剖宫产的风险有如下说明：

> 有时，医生在划开子宫时会割伤婴儿的皮肤，每100名剖宫产的婴儿中就有2人受伤，但这种伤口痊愈后通常不会造成其他影响。剖宫产的婴儿最常见的问题是呼吸困难，但造成这个问题最主要的原因是早产；39周后剖宫产的婴儿，出现呼吸困难的风险会大幅下降，达到与自然分娩接近的水平。在出生之后及刚出生的几天内，婴儿的呼吸速度会异常加快，大部分的新生儿会在2~3天内恢复正常。

然而，很少有人提及剖宫产对婴儿的长期影响。剖宫产曾经被认为是一种无害的替代方案，现在却渐渐被认为可能会危害母亲及婴儿的健康，例如剖宫产的婴儿更易受到感染。感染耐甲氧西林金黄色葡萄球菌的新生儿，超过80%都是剖宫产出生的。到了学步期，剖宫产出生的儿童更容易罹患过敏症。如果妈妈本身患有过敏症，宝宝也有可能是过敏体质，但剖宫产宝宝的过敏概率仍旧是自然分娩的7倍。

剖宫产的婴儿被确诊患有孤独症的比例也很高。美国疾病控制与预防中心的研究员估计，如果所有婴儿都是自然分娩，儿童患孤独症的比例能减少8%。同样地，剖宫产出生的人患强迫症的概率是一般人的2倍。某些自身免疫性疾病也与剖宫产有关，例如剖宫产的儿童患1型糖尿病和麦胶性肠病的概率较高。甚至肥胖症也与剖宫产有关。某项对巴西年轻人的研究显示，剖宫产出生的人中有15%患有肥胖症，自然分娩的则是10%。

你或许已经注意到，上述疾病皆为"21世纪文明病"。虽然每种疾病的发生都受多重因素影响，包括大范围的环境风险及基因组的组成，然而剖宫产与"21世纪文明病"之间的交集实在过于惊人。在婴儿出生几个月后检查他们肠道中的微生物，就能得知这个孩子是剖宫产还是自然分娩的。新生儿经过母亲的阴道时，阴道中的微生物区系会附着在新生儿的身上；剖宫产的婴儿则不会得到这些微生物，而是出生后再从周遭环境中接触微生物。婴儿小小的身子被戴着手套的手从母亲的肚子里拉出来，交到焦急的父母手中，接着立刻被用毛巾擦拭身体并接受检查。在无菌的手术过程中，婴儿仍可能接触到医院中最顽强的细菌，例如链球菌、假单胞菌和艰难梭状芽孢杆菌，还有母亲、父亲及医护人员皮肤上的细菌。这些细菌将成为剖宫产婴儿肠道微生物区系的基础。

自然分娩的婴儿，肠道中的微生物区系与母亲阴道中的微生物区系吻合。但当我们检查剖宫产婴儿和他们母亲的微生物时，则会发现不一致。自然分娩的婴儿拥有可以消化乳糖的乳杆菌属、普雷沃氏菌属及其他类似的细菌;剖宫产婴儿的细菌则由葡萄球菌属、棒状杆菌属及丙酸杆菌属取代,它们是皮肤上最常见的细菌,全都无法消化乳糖,而是喜欢皮脂和黏液。这就好像原本的橡树林被松树林给取代了。

通过越来越多的研究,人们越来越了解剖宫产对肠道微生物区系差异和人体健康带来的影响,这些研究让三者之间的关系从令人关切的问题变成了确定的结果。不论这背后的原理是什么,仅凭目前的研究就足以让微生物区系科学家罗布·奈特(Rob Knight)采取行动。他在美国科罗拉多大学参与了一些婴儿肠道微生物区系发展的相关研究,当他的妻子在2012年紧急剖宫产下了他们的女儿时,奈特试图减少剖宫产的负面结果,所以他在医护人员离开房间后,用医疗棉棒将妻子阴道中的微生物转移到了女儿身上。

这个颠覆性的举动可能无法获得病房医护人员的支持,但却拥有巨大潜力。罗布·奈特和纽约大学的另一位医学院教授玛丽亚·格洛丽亚·多明格斯–贝罗(Maria Gloria Dominguez-Bello),正在进行一项大型临床实验,想了解将女性阴道的微生物转移到新生儿身上,是否能改善剖宫产造成的短期和长期影响。实验的方法非常简单:研究人员在产妇进手术室前一小时,将一小块医用纱布放在产妇的阴道中,手术开始前将纱布取出并放在无菌培养皿中。等婴儿出生后,用这块纱布擦拭婴儿——首先擦拭嘴巴,接着是整张脸,然后是身体其他部位。

这个方法简单又有效。波多黎各医院17名参与实验的剖宫产婴儿的初步检查结果显示，他们的肠道微生物区系，比没有经过擦拭的剖宫产婴儿更接近母亲阴道及肛门的微生物区系。尽管擦拭无法完全使这些婴儿的微生物区系常态化，但还是能让他们与自然分娩的婴儿拥有更相近的细菌种类。

自然分娩及剖宫产对微生物的影响，带来了一些我们尚无法回答的有趣问题。例如，水中分娩法对婴儿的第一个接种体会有什么影响？掺杂着浴缸表面抗菌清洁剂的温水，对阴道微生物区系和转移到婴儿皮肤与嘴里的微生物会有什么影响？有一种不破羊水的分娩方式，新生儿出生时仍被羊膜包覆，完全没有接触到母亲阴道中的微生物，这对婴儿又会有什么影响？对微生物来说，在家生产与在环境可能更干净的医院生产，有什么差别呢？

在西方国家，即使自然分娩也是在相对无菌的空间中进行。在非洲、亚洲和南美洲的某些地区，女性通常在家中分娩；相较之下，欧洲、北美洲及澳大利亚的自然分娩大多是在医院用无菌方法处理的。与产妇和婴儿接触前，病床、工具和医护人员的手都经过抗菌皂和酒精消毒液的清洗。在美国，大约有一半的女性会通过输液接受抗生素，以避免将有害的细菌传给她们的宝宝，如B链球菌群（Group B strep）。而所有婴儿在出生后，都会被立即注射一剂抗生素，以免被可能患有淋病的母亲感染——虽然很罕见，但淋病会造成眼睛感染。伊格纳茨·塞麦尔维斯（见第1章）如果看到他的抗菌措施被如此广泛且有效地应用，一定会很开心。毫无疑问地，成千上万的母亲和婴儿因为抗菌措施而存活下来。但这不符合人类基因组和微生物区系的预期，正是因为这个差异和它造成的后果，我们更应该进入改善女性及婴儿医疗护理的下个阶段。

这个议题不该只有女性独自面对或为此感到内疚。不是只有那些选择剖宫产的女性应该改变，而是整个妇产医疗文化必须改变。全球已有不少人开始倡导放弃剖宫产、选择自然分娩，其重点多放在剖宫产为母亲带来的风险或是节省珍贵的医疗手术资源。除了这些顾虑，我们更应深入了解剖宫产对新生儿健康带来的益处及坏处，不论是短期还是长期的。

新生儿出生之后，他们从母亲身上获得的微生物会逐渐消失，但这些微生物在婴儿体内种下的"种子"还有很长一段路要走。在接下来的几天、几星期至几个月内，我们如何照料这些"种子"，将会影响体内微生物未来的发展。

1983年，詹妮·布兰德－米勒（Jennie Brand-Miller）教授成为母亲。几天后，她被迫开始研究婴儿百日哭（婴儿肠绞痛），因为她的宝贝儿子不停哭闹，尽管他在各方面都很健康。布兰德－米勒和丈夫都有做过关于乳糖耐受性（有些人无法产生分解牛奶中糖分的乳糖酶）的研究，他们想知道这是不是造成儿子肠绞痛的原因。布兰德－米勒的丈夫选择这个主题作为他的博士研究，并安排了一次安慰剂对照实验，向肠绞痛的婴儿提供乳糖酶滴剂。不幸的是，接受乳糖酶和安慰剂的两组婴儿，哭闹的时间并没有差别。但他发现有肠绞痛与没有肠绞痛的婴儿呼吸中氢的含量不同，于是他们换了一个思考方向。

呼吸中出现过量的氢，说明肠道中的细菌在分解食物。大部分的乳糖在进入大肠之前，应该被酶分解成更小的葡萄糖和半乳糖。如果细菌制造出氢，它们一定是吃了一顿大餐，这表示小肠内有许多尚未被分解的分子。布兰德－米勒知道有一种叫作"低聚糖"（oligosaccharide，前缀oligo是"少"的意思）的化合物，它是母乳的主要成分之一，但人体并没有可以分解它的酶。夫妻俩有一个预感：或许低聚糖并不是用来向宝宝提供养分的，而是用来喂食宝宝肠道里的细菌的。

低聚糖是由单糖分子聚合而成的碳水化合物。人类母乳中含有大量不同种类的低聚糖，大约有130种，远比其他动物乳汁中的种类多，例如牛奶中就只有几个种类的低聚糖。成人一般不会吃含有这种分子的食物，但它却被怀孕及哺乳期的女性乳房组织制造出来。这个线索说明了低聚糖的重要性——如果它没有功用，为什么会被特别制造出来呢？

为了证实自己的理论，布兰德－米勒夫妇做了另外一个实验。他们在一组婴儿的饮用水中加入葡萄糖，对照组则加入纯低聚糖，然后测量婴儿呼吸中的氢含量。摄取葡萄糖没有造成氢含量增加，表示它们在小肠就被吸收了，没有留到大肠才被细菌分解。但是低聚糖却使氢含量升高，很可能是这些化合物直接经过小肠去喂养肠道微生物区系，而不是喂养婴儿了。

现在我们知道，低聚糖会帮助婴儿肠道中的微生物"幼苗"生长。以母乳哺育的婴儿，体内会出现相当数量的乳酸杆菌和双歧杆菌。双歧杆菌会制造分解低聚糖的酶，这是它们唯一的食物

人体里的"动物园"：与占据身体90%的微生物共存

来源。虽然低聚糖对人体没有什么用处，但分解低聚糖却会产生对人体十分重要的各种短链脂肪酸——丙酸盐、醋酸盐、丁酸盐，以及对婴儿特别重要的乳酸盐，它们是大肠细胞的食物，在婴儿的免疫系统发展中发挥重要作用。简而言之，成人需要植物的膳食纤维，婴儿则需要母乳中的低聚糖。

人类母乳中的低聚糖的功能并不只是作为细菌的食物来源。在婴儿刚出生的几周内，其肠道中的微生物区系非常简单且不稳定。不同的细菌通过肠道时，可能会迅速生长并摧毁原有的微生物群落。这时若是病原体入侵，例如肺炎链球菌（*Streptococcus pneumoniae*），可能会杀死大量的有益菌。在造成任何破坏之前，病原体必须先附着在肠壁的特殊连接点上。母乳包含的约130种低聚糖中，有些专门对付特殊的病原体，如果把连接点看作锁，低聚糖就像钥匙一样紧紧卡在连接点中间，使这些有害的细菌无法立足。

当婴儿慢慢长大，母乳的成分也会跟着改变，以满足婴儿成长所需。最初的母乳称作"初乳"，富含免疫细胞、抗体，且每升的乳汁中含有相当于4茶匙的低聚糖。随着时间推移，婴儿体内的微生物区系逐渐稳定，母乳中的低聚糖含量也会慢慢减少。婴儿出生4个月后，母乳中的低聚糖含量会下降至每升少于3茶匙；满1岁时，低聚糖含量则会降至少于1茶匙。

我们可以再次利用树袋熊和其他有袋类动物的例子，来说明乳汁中低聚糖的重要性。大部分有袋类动物的育儿袋里都有两个乳头，但只有其中一个会被幼崽使用。若有两只幼崽在两个连续的季节出生，它们就会各自使用一个乳头。显然这两个乳头提供的乳汁，是为不同年纪的幼崽量身定制的。新生幼崽得到的乳汁有高含量的低聚糖及低含量的乳糖，而年龄较大的幼崽则会得到低聚糖少但乳糖多的乳汁。一旦幼崽离开育儿袋，乳汁的低聚糖含量就会越来越少。

量身定制的乳汁，不是因为母亲无法维持低聚糖的产量，而是为了提供更适合的营养，以适应幼崽体内微生物区系的改变。因为微生物会为哺乳动物带来益处，所以自然选择也会选择对微生物有益的乳汁。

低聚糖并不是母乳中唯一让人惊讶的成分。有时，婴儿早产或是病得很重时无法吃奶，等到情况好转后，母亲已经没有乳汁可以供应了。几十年来，许多善良的哺乳期母亲将她们的母乳捐赠给医院的母乳库，为那些无法用母乳哺育婴儿的母亲提供了一条出路。但是母乳库一直有个问题：捐赠的母乳通常已被细菌污染。这些微生物多来自乳头和乳房皮肤，不论捐赠者在收集母乳前如何严格地为皮肤消毒，母乳中的微生物依然存在。

日益精进的无菌母乳处理技巧，结合DNA测序技术，揭露了这个所谓污染背后的原因。细菌"属于"母乳，它们并不是从乳头或婴儿嘴巴来的，而是一直被包裹在乳房组织中。但它们是从哪里来的？其中很多细菌不是从乳房皮肤悄悄溜进乳腺管的典型皮肤细菌，而是更常出现在阴道和肠道中的乳酸菌。确实，若检查母亲的粪便，会发现肠道中的细菌和母乳中的某些细菌是一致的，这些细菌通过某种方法从大肠来到了乳房。

我们可以从血液中的某种细胞看出乳酸菌移动的路径，它们躲在称作"树突细胞"的免疫细胞中。树突细胞是细菌的运送者，它们存在于肠道周围密集的免疫组织中，会将触手（树突）伸进肠道内，检查里面有哪些微生物。通常它们负责吞噬病原体，然后等待另外一组免疫细胞——自然杀伤细胞——来摧毁它们。奇特的是，树突细胞也会将有益菌拉出肠道、将其吞噬，然后顺着血液把它们送到乳房。

我们可以从一项小鼠研究的数据中看到类似的系统运作。在一群未怀孕的小鼠中，只有10%的小鼠淋巴结内有细菌；怀孕小鼠的这一数据则有70%。生下幼鼠后，小鼠淋巴结内的细菌数量会大幅下降，同时乳房组织中的细菌数量会升高80%。对小鼠和人类来说，免疫系统不仅将有害的细菌赶出身体，还会将有益菌送往正确的地方，将它们传递给新生儿。这是一个伟大的策略：细菌可以得到一个空间大、竞争者少的新家，婴儿在出生时也可以得到实用的细菌补给。

如同母乳中的低聚糖含量会随着婴儿成长而调整，母乳中的微生物组合也应如此。婴儿出生第一天需要的细菌种类，也和1个月、2个月或6个月大时有所不同。母亲在刚生产完的几天内所分泌的初乳含有数百种细菌，例如乳杆菌、链球菌、肠球菌（*Enterococcus*）和葡萄球菌，每毫升母乳中含有高达1000个细菌个体，这表示婴儿每天会从母乳中吃进约80万个细菌。随着时间推移，母乳中的微生物会越来越少，而且会转换成不同的种类。许多存在于成人口中的微生物种类，会出现在产后几个月的母乳中，或许这是为婴儿开始吃固体食物做准备。

令人好奇的是，婴儿出生的方式竟对母乳中的微生物种类有极大的影响。剖宫产和自然分娩的女性，初乳中的微生物组合有显著不同，这个差异会持续到婴儿6个月大的时候。对于那些在自然分娩过程中紧急剖宫产的女性，母乳内的微生物区系和自然分娩的母乳非常相似。分娩的过程就像高音警报器，通知免疫系统宝宝即将离开母体，准备停止从胎盘供应营养，转而从母乳供应。这个"警报"似乎来自分娩过程中产生的强效激素，它们促使微生物从肠道移动到乳房中，以迎接即将出生的婴儿。由此看来，剖宫产造成了双重变化：不仅改变了婴儿的微生物接种体，让他们直接接受环境中的微生物；还改变了他们接下来从母乳中得到的微生物。

低聚糖、活菌和母乳中的其他化合物，是婴儿和他们体内微生物区系的理想食物。母乳帮助有益微生物安顿下来，并引导婴儿体内的微生物区系转变成类似成人体内的菌群。母乳还能阻止有害细菌聚集，并教导婴儿天真的免疫系统什么是需要担心的，什么是值得保护的。

那么，那些吃配方奶粉的婴儿呢？配方奶会如何影响婴儿微生物区系的发展？婴儿的喂养方式就像流行的裙子长度一样反复无常。在奶粉与奶瓶的选项出现之前，就有一个替代母亲亲自哺乳的方式。在20世纪之前，雇用奶妈非常普遍，随着社会阶级和趋势的转变，到了20世纪变成了以奶瓶喂养孩子。从前有一段时间，贵族女性亲自哺育婴儿被视为不得体的行为，然而到了工业革命时期，变成职业女性请奶妈来照顾婴儿，社会精英则开始自行哺育孩子。

到了19世纪末和20世纪初，奶瓶日渐普及，奶妈便渐渐失业了。易于消毒的玻璃瓶、可清洗的橡胶奶嘴，以及调配好的婴儿配方奶粉，让奶瓶喂养从不得已的需求变成一个主动选择的替代方案。亲自哺乳的人数直线下滑。1913年，70%的女性以母乳哺育新生儿，但这个数值在1928年降到了50%，在第二次世界大战结束后，数值又降到25%。1972年，母乳哺育率创下新低，只有22%。千百万年来，哺乳动物分泌乳汁、喂养新生儿的哺乳方式，在一个世纪内近乎被舍弃。

如果母乳中的低聚糖和活菌是负责为婴儿肠道微生物区系提供养分的，并且会随着婴儿的成长改变成分，那么以奶粉哺乳会给微生物区系带来什么影响呢？奶瓶中的奶仍旧是"母乳"，但是来自乳牛的乳房，而不是人类。在过去的1万年间（尽管中间有人类的干预），牛奶演化成小牛及其体内微生物的理想营养食品。然而小牛与人类儿童的肠道微生物区系天差地别。小牛的肠道微生物区系可以从反刍过的青草中获得养分并繁衍兴盛，消化过的肉类与植物残渣对它们来说则是一点儿用也没有。作为新生儿的食品，牛奶并没有想象中那么好，反而有许多缺点，通常会使婴儿缺乏维生素及矿物质，而这可能引起坏血病、佝偻病和贫血。现在给婴儿喝的配方奶粉额外添加了许多重要的营养成分，却不包含免疫细胞、抗体、低聚糖和活菌。

以配方奶粉哺育婴儿，与母乳喂养最明显的差别在于肠道微生物区系的多样性——某种细菌的数量变多了，菌种的多样性就会降低。非母乳哺育的婴儿，肠道中的细菌多了大约50%，其中有特别多的消化链球菌科（*Peptostreptococcaceae*）细菌，而这科细菌中就包含病原体艰难梭状芽孢杆菌。如果艰难梭状芽孢杆菌占据主导，可能会引起严重腹泻，对儿童造成恐怖的致命威胁。以母乳哺育的婴儿，有20%的人体内会有艰难梭状芽孢杆菌；而吃配方奶粉的婴儿，有多达80%的人有这种细菌。这些孩子很有可能是在医院的产房中出生的——新生儿在医院待的时间越久，就越有可能受到这种病原体的感染。

对成人来说，拥有丰富多样的微生物似乎是身体健康的指标，对宝宝来说则相反。培育精选过的菌群，加上从阴道获得的乳酸菌和从母乳中获得的低聚糖，似乎可以保护婴儿免受感染，并且让他们脆弱的免疫系统做好准备。即使同时以母乳与奶粉喂养，还是会增加包括艰难梭状芽孢杆菌在内的不必要的微生物种类，形成一个介于仅以母乳喂养和仅以奶粉喂养之间的菌群组成。

但宝宝肚子里细菌的种类多一些，真的会造成什么影响吗？鼓励不同的细菌生长真的会造成伤害吗？人们常说"母乳是最好的"，但很少有人真正了解母乳对儿童健康有什么影响。该观点认为配方奶粉很棒，喝母乳则可以得到额外的好处。让我们来对比一些关于母乳喂养和奶粉喂养的数据。

首先，以奶粉喂养的婴儿更容易被感染。与母乳喂养的婴儿相比，奶粉喂养的婴儿耳朵感染的概率是2倍、因呼吸道感染而住院的概率是4倍、肠胃感染的概率是3倍、患可能会导致肠道组织坏死的坏死性小肠结肠炎的概率是2.5倍。奶粉喂养的婴儿死于婴儿猝死综合征的概率也比母乳喂养的婴儿高2倍。在美国，不是母乳喂养的婴儿，在1岁前的死亡率比母乳喂养的高出30%，当然，这个数字也涉及其他因素，例如女性在怀孕期间吸烟、生活水平及教育的影响，同时不包括那些因为生病无法接受母乳喂养的婴儿。婴儿死亡率在发达国家非常低，所以额外的风险就从母乳喂养的2.1‰的婴儿死亡率，转向了奶粉喂养的2.7‰的婴儿死亡率。虽然这并非父母最大的担忧，但是美国每年有超过400万婴儿出生，也就是说，每年有720个婴儿不应该夭折。

奶粉喂养的婴儿患湿疹及哮喘的概率接近母乳喂养婴儿的2倍，患儿童白血病（一种免疫系统的癌症）的风险更高。1型糖尿病、阑尾炎、扁桃腺炎、多发性硬化症和类风湿关节炎的患病概率都高出许多。其实这些风险都不至于大到让家长担心，但我再重申一次，每年都有几百万婴儿出生，鉴于如此大的基数，奶粉喂养对婴儿死亡率的影响仍旧值得我们关心。

或许大家最关心的是，以配方奶喂养宝宝会让他们超重——概率可能高出2倍。当科学家想确认某个效应真的是因果关系，而不是巧合谬误[1]，他们会寻找"剂量依赖性"。如果一项因素（假设是酒精的消耗量）真的会造成某种影响（假设会让反应时间变长），至少在某种程度上，我们会预期反应时间拉长，以呼应高剂量（额外剂量）的酒精。剂量越多，反应时间就越长。

同样的关系也可以从母乳喂养和患肥胖症的风险之间看出来。一项研究发现，若在婴儿9个月大之后继续喝母乳，多喝一

---

[1] 以个别情况肯定某种因果关系。

个月可以让儿童超重的平均风险下降4%，多喝两个月可以让风险下降8%，多喝3个月下降12%，以此类推。又经过9个月之后，母乳喂养的儿童超重的可能性，比奶粉喂养的儿童少了30%。仅以母乳喂养，不使用任何配方奶粉的效果似乎更好，每多喝一个月母乳就能降低6%的超重风险。奶粉喂养对于超重或肥胖的影响不只限于幼儿时期，幼儿时期吃奶粉的大龄儿童和成年人也更容易超重。肥胖症患者通常也会伴有2型糖尿病，以奶粉喂养的婴儿也不例外，且成年后患糖尿病的风险高出60%。和剖宫产一样，缺少母乳喂养造成的许多风险，都和"21世纪文明病"有关联。

对于在1946年~1965年的生育高峰期出生的人来说，就是生在了奶粉喂养的时代，这些事实和数字都是明确的。到了70年代中期，母乳喂养再次流行起来，特别是在富裕及受教育水平较高的家庭。这可能是奶粉公司正忙于占领发展中国家市场带来的影响。在某些国家，配方奶粉喂养的婴儿死亡率高出25倍，大多是因为奶瓶不易消毒或水源容易被病原体污染导致的。随着北美洲和欧洲的女性开始抱怨奶粉公司，母乳喂养的比例也开始激增，在10年内就有将近之前3倍的女性改以母乳喂养新生儿。

但是X世代和千禧年世代还没从奶瓶带来的风险中解脱。在过去20年内，母乳喂养的比例在发达国家持续上升，从1995年的65%上升到近年的80%，然而人数仍与官方建议的数值相差甚远。仍有20%~25%的婴儿从来没喝过母乳，另外25%的婴儿在8周大时就改喝配方奶，母乳喂养率的上升没有带来太大安慰。尽管部分婴儿刚出生时是以母乳喂养，但其中一半的婴儿在一周内就开始饮用配方奶。在美国，只有13%的母亲采纳世界卫生组织的建议，在6个月的母乳喂养后继续喂孩子喝母乳，同时补充适合的食物直到2岁或2岁后。在英国，只有不到1%的母亲在孩子6个月以内完全以母乳喂养。

当然，母乳喂养并不容易，特别是在产后的前几周。对某些母亲来说，或许是因为宝宝生病，或是乳汁分泌的问题，她们除了奶粉没有别的选择。而对另外一些母亲来说，经济压力和缺乏支持使她们必须做出这样的决定。从社会整体情况来看，我们或许忽略了用什么喂养宝宝才是"正常的"。在未工业化的传统社会中，母乳喂养的时间会更长，幼童在2~4岁才断奶是很常见的，而且是通常到下一个宝宝出生才断奶。

"母乳是最好的"（意味着配方奶粉"也很好"）这种偏颇的西方观点甚至延伸到了科学方面。许多研究提出了"母乳喂养有何益处"这样的问题，而不是"以奶瓶喂食配方牛奶会有什么风险"。就统计学来说，这两个问题都代表同一件事：如何比较母乳喂养与配方奶喂养？而美国北卡罗来纳大学的母胎医学助理教授艾莉森·施蒂贝（Alison Stuebe）指出，第一个问题暗示母乳对婴儿来说是一种额外的好处，就像是在健康饮食之余补充多种维生素。第二个问题暗示奶粉喂养婴儿是一种高风险的行为，脱离了正常的程序。母乳喂养并不是"最高原则"，而是一般标准，对于仍举棋不定的女性来说，其中的差异足以让她们做出完全不同的选择。

表达上的微妙差异，对人们关于母乳及配方奶粉的争论产生了实际的影响。2003年美国的一项调查显示，有75%的人不认同

"配方奶粉和母乳一样好"，但却只有25%的人认同"以配方奶粉代替母乳会提高婴儿生病的概率"。人们对母乳益处的认知，以及没有母乳喂养所产生的后果，两者之间似乎有一个断层。在一场目标对象是对母乳喂养非常矛盾的女性的活动中，相比获得"母乳益处"相关信息的人，获得"非母乳喂养风险"信息的人会更愿意选择母乳喂养。

女性有权利选择如何喂养自己的宝宝，但如果无法获知并比较两种喂养方式带来的影响，谁都不该轻易做出决定。除了支持女性母乳喂养、让信息更透明化、为女性和医疗从业者提供适当信息外，婴儿也能从配方奶粉的质量改善中受益。就目前来说，很少有配方奶粉中含有低聚糖或活菌。因为要取得约130种不同类型的低聚糖，还要包含对婴儿最有益的健康菌株，已经超出我们的能力范围。而且在尝试这么做之前，我们要知道后果可能弊大于利。

幼儿在3岁之前，肠道微生物区系非常不稳定。菌群来来去去，为了争夺"土地"而开战。新的菌株入侵，旧的菌株撤退。在第一年前后，占领肠道的双歧杆菌数量会缓慢、稳定地下降。最大的改变会发生在9~18个月之间，差不多与幼儿开始吃固体食物、为身体引进新菌种的时间相符。在一项实验中，婴儿吃豆类和其他蔬菜，会让原本由放线菌门（*Actinobacteria*）及变形菌门（*Proteobacteria*）细菌主导的肠道微生物区系，转变为厚壁菌门和拟杆菌门细菌的组合。这个巨大的转变是宝宝发育的重要里程碑。

在18个月到3岁之间，幼儿肠道内的微生物区系会和成人肠

道越来越相似，稳定性与多样性也会逐月增加。满3岁时，由早期母乳喂养或奶粉喂养造成的肠道微生物区系差异，此刻已被其他人或地方传来的新菌株淹没。随着新微生物区系逐渐适应新食物和新环境，曾经数量充沛的乳酸菌会变得越来越少。

随着儿童成长，他们肠道内的微生物组成与母亲阴道中微生物区系的差距会越来越大，反而与母亲肠道内的微生物区系越来越相似。有其母必有其子：如果母亲有一座橡树林，孩子也会一样。这一部分是因为他们住在同一栋房子里、周围的微生物相同、吃一样的食物，当然也与他们分享的基因有关。在某种程度上，你的基因组可以控制你所拥有的细菌种类，编写免疫系统的基因也会影响在人体内生存的细菌种类。母亲和孩子分享了将近一半的基因，获得一组和谐兼容的微生物对孩子来说只有好处。毕竟在刚出生的几分钟内，婴儿的免疫系统必须处理大量入侵的细菌，这是免疫系统以后再也不会遇到的状况。事实上，免疫系统之所以可以对抗如此严重的感染，是因为基因已经预先发出警告。在宝宝进入母亲阴道这个充满微生物的世界时，已经有了关于谁是朋友、谁是敌人的情报，这大大有助于应付细菌的猛烈攻击。

微生物组的美妙之处，在于人类基因组永远赶不上的适应能力。随着年龄增长，你的激素有盛有衰，你尝试新食物、拜访新的地方，你的微生物会好好利用你所处的环境。营养不良？没问题，你的微生物会帮你合成缺少的维生素。吃了烧焦的肉？别担心，你的微生物会替你将吃下肚的焦黑物质解毒。激素改变？没关系，你的微生物很快就会适应。

比起青少年时期，成人更需要不同分量的维生素和矿物质。举例来说，婴儿需要大量的叶酸，但是他们无法吃含有叶酸的食物，所以他们体内的微生物拥有可以从母乳中合成叶酸的基因。成人不需要这么多的叶酸，而且通常能从日常饮食中摄取，所以在他们的微生物中，取而代之的是可以分解叶酸的基因。

维生素B_{12}则相反，年龄越大，需求越大。随着年龄增长，你的微生物组会增加可从食物中合成维生素B_{12}的基因数量。你的微生物并不是因为好心才这么做，而是因为它们也需要这些维生素。其他与合成或分解食物分子相关的基因，也会随着年龄改变，善加利用饮食以应付身体的变化。

和你住在一起的人也会对你的微生物有很大的影响。当你在家里时，会留下存在的痕迹，例如指纹、脚印、散布在皮肤细胞和头发上的DNA。与此同时，你也会留下微生物的标记。在一项研究中，研究人员检测了7个美国家庭的成员和家庭中的微生物，发现只要比对居住者手上、脚上、鼻子上的细菌，以及地面上、东西表面、门把手上的微生物，很容易就能辨别出哪个家庭住在哪栋房子。毫无意外地，厨房和卧室地板上的微生物区系与居住者脚上的相符，而厨房桌面和门把手上的微生物区系与居住者手上的一致。

　　在研究中，其中3组家庭搬离了原本居住的房子。几天之内，新家就被他们身上的细菌占据，替代了那些先前占据此处的细菌。家庭成员对家中微生物区系的影响非常巨大，以至于人们若是离家几天，他们的微生物痕迹也会随之减弱。一个人的微生物痕迹有可能制造出一个可信度非常高的事件时间轴，甚至可以应用在法医调查中。DNA鉴识技术彻底改变了犯罪现场的调查方法，而你的微生物组比你的人类基因组拥有更高的鉴别度，想象一下，它们会揭露什么秘密呢？

　　同一个家庭的成员会有非常相似的微生物区系，父母会将同样的菌株分享给孩子。若是和朋友一起住，甚至和陌生人同住，你们分享的都将不只是牛奶。7个研究对象中有一户不是家庭，而是3个在基因上毫无关系的人。他们共同分享空间，使彼此的微生物区系融合，3个人有许多相同的微生物，特别是手上的微生物。3人中有两人是情侣，他们彼此分享的微生物比第3名住户分享的更多。

对女性来说，每个月的激素变化会对身体的微生物组成带来极大的影响。生理期会让阴道中的微生物种类突然改变，数量会随着月经周期增加和减少，简直是完美同步。然而对某些人来说，阴道微生物组成的改变完全是随机的，看起来和月经周期没有关联。对另外一些人来说，她们阴道的微生物区系几乎不会改变，完全没有被月经周期或排卵影响。有趣的是，当女性体内的菌群随着月经周期改变，那些菌株和菌种的活力也会随之起伏。若乳杆菌属中一个制造乳酸的主导菌株突然消失，另一种同样制造乳酸的友善菌株（如链球菌）就会跑出来代替它。所以尽管细菌种类改变了，该完成的工作还是会被完成的。

我在前文提过，女性怀孕时，阴道内的微生物区系组成会发生改变，肠道内的微生物区系也会改变。孕妇的体重通常会增加10~15千克，粗略计算，其中包括3千克的胎儿，4千克的胎盘、羊水和额外的血液，剩余的3~8千克是脂肪。孕妇生产前最后3个月的新陈代谢指标，与肥胖症患者的新陈代谢指标非常相似。肥胖症和怀孕都有可能产生过量的体脂、高胆固醇、高血糖指数、胰岛素抵抗和发炎。

从肥胖症的角度来看，这些都是健康问题的警告，然而在怀孕的情况下，这些指标代表了不同的意义。女性新陈代谢（处理和储存能量的能力）的改变，对于怀孕来说非常重要。尽管没有真的吃下两人份的食物，但孕妇额外增加的脂肪组织会为成长中的胎儿提供一个安全保障，即确保母亲有足够的能量支撑胎儿长

　　　　　人体里的"动物园"：与占据身体 90% 的微生物共存

大。这也代表宝宝出生后，母亲拥有足够的能量来生产母乳。

在知道瘦人和肥胖的人有不同微生物区系之后，美国康奈尔大学的露丝·利想要了解导致肥胖症的微生物改变是否也导致了怀孕期间新陈代谢的改变。她的团队调查了91名孕妇的肠道微生物，到了怀孕28周以后，这些女性体内的微生物区系和怀孕初期时明显不同——微生物多样性大大降低，并且变形菌门和放线菌门细菌的数量大大增加。这个改变使人联想到小鼠和人类身上的发炎反应。

正如我在第2章提过的，相比移植瘦人的微生物区系，将肥胖者身上的微生物区系转移到无菌小鼠身上，更能使它们迅速增加体脂肪。这表明微生物才是造成体重增加的原因，而不仅是肥胖带来的结果。露丝用怀孕28周以上的孕妇的微生物区系做了同样的实验，想知道她们身上的微生物区系是使新陈代谢改变的原因还是结果。比起被植入怀孕12周以内的孕妇肠道微生物的小鼠，被植入怀孕28周以上孕妇肠道微生物的无菌小鼠体重增加得更多、血液中的葡萄糖指数更高，并且引发了更多的发炎症状。这些改变可以帮助收集并转换能量，提供给成长中的胎儿。

宝宝出生之后，母亲的肠道微生物区系需要一些时间恢复正常——它们确实会恢复原状。至今我们还不清楚孕期的微生物会在肠道内逗留多久，以及是什么原因让它们变回来的。但耐人寻味的是，哺乳（以及分娩产生的激素）可能与微生物的改变有很大的关系。哺乳对于"改变宝宝体重"的影响众所周知，很明显地，母亲会用光她在怀孕期间储存的热量。我们不知道哺乳是否也能改变孕妇体内的类似肥胖症患者的微生物，但我们已经知道，哺乳会降低女性在晚年患2型糖尿病、高胆固醇、高血压和心脏病的风险。

　　尽管受饮食、激素、出国旅游及抗生素的影响，肠道微生物区系在成人时期仍会保持在一个稳定的状态。等到年纪大了，身体的微生物群落也会随着健康状况的改变而改变。当你身上的人类细胞逐渐老去，你体内的微生物乘客也一样。当然，很少有人类细胞能够持续使用一辈子，大部分的微生物则是只存活几小时或几天。但是作为超有机体，人类体内的微生物会随着时间开始变得越来越没有效率，并且出现更多失误。免疫系统责任重大，毕竟它储存了几十年的抗体。随着年龄增加，免疫系统会变得越来越容易"激动"。在老年人体内飞奔的促炎化学信使，让人联想到了"21世纪文明病"的轻度慢性发炎症状,这被称作"炎性衰老"。这个晚年的医学特征与你的健康紧密相关。

　　当然，发炎与肠道微生物区系的组成也有紧密关系。发炎程度越严重、健康状况越糟的老年人，他的肠道微生物种类也越少。可以缓和免疫系统的菌种变少了，取而代之的是更多会激怒免疫系统的细菌。我们还不清楚是老化造成的发炎改变了微生物区系，还是老化改变了微生物区系，进而造成发炎。但因为饮食对塑造老年人的微生物群落发挥了巨大作用，所以微生物区系很有可能是老化过程中的一股重要力量。也许借由改变老年人的肠道微生物区系，可以让人活得更健康，甚至可以延长寿命。虽然现在还言之过早，但科学家却对这个可能性兴奋不已。

　　从第一次呼吸到咽下最后一口气，我们都有微生物陪伴。随着身体的成长与变化，我们体内的微生物组成也会跟着改变，并且利用它们的快速应变能力来满足我们和它们自己的需求，为我们的基因组提供延展性。如果一切顺利，母亲的微生物会是孩子得到的最棒的生日礼物。也就是说，当我们开始学习走路、讲话、照顾自己时，父母的微生物就和我们生活在一起了。作为成人，照顾包括人类细胞与微生物在内的体内细胞是我们的责任。作为母亲，女性不只传递自身的遗传基因，也传递数百种细菌的基因。生物遗传就像买彩票一样，需要依靠运气，但也是你的选择。我们对自然分娩及母乳喂养的重要性和后果的认识越深入，就越有可能为自己和孩子提供幸福与健康的生活。

第 8 章　|　**微生物修复：**
　　　　　|　**从益生菌到"粪便移植"**

　　2006年11月29日晚上，35岁的心理咨询师佩吉·卡恩·哈伊（Peggy Kan Hai）冒雨开车前往夏威夷毛伊岛与客人见面，途中与一辆速度260千米每小时的摩托车相撞。她被困在车子的残骸中，头部和嘴巴都在流血，意识恍惚。撞上她的年轻男子则在路边的摩托车残骸中当场死亡。

　　2011年，在经历了5年针对头部和腿部的修复手术后，佩吉受伤的左脚开始坏死。为了避免败血症蔓延，佩吉别无选择，只能截掉一部分脚，并且融合脚踝的骨头。手术之后的第3天，佩吉出现严重恶心及腹泻的症状。她的护士吓坏了，并在隔日立即求助于外科医生。医生告诉佩吉这只是麻醉药、抗生素和止痛药带来的副作用，当晚医生给她开了不同的药，并让她出院回家。

　　几周之后，尽管脚还是疼，但佩吉放弃了继续服药。她希望情况能因此有所改善，但事与愿违，停药后的隔天早上她开始腹泻，每天多达30次，持续了两个月之久。佩吉的体重下降了20%，头发掉光、神经抽动、视力变得模糊。她的医生坚持这是药物戒断的正常反应，并决定将其当作肠易激综合征或是胃酸倒流来治疗。佩吉拒绝接受治疗腹泻的药物，她非常确定，抑制真正的病因只会让自己病得更重。

几个月之后，佩吉被送到她做足部手术的医院看肠胃科医生。在做了结肠镜检查（以微型摄影机查看结肠内部）后，医生终于找到一个能够解释佩吉严重腹泻的原因：她感染了艰难梭状芽孢杆菌。

我在前文提过，艰难梭状芽孢杆菌是一种特别棘手的细菌，可能会造成严重的感染，甚至危及生命。这种细菌会长期潜伏在医院或是人类的健康肠道中，它们有一些聪明的小伎俩，让自己比其他细菌更有优势，医院的清洁工也拿它们没辙。在过去几十年，这种细菌演化出的新菌株比原本的菌株更具耐药性和危险性。变种菌株的出现，很可能是为了响应我们用抗生素对抗细菌的军备竞赛。目前，艰难梭状芽孢杆菌处于领先地位。

艰难梭状芽孢杆菌还有其他的诡计。它们和住在肠道中的三分之一的细菌及许多病原体有一个共同点：可以形成孢子。如同一只受到惊吓、紧紧蜷缩在盔甲中的犰狳，艰难梭状芽孢杆菌在危险的环境中，也会将自己包在厚厚的保护层内渡过危险。抗菌清洁剂、胃酸、抗生素，以及极端的温度，对这些孢子都没有太大影响。

佩吉的情况非常典型。她在做足部手术时接受了抗生素治疗，接着在医院（艰难梭状芽孢杆菌的大本营）住了数日。抗生素虽

　　　　人体里的"动物园"：与占据身体90%的微生物共存

然保护她的伤口不受感染，却也摧毁了她的肠道微生物区系，让她更容易受到艰难梭状芽孢杆菌的感染。在有益微生物还没能重新夺回它们的地盘之前，艰难梭状芽孢杆菌就如同野草般在她的肠道中恣意蔓延开了。佩吉的胃肠科医生开了一个又一个的高剂量抗生素疗程，试图赶走艰难梭状芽孢杆菌，但都失败了，结果只是让她病得更重。

当佩吉的视力与听力状况恶化，且体重下降到危及健康的程度时，她和丈夫意识到他们必须采取极端的行动来恢复她的肠道微生物，赶走艰难梭状芽孢杆菌。问题是，要怎么做？

佩吉·卡恩·哈伊面对的困境，对感染艰难梭状芽孢杆菌的患者来说并不陌生。对其他有消化系统问题及因肠道生态失衡而引发疾病的患者来说，一个重要问题就是如何抚平伤害并恢复健康的微生物群落。毫无疑问地，健康的饮食和避免滥用抗生素是维持体内微生物区系健康的基础。但如果你的微生物区系已经被摧毁了呢？如果重要的菌种已经死去，其他投机取巧的细菌已经取代了它们的位置呢？如果免疫系统分不清谁是敌人、谁是朋友呢？企图重建一度繁荣的微生物群落遗迹，可能就像在被遗弃的盆栽的干枯细枝上洒水，不会有多大助益。有时唯一的选择只有从头来过：准备新土壤，播撒新的种子。

1908 年，埃黎耶·梅奇尼科夫出版了一本书，书名显示出这位俄国生物学家异常的积极性。他曾经两度自杀未遂——第一次是服用过量的鸦片；第二次是蓄意让自己感染回归热（*relapsing fever*），试图成为科学研究的殉难者。然而他的这本《生命的延续：乐观主义的研究》（*The Prolongation of Life: Optimistic Studies*）并不是关于如何加速结束生命，而是关于延长寿命的。或许在生命接近尾声的时刻，这本书能够提振他年迈的灵魂，而这次他将不可避免地必须对抗自身的死亡。这本书出版的同一年，梅奇尼科夫对免疫系统的研究让他获得了诺贝尔奖。他和前辈希波克拉底有同样的见解，即"带来死亡的疾病都是由肠道开始的"。只不过从梅奇尼科夫相对现代和开放的角度来看，他怀疑新发现的肠道微生物是衰老的原因。若是站在 21 世纪科学方法论的高点回头阅读梅奇尼科夫的专著，会觉得既让人忧虑，又时而会引人发笑。尽管他的假设是有趣的，却没有太多证据，还存在一些伪相关的推测，像蝙蝠没有大肠、微生物很少，因此能够活得比其他小型哺乳类动物更久。他推测是大肠为微生物提供了容身之处，才让有更多微生物的哺乳类动物较早死亡。那么大肠为什么要存在？他思索："为了回答这个问题，我建立了一个理论。哺乳类动物的大肠长度增加，是为了让这些动物可以跑很长的距离，而不需要经常停下来排便。这个器官只有储存排泄物的功能。"

梅奇尼科夫并不是唯一支持肠道微生物会妨害健康的人。当时有一种关于多种疾病（包括生理和精神疾病）成因的新假设在医生与科学家之间流传，他们称之为"自体中毒"（autointoxication）。引述一位法国医生的话，自体中毒的基本观点是"结肠是毒物的储藏器及实验室"。肠道细菌被认为只会使食物残余腐坏并且制造毒素，不仅会引起腹泻及便秘，还会带来疲劳、抑郁和神经质的行为。在狂躁症及重度抑郁症的病例中，病人通常会被安排切除结肠的手术，称作"缩短"疗法。尽管死亡率高，并且严重影响生活质量，但这种激进的治疗方式却被当时的医生认为是值得一试的。

我绝无意批评这位诺贝尔奖得主对科学方法的坚持，但是至少在《生命的延续：乐观主义的研究》这本书中，梅奇尼科夫对肠道微生物学的涉猎，几乎没有合理的可重复标准、控制组与对照组的实验方法，以及对实验结果因果关系的怀疑。他提出的论点适逢路易·巴斯德开启了细菌学说的研究大道，医学家都为此兴奋不已。各种假设蓬勃发展，然而在新一代医学微生物学家突破限制、提出新想法之前，很少有人在研究病患、设计实验和建立证据上花时间或精力。

尽管如此，在20世纪初，媒体、大众和江湖骗子还是搭上了"自体中毒"这辆顺风车。除了结肠手术，还出现了许多其他针对有害菌的治疗。其中一个是结肠灌洗，也就是今日仍受人们欢迎，但没有受到医学界广泛关注的所谓医疗水疗。另一个方法是每天吃下定量的有益菌，也就是我们现在说的益生菌。

梅奇尼科夫对延长人类寿命的沉思，来自一位保加利亚学生告诉他的传言。据说在保加利亚乡村，许多农民的寿命都超过了100岁，而他们长命百岁的秘密就是每天喝上一些酸奶。发酵牛奶的酸味，来自被梅奇尼科夫称为"保加利亚杆菌"（*Bulgarian bacillus*）的细菌在分解乳糖时制造的乳酸。现在，这种菌株被分类为德式乳杆菌保加利亚亚种（*Lactobacillus delbrueckii* subspecies *bulgaricus*），人们通常称之为"保加利亚乳杆菌"（*Lactobacillus bulgaricus*）。梅奇尼科夫相信这些乳酸菌可以帮肠道"消毒"，杀死引领人类通往衰老及死亡的有害微生物。

含有保加利亚乳杆菌和其他菌株 [如嗜酸乳杆菌（*Lactobacillus bulgaricus*）]的药片及饮料，很快就出现在了商店中。宣称乳酸菌有神奇效果的广告充斥医疗杂志及报纸，其中一个品牌声称："效果令人惊叹，不仅消除了心理及生理上的抑郁，更让人充满生命力。"自体中毒的概念很快就被医生与大众所接受，在20世纪的前几十年内，益生菌工业开始兴起。

但是这种现象并没有维持太久。自体中毒的理论就像科学纸牌屋，立足于逐渐不稳定的益生菌工业上。形成屋子架构的每个假说各有优点，却只有微小的证据支持它们。就像"微生物病原体对严重精神疾病的影响"这项前途光明的新研究一样，自体中毒的理论将再次被弗洛伊德和他的追随者吹倒，并讽刺地以精神分析和恋母情结这个更有害的纸牌屋取而代之。

美国加利福尼亚州一位叫作沃尔特·阿尔瓦雷斯（Walter Alvarez）的医生是推翻自体中毒理论的关键人物，他没有追随梅奇尼科夫对微生物的看法，而是用多一点的证据来支持理论。阿尔瓦雷斯接受了精神分析的所有理论，他将颂扬自体中毒的患者视为精神病，在首次咨询后就将他们打发走。他不从医学的角度，而是根据患者的个性和外貌做出诊断。举例来说，阿尔瓦雷斯认为有偏头痛的女性，通常是那些体形娇小、苗条、胸形匀称的女性。他建议他的同行留意这样的女性，并检查她们的症状。在当时，即使是便秘这种最基本的肠胃问题，内科医生也不再认为是棘手的微生物造成的结果，反而怀疑是慢性抑郁症与迷恋肛交的后果。

确实，自体中毒的科学性不够严谨，这主要是由于当时的微生物学家缺乏实验工具。不过对江湖骗子来说，进行结肠灌洗和食用含有可疑微生物的酸奶是个好点子。直到2003年，益生菌在对抗精神疾病上的价值才再度被一个勇敢的科学团队提出来讨论，但此时他们已经拥有DNA测序的技术、科学界的同行评审系统，以及脱离弗洛伊德式思想的研究风气。

尽管益生菌一直以食物和药片的形式在超市中销售，但直到最近才又被科学界所重视。益生菌工业再次成为一个迅速发展的产业，少数品牌做到了家喻户晓的程度。许多小罐装酸奶的制造商使用了聪明的营销手法，他们并不真的保证什么，只是告诉你如果每天早上喝一两瓶含有乳杆菌的饮料，你就会思维更敏捷、更聪明、精神抖擞、减轻浮肿、更清醒、更快乐且更健康。品牌互相竞争，声称自家产品中的菌株对人体最有益；厂商申请专利，要求核准制造并销售不同的基因与菌株组合，让每种益生菌都拥有特别的力量。举例来说，鼠李糖乳杆菌（*Lactobacillus rhamnosus*）加上丙酸杆菌可以赶走大肠杆菌0157（*E. coli* 0157），乳杆菌结合烷基硝酸异山梨（dialkylisosorbide）可以帮助治疗痤疮。那么，阴道内的9种乳杆菌属细菌和两种双歧杆菌，是如何控制失去平衡的阴道酸碱度的呢？让孕妇摄取拥有非常独特的基因变异的细菌副干酪乳杆菌（*Lactobacillus paracasei*），可以预防她们的宝宝患上过敏症吗？

这些细菌都对人体非常有益，但是目前大多数国家的药品管制规定还无法让含有细菌的产品申请专利。这些过去的发酵食物和保健品，现在被像药物一样看待，这多亏了关于食物中的活菌对人类健康有益处的科学研究。当然，如果乳杆菌属细菌真的可以预防大肠杆菌感染、治疗痤疮或预防过敏，酸奶制造商一定会让他们的顾客知道的。但是真正的药品在面向大众销售之前，必须经过一系列昂贵的临床试验。至少在理论上，药品公司必须证实他们的产品是有效且安全的。吃酸奶当然是安全的，但是效用呢？益生菌真的可以让你更健康、更快乐吗？

从技术上来说，答案是肯定的，但我们必须先明白益生菌的定义。根据世界卫生组织的标准，益生菌"是活的微生物，当它们达到适当的数量，会对宿主的健康有益"。"益生菌真的有用吗"是一个多余的问题，真正的问题应该是：哪种细菌、多少的量，可以预防、治疗或治愈疾病？

我也很想用一个仅靠一小罐酸奶或是经过冷冻干燥的友善菌群就让患者奇迹般痊愈的故事来让你感到震惊。我也想告诉你某种乳杆菌可以治愈你孩子的花粉症，或者某种双歧杆菌可以帮助你减重，但是事情当然没有这么简单。

你的肠道中有100万亿（100 000 000 000 000）个微生物，这可是地球上人类数量的1500倍，它们全都挤在你的肚子里。在这100万亿个微生物中，可能有2000个不同的种类，大概是人类国家数量的10倍，其中还包含无数不同的菌株，每种都有不同的基因能力和储备武器。的确，从你的观点来看，它们大多数都很"友善"，但是从另一个角度来看，它们并不是一直都如此友善。

菌群会互相争夺生存空间，挤掉较弱的对手。它们在化学战争中捍卫自己的土地，杀死那些胆敢入侵的细菌。细菌个体会争夺养分，演化出尾巴，让自己进入更有利的区域。

现在想象一下，在这些兵家必争之地加入一小罐酸奶。再继续想象，一群在酸奶列车的牛奶与糖分中徜徉的小小旅客，在寻找一个可以落脚的地方。它们的数量或许有100亿个，看起来很多，但是仍旧比原本居住在此地的细菌数量少了4个零。任何一支军队都不会轻易进入这样的战场。就像海龟宝宝初次进入广袤的海洋，许多小海龟在从小小的卵中孵化，到成功到达海边奔向自由的路程中就会被掠食者抓走。对那些成功抵达肠道的有益菌来说，要在已经非常拥挤的环境中占据地盘，还要应付不友善的邻居，好好活下去并不是一件简单的事。

这些勇敢的旅客不仅寡不敌众，而且综合技能也处于劣势。它们都属于同种细菌的菌株，具有同样的基因、同样的功能，相较于肠道中另外2000种或更多种类的细菌，以及其所搭载的200万或更多的基因，这些新来的旅客不管是否为益生菌，能够使用的手段都非常有限。当然，益生菌最终为宿主（也就是我们人类）健康带来益处的特殊技能，与它们在旅程中遇到的障碍一样重要。

在我吃官司之前，让我告诉你这些试图拖延逗留，并且聚集到足够数量以产生影响的旅客可以向我们提供些什么。我在这里指的不仅是酸奶，而是更具医疗效用、含有活菌的药丸、药粉及液体，有时包含的活菌还不止一种。

我们先从你可能对益生菌怀有的最基本期待开始：它可以弥

补抗生素引起的最让人讨厌的副作用。微生物区系的大量毁灭，通常是抗生素治疗的意外后果：你试图消灭某一种有害菌，结果却消灭了其他无辜的细菌。大约有30%的人的肠道微生物会因为抗生素引起的腹泻流失，这被称作"抗生素相关性腹泻"。这些症状通常会在药物疗程结束后消失，除非你像佩吉做截肢手术后经历的那样，不幸地受到如艰难梭状芽孢杆菌这类细菌的感染。如果只是单纯因为失去有益菌而引起腹泻，立即补充更多有益菌应该就可以止住腹泻，或至少能改善症状。

事实也确实如此。在63个精心设计、有将近1.2万名参与者的临床试验中，研究人员发现益生菌明显地降低了患者出现抗生素相关性腹泻的概率。根据以往的记录，在100名病患中通常有30人会出现腹泻症状，如果服用益生菌，腹泻人数会减少至17人。选择哪种细菌、使用多少剂量才是最有效的，目前还不是很明确。另一种可能性是，某些特定的抗生素较容易引起腹泻，如果知道是哪种抗生素的话，就可以制造出对应的益生菌配方来对抗副作用。考虑到约有800万美国人曾使用过抗生素，超过200万人可能会有腹泻症状，若能使用正确的益生菌预先防范，会有将近100万人免受腹泻之苦，由此可见，益生菌是值得使用的。

益生菌对婴儿也有好处。有些早产儿的肠道会出现坏死的情况，为这些婴儿提供具有预防功效的益生菌，可以使死亡率降低60%。对于患感染性腹泻的婴儿与儿童，益生菌可以帮助他们减轻症状、加速复原，其中鼠李糖乳杆菌GG的效果尤其显著。

如果是更复杂的疾病呢？如果已经病入膏肓了呢？面对发展

人体里的"动物园"：与占据身体90%的微生物共存

成熟的自身免疫性疾病与精神健康疾病，如1型糖尿病、多发性硬化症与孤独症，益生菌遇到的困境可能是影响太小，也太迟了。分泌胰岛素的胰腺细胞已经关闭，神经细胞的"保护套"已经被剥去，脑细胞的发育已经被延迟。就算面对过敏症，尽管没有细胞被破坏，免疫系统也已经失去控制，要想让它恢复正常，与唤醒胰腺细胞或是重新包覆神经一样困难。

经过精心设计与同行评审的研究证实，许多不同品牌、种类、菌株的益生菌确实可以让你更快乐、更健康、改善心情、缓解湿疹和花粉症、减轻肠易激综合征、预防妊娠糖尿病、治愈过敏症，甚至帮助减轻体重。尽管无法完全治愈这些疾病，至少不是几周或几个月的益生菌治疗就能治愈，但它们确实能够为你带来好处。然而能确定的是，要想看见益生菌真正的效果，预防胜于治疗。

以小鼠实验为例，有一种基因突变品种的小鼠，成年之后几乎都会患上某种等同于1型糖尿病的小鼠疾病。若是从小鼠出生4周开始，每天喂它们吃益生菌VSL#3（由8个不同菌株的4500亿个细菌组成的益生菌），这个由基因造就的"命运"就会被渐渐削弱。在出生满32周时，给予安慰剂的小鼠有81%患了糖尿病，而给予VSL#3益生菌的小鼠只有21%患病。有75%的小鼠仅因每日食用一剂活菌，就能使其受到原本应有的自身免疫系统的保护。

如果让小鼠从第10周才开始服用益生菌VSL#3，结果表明是亡羊补牢，犹未为晚。在第32周时，使用安慰剂的小鼠约有75%患上糖尿病，而使用益生菌的小鼠只有55%患病。虽然效果没有前一个实验那么惊人，但仍然成功降低了罹患糖尿病的概率。

益生菌VSL#3含有数千亿的细菌，号称比市面上销售的任何益生菌产品的菌种和数量都多，并且成功以某种方式转变了拥有易患糖尿病基因小鼠的患病过程。一般来说，1型糖尿病患者的免疫系统会攻击产生胰岛素的胰腺细胞，而这些益生菌似乎能阻止这一点。使用益生菌VSL#3的小鼠，其免疫系统会组织一个白细胞团队前往胰腺，在那里制造一种抗炎化合物，防止胰腺细胞被破坏。这给了研究人员新的灵感：或许定期、审慎的益生菌疗程，可以预防人类罹患这些疾病？科学家已开始相关的临床试验，但是在短时间内还无法得出结论。

无论如何，益生菌肯定对免疫系统的运作有某些影响，而且是对健康有益的影响。回到"21世纪文明病"的根本原因，炎症在折磨我们的身体，而益生菌的任务就是要让我们跟炎症说再见。还记得第4章提到的调节性T细胞吗？它们是免疫系统的陆军准将，在身体没有受到攻击时，它们要负责使嗜杀的士兵冷静下来。最终，这些"陆军准将"会被微生物区系控制，征召更多、更优秀的调节性T细胞来防止免疫系统对微生物发动攻击。益生菌会模仿这种模式，激励调节性T细胞，镇压免疫军团的叛乱成员。再次重申，益生菌VSL#3帮助小鼠减轻了肠漏症的影响，而肠漏症似乎正是引起炎症的原因，同时也是炎症导致的结果。

关于益生菌，有三点需要注意。第一点是产品中含有哪些菌种和菌株。这些内容物通常不会被详细描述，或者所写的和实际培养或测序的菌种内容不符。种类越多有可能越好，但目前我们对不同菌株对身体的影响所知甚少。第二点，产品中含有多少细菌个体，或是多少"菌落形成单位"（colony-forming units，简称CFU）。这个问题必须回到这些旅客在肠道中所面临的竞争。菌落形成单位越高，表示产生效应的概率越大。第三点，细菌如何被包装。益生菌被包装成各种形式：粉末、药丸、营养棒、酸奶、饮料，甚至是涂抹皮肤的乳液及清洗剂。有些还混合了其他的补给品，例如多种维生素。我们还不清楚这些制剂对细菌的作用。许多含有益生菌的酸奶也含有大量的糖分，这有可能会破坏平衡，反而对人体没有益处。

刚刚提到的第一点——益生菌包含的菌种和菌株——可能是争议最大的部分。梅奇尼科夫的研究没有消失，而是保存在了通常以益生菌形式销售的菌株中。乳杆菌属的成员经常被用于制造酸奶，然而它们在成人的肠道微生物区系中数量并不多。在女性怀孕、分娩及哺乳期，它们在肠道内的确非常兴盛，但工作结束后，它们的数量就会降低到肠道菌群总数量的1%以下。乳酸菌能在益生菌工业中拔得头筹的主要原因是易于培养，因为它们能在氧气中存活，比起大多数肠道微生物区系成员，它们更容易在培养皿中生长，或者更具体地说，更容易在一缸温牛奶中生长。这也意味着它们是最初人类菌群研究的主要对象。若是在DNA测序和厌氧培育的新世界中选择益生菌，我们很可能不会选择乳酸菌来巩固我们肠道的细菌多样性。

益生菌对人体有一定的功效，但如果你遇到如佩吉·卡恩·哈伊那样的状况呢？体重直线下降、没有其他抗生素治疗可以选择，佩吉已经走投无路。"中毒性巨结肠"的风险重压在她心头——她的结肠可能会大幅度扩张，并将内容物释放到体腔内。如果真的出现这种情况，她极有可能死亡。在过去的一年中，美国大约有3万人死于艰难梭状芽孢杆菌感染，数量远高于艾滋病死亡人数，佩吉可不想加入他们的行列。

还有一个可行的治疗选择。佩吉通过一位姐姐是护士的朋友，得知某些无法治愈的腹泻患者正在尝试一种新的疗法，全世界只有少数几家医院在使用。很明显地，病人的病情都有所改善。只要能痊愈，佩吉愿意做任何尝试。她打了几个电话到其中一家医院，接着就订了从夏威夷到加利福尼亚州的机票。她的先生与她同行，不仅为她提供精神上的支持，他还要提供一项佩吉急需的捐赠物：一组新的肠道微生物。

这种疗法被称为"粪便微生物移植""细菌疗法"，或是我最喜欢的"粪便移植"，正如它的名字一样，这种疗法就是将一个人的粪便置入另外一个人的肠道。这听起来很恶心，但这可不是人类的创举。从蜥蜴到大象，许多动物都会偶尔有食粪行为。对某些动物来说，例如兔子和啮齿类动物，吃下自己的粪便是日常饮食的重要组成部分，因为肠道微生物分解植物细胞之后，可以从粪便中再次吸收营养。这样做对热量的摄取也有贡献。小鼠若是不食粪，就只能长到正常大小的四分之三。

然而对某些物种来说，食粪行为相对少见，而且通常会被动物学家视为"反常行为"。例如象群中的母象会排出松软的粪便，显然是为了让象群中的年轻成员用象鼻舀起来吃；黑猩猩也会吃其

人体里的"动物园"：与占据身体90%的微生物共存

他黑猩猩的粪便。杰出的英国动物学家简·古道尔（Jane Goodall）女士在坦桑尼亚的贡贝溪国家公园对黑猩猩做专门研究，改变了世人对黑猩猩行为的认知。根据她的说法，有些野生黑猩猩在腹泻时会出现食粪行为。当黑猩猩在森林中饱食一顿果实大餐后，可能会因为肠道中的微生物区系适应新食物而拉肚子。古道尔研究的一只叫作"帕拉斯"的母猩猩患有慢性腹泻，断断续续长达十年之久。每当腹泻时，它就会出现食粪行为。从我们对于微生物的新认知推测，帕拉斯很有可能是利用健康黑猩猩的粪便来恢复自己肠道内的微生物平衡。黑猩猩吃下新品种的水果后会出现食粪行为，或许是因为这样能让它们从其他吃过更多水果品种的成员身上获得消化这种水果的微生物。

和野生动物比起来，动物园中的动物特别热衷于食粪，这总能逗乐来参观的小朋友，同时也让动物园管理员很苦恼。因为这种行为往往是出于无聊，通常会伴随着摇晃、踱步与强迫梳洗等固定行为。曾治疗过孤独症、图雷特综合征与强迫症的精神病学家，可能会注意到病人和被关在笼子里的动物有许多相似的行为。特别需要注意的是，迷恋粪便（食粪与闻粪）的行为也会出现在重度孤独症儿童和某些精神分裂症与强迫症患者身上。对于动物和病人的重复行为与食粪行为，弗洛伊德学派的解释是，这可能源自亲子关系疏远或者性心理发展期受到的挫折。然而，生理学的解释则将重点更多地放在微生物上：要修正会造成重复性行为的异常微生物区系，有什么方法比食用健康同类的粪便更好呢？如此一来，食粪就不是反常行为，而是一种适应行为，是生病的动物试图改善体内微生物区系失调的方法。

的确，在实验中，向笼子里的黑猩猩提供叶子会减少它们的食粪行为。它们不会真的吃下叶子，而是吸食叶子，并且将叶子塞在舌头底下。虽然只是一个假设，但它们是否有可能在吸食树叶表面的细菌，好帮助自己消化那些叶子呢？如此一来，它们便能在体内种下能帮助自己消化食物的细菌种子或基因。这与我在第6章提过的，日本人体内的微生物区系往往包含了海藻上的细菌基因是一个道理。有了树叶上的有益微生物，食粪对于笼子里的黑猩猩来说或许就没那么重要了——只要吃一次就可以摄取足够的微生物了。

要在无菌的实验室小鼠身上植入一组新的微生物区系很简单，只要让它们和一般小鼠住在一起就行了。经过几天的食粪行为后，小鼠们就会拥有相同的微生物。让两组身上都有微生物的小鼠住在一起，也会改变它们体内微生物的种类。2013年，美国圣路易斯华盛顿大学展开了另外一项由杰弗里·戈登领导的实验，研究人员使用两组无菌小鼠，并且在其中一组小鼠身上接种肥胖人类的肠道微生物区系。这个实验的有趣之处在于，这些肥胖的人都是双胞胎，而他们的孪生兄弟姐妹都很瘦。研究人员为另外一组无菌小鼠接种了双胞胎中瘦的人的肠道微生物区系。不出所料，接种肥胖的人微生物区系的小鼠，变得比接种纤瘦的人微生物区系的小鼠更胖。接种5天之后，研究人员从两组小鼠中各挑出一只，放进同一个笼子里。肥胖小鼠和纤瘦小鼠住在一起时，肥胖小鼠增加的体重明显比没跟纤瘦小鼠住在一起时要少。检查两组小鼠的微生物区系，会发现肥胖小鼠的微生物区系变得和纤瘦小鼠的越来越相似，而纤瘦小鼠的微生物区系仍然保持稳定。

如果我们是黑猩猩，为了保持纤瘦及健康，我们或许会迷恋于分享粪便。幸运的是，想从人类同伴身上的健康微生物区系受益，我们完全不需要食粪。这并不是说我们的临床替代方法——粪便微生物移植——就可以让人感到比较愉快，这种疗法需要健康捐赠者的粪便和一些泻盐混合物，接着将它们放进搅拌机里混合，然后，恕我直言，要从肛门插入一根带有摄影机的长条塑料管（结肠镜），将混合液体灌入患者的大肠中。偶尔，粪便微生物移植也会从上往下递送，借由鼻饲管从鼻孔经过喉咙输送到胃中。

粪便微生物移植的先驱之一亚历山大·霍鲁兹（Alexander Khoruts）博士在回忆早期准备粪便悬浮液的经历时说："我用老式方法，在内镜室用搅拌机做了最初的10个粪便微生物移植案例。这段经历让我很快意识到，在繁忙的临床环境中进行粪便微生物移植是不现实的。人类排泄物的味道在按下搅拌器按钮的瞬间变得相当可怕，足以清空整个候诊室。"不仅如此，粪便的悬浮微粒飘散在空气中。病原体重获自由，很有可能让准备混合液的医生处于不安全的环境中。如果细菌去错了的地方，即使是友善的细菌也可能会变得有害，例如在肠道中可以带来健康的细菌，在肺部可不一定也是有益的。

这种疗法很恶心是吗？但如果你还没把这本书丢到一旁，请让我把它说完。我有两个可能会让你接受令人作呕的粪便微生物移植的方法，其中一个就是假装没这回事，不要直接提及，并且希望自己不要琢磨它。另一个方法就是面对这种恶心的东西，没错，它看起来很恶心，但它只是微生物、死去的植物和水分。混合液中大部分都是细菌，比例大约是70%或更多。褐色来自红细胞残留的色素，它们被你的肝分解之后当作废物排出。是的，它闻起来也很恶心，但这些气味只是气体，主要是硫化氢，以及其他由肠道微生物在分解食物残余时所产生的含硫气体。

厌恶感是人体的一种保护机制，目的是让我们远离有害的东西，例如呕吐物、腐烂物、成群的昆虫、我们不认识或不喜欢的人的身体、黏糊糊的东西、油腻的东西，还有粪便。食肉动物的粪便特别令人感到恶心（相比之下，你是更愿意摸狗粪还是牛粪？），人类的粪便也是。全世界的人在面对恶心东西时的反应都一样，我们会别过头、捏起鼻子、皱眉，还会用手捂住胸口并转身离开。如果情况真的过于恶心，我们会当场呕吐。人类演化出恶心反应，可以让我们避免接触可能使我们生病的病原体。它们可能存在于呕吐物、腐败物、脏东西或黏稠的东西里，当然也可能在粪便中。

所以很自然地，我们不愿去想粪便，尤其是将某人的粪便放到自己的身体里。但请想一下输血，也许你就不会对粪便移植这个想法感到恶心了。一袋袋的鲜血被从健康的捐赠者身上谨慎地采集出来，为了防止可能偷藏在血浆细胞中的疾病，这些血液都要接受检测。这些标示着血型和捐血日期的血袋，挂起来就可以拯救生命。整个过程是一个相当科学、无菌，几乎有些未来主义的景象。

但实际上，血液就像粪便，也会搭载病原体，例如人类免疫缺陷病毒和肝炎病毒。血液和粪便一样，接触到空气中的细菌后会腐化。而粪便和血液一样，也可以拯救人的生命。你可以将粪便微生物溶液想成是有益健康的液体。霍鲁兹给我讲了一个故事，主角是一位医学院的学生，她将自己的粪便捐赠给了感染艰难梭状芽孢杆菌的患者。当她告诉朋友们这件事的时候，他们并没有像听到她去献血一样赞扬她无私的行为，并表示自己也应该找时间去做捐赠，他们只是嘲笑并揶揄她的努力，而这位学生的朋友多数也是医学院的学生。

21世纪的医生意识到了微生物这个新兴科学领域，但他们并不是最早发现粪便可以救人的人。4世纪，中国医药学家葛洪在《肘后备急方》一书中写道，将健康的人的粪便制成饮料，提供给食物中毒或严重腹泻的患者，可以达到神奇的疗效。相同的疗法在1200年后再次被提起，同样出现在中医书籍中，不过这次被称作"黄汤"。这种委婉的比喻称呼表明，不论在古代还是现代，要让患者接受粪便移植都是相当困难的一件事。

然而要说服佩吉一点也不困难，和过去3个月跑厕所的日子及失去的五分之一体重相比，任何关于粪便移植的恶心想象在她的病痛面前全都消失了。她来到位于加州的诊所，经过结肠镜检查，接受了她先生的粪便微生物移植。几小时后，佩吉就觉得好些了，她终于不需要一直跑厕所了，并且维持了整整40个小时。几天后，腹泻停止了；两周后，她的头发开始重新长出来，脸上的痤疮开始消失，失去的体重也开始恢复。

用抗生素治疗不断复发的艰难梭状芽孢杆菌感染，治愈率只有大约30%。每年有超过100万人受到感染，数万人因此死亡。但以粪便移植的方式来治疗，治愈率超过80%。像佩吉一样，在第一次移植后复发的患者，接受第二次移植后则有高达95%的治愈率。很难想象这样一个危及生命的疾病，可以不需要动手术、不需要使用药物，只需要几百美元就能治疗，而且成功率极高。

胃肠病学教授汤姆·博罗迪（Tom Borody）在位于澳大利亚悉尼的消化疾病中心（Centre for Digestive Diseases）提供粪便移植治疗，这是他的主要治疗项目之一。1988年，博罗迪收治了一位名叫乔茜的病人，她在斐济度假时被一种细菌感染，从此一直腹泻、抽搐、便秘和胀气。博罗迪本来以为用抗生素就能轻松消除她的症状，直到乔茜出现轻生的念头。面对病人的处境，博罗迪感到非常痛苦，但他没有任何方法可以让她恢复健康。他开始研读文献，发现在1958年，有3名男性和1名女性在接受抗生素治疗后出现严重腹泻及腹部剧痛，情况与乔茜很类似。其中3人在重症监护病房中与死神搏斗，而且各项指标都不理想，照他们当时的情况来看，死亡率高达75%。他们的主治医生本·艾斯曼

（Ben Eiseman）决定用粪便移植疗法治疗他们。就在用粪便灌肠后的几小时至数天之内，这4名患者都从折磨他们数月的腹泻中解脱了，并且达到了出院标准。

博罗迪为这个疗法的可能性感到兴奋，他建议乔茜也这么做。乔茜与佩吉一样，愿意尝试任何方法。博罗迪在两天之后为乔茜实施了粪便移植疗法，又过了几天，乔茜的状况有了巨大改善——她已经可以回到工作岗位上了。博罗迪不敢告诉别人他是如何治疗乔茜的，因为这个疗法的概念在当时还无法被大众接受。但从那时起，博罗迪和他的医疗团队就开始用粪便移植疗法治疗任何可能受益于微生物重建的病人。接下来一年，针对腹泻、便秘和炎症性肠病，他们共实施了55次粪便移植疗法，其中有26名患者并没有好转，但有9名患者症状缓解，20名患者完全康复。

接下来的几年，博罗迪和他的团队逐渐了解了粪便移植对哪些情况有帮助、哪些没有效果。截至目前，他们已经实施了5000多次粪便移植疗法，大部分患者是腹泻型肠易激综合征及艰难梭状芽孢杆菌感染。博罗迪诊所的治愈率高达80%，到目前为止，粪便移植显然是治疗肠易激综合征最有效的疗法。然而便秘比想象中更难治疗，治愈率只有大约30%，而且必须经过数天的反复移植。尽管这个疗法是有效的，也有大量的患者需求，但博罗迪和其他使用粪便移植疗法的医生还是常常被指为庸医，其中不乏著名医生的指责。因为粪便并不是可以生产与销售的药品，粪便移植不像其他药物一样受法规与条例的约束，也没有临床试验的严格要求，所以许多医生都对粪便移植的疗效持怀疑态度。

但是佩吉·卡恩·哈伊和其他处境相同的人，都愿意接受这种疗法，正如英国曼彻斯特大学的医药学与胃肠病学教授彼得·沃维尔（Peter Whorwell）所说："我的肠易激综合征病人很想得到这个治疗。"现实中，医生通常对此疗法有所保留，要么是因为与生俱来的恶心感，要么是因为他们视粪便移植为无效疗法。在美国，甚至食品药品监督管理局的管理者也试图阻止医疗诊所使用粪便移植疗法。2013年春天，食药监局下令禁止使用此疗法，被禁时间长达两个月，只有少数医生获得了相关批准。突然间，曾经成功治愈艰难梭状芽孢杆菌感染和其他消化系统疾病的医生都需要重新申请一张执照。食药监局担忧的是治疗过程的安全性，因为这种疗法从来没有经过任何正式的临床试验。然而由于胃肠病学家的强烈抗议，这个禁令才刚实施就被撤销了。目前，粪便移植疗法暂时没有被禁止，但只有在治疗艰难梭状芽孢杆菌感染的情况下才允许使用。

　　试想你现在非常需要用粪便移植疗法来改善你的健康状况。你需要一位捐赠者，你当然也想得到最好的粪便来源。或许你不喜欢伴侣的如厕习惯；又或许你的亲属患有"21世纪文明病"，让他们无法成为捐赠者。在这些情况下，除了群发电子邮件询问朋友们的体质，或是在社交网络上询问"有没有人的肠道运作情况超级棒"之外，要怎么做才能获得一些粪便呢？

　　马克·史密斯（Mark Smith）在麻省理工学院就读博士，他有一位朋友在2011年就面临着这样的状况。经历了18个月的艰难梭状芽孢杆菌反复感染后，这位朋友病得非常严重。作为医学预科的学生，史密斯的朋友一开始就知道，如果感染严重到抗生素治疗无效的话，粪便移植将会是另一个选择。在3次抗生素治疗失败后，他准备接受粪便移植疗法，但问题是，他找不到愿意使用此疗法的医生。让医生踌躇不前的不是治疗过程本身，而是寻找、筛选捐赠者，以及准备灌肠混合液的过程太困难也太昂贵了。史密斯的博士研究专攻水源与人体中的微生物，在他看来，朋友的这项治疗刻不容缓。

史密斯想到，急诊室的医生在患者需要输血时可不需要东奔西跑去招募献血者，现场采集他们的血液、检验血型和有无病原体，然后包装起来给患者使用。他们要做的只是给血库打电话下单，然后继续照顾他们的病人。同样是为了救治患者，为什么粪便移植和输血待遇会有如此大的差别？

当史密斯的朋友经历第7次失败的抗生素治疗后，他放弃了。最后，他们是在家里，由史密斯和麻省理工工商管理硕士詹姆斯·伯吉斯（James Burgess）联手，用朋友室友未经筛查的粪便进行的粪便移植。后来，在史密斯的博导教授埃里克·阿尔姆（Eric Alm）的支持下，他们设立了OpenBiome，一座非营利的粪便库。通过招募捐赠者、筛查粪便、准备粪便溶液与寄送样本，OpenBiome意味着所有的病人只需要找到愿意帮他们实施粪便移植的医生，并且支付250美元的粪便样本费用，就可以获得粪便移植治疗。目前，美国33个州的180家医院都与OpenBiome有合作，这意味着80%的美国人在有需要的时候，只需不到4小时的车程就可以获得安全的冷冻粪便。约有2000名艰难梭状芽孢杆菌感染者因OpenBiome的努力而获得了相应治疗。

捐赠粪便可以获得40美元的酬劳，以及每捐赠一次就有可能拯救2~3个人生命的温暖信念。OpenBiome对于捐赠者的甄选条件和你想的差不多：最近没有使用抗生素或是出国旅游，没有过敏症、自身免疫性疾病、代谢综合征、重度抑郁症等与微生物相关的健康问题，体内没有人类免疫缺陷病毒或大肠杆菌0157等令人担忧的微生物。但想找到符合这些条件的人并不容易，OpenBiome通常要检验50名申请者，才能找到一位达标的捐赠者。相较之下，献血者的达标率高达90%。

虽然悉尼的消化疾病中心是一家胃肠病诊所，不过博罗迪也治疗过少数肠道疾病之外的病人。意料之内的是，某些患有便秘与腹泻的病人，通常也患有"21世纪文明病"。例如一名叫比尔的男性，患多发性硬化症多年且无法行走，他到博罗迪的诊所做粪便移植本来是为了治疗慢性便秘，但是接受治疗几天后，比尔感到了变化。随着时间推移，他不仅康复了，而且恢复了行走能力。现在的他看起来就像从没得过多发性硬化症一样。

比尔不是唯一一个在接受粪便移植后，自身免疫性疾病也跟着康复的患者。另外两位多发性硬化症患者、一位患有早期类风湿关节炎的年轻女性、一位帕金森综合征患者，以及一位特发性血小板减少性紫癜（一种免疫系统破坏血小板的疾病）患者，都在接受粪便移植后康复了。这些奇迹般康复的案例是因为粪便移植，还是只是自然康复，仍有待观察。

由于粪便不是药物，你只需要一个搅拌器、一些泻盐和一个

　　　人体里的"动物园"：与占据身体90%的微生物共存

滤网，再加上网络上的教程，任何人都可以自己进行粪便移植，而且真的有许多人这么做了。那些自行尝试粪便移植的人，大多是孤独症儿童的家长。这并不令人惊讶，博罗迪就曾多次为孤独症儿童实施粪便移植，让他们饮用含有粪便中的微生物的调味饮料，并亲眼见证了病情的改善。博罗迪原本的用意并不是治疗精神方面的症状，而是要缓解患者的胃肠症状，但是在治疗之后，数名儿童的状况都有所改善。其中最鼓舞人心的，是一个原本只能说出二十几个词语的儿童，在接受微生物移植治疗的几周后，词汇量猛增到800多个。就现在来看，这只是件有趣的逸事，虽然已经有一些计划，但目前还没有任何测试粪便移植对孤独症患者影响的临床试验。然而缺乏证据却阻止不了家长的尝试，对许多父母来说，任何可能性都值得一试。

对孤独症和1型糖尿病来说，粪便移植可能跟益生菌一样，影响太小也太迟了。如果损害已经造成，发育之窗已经关闭，重建一个健康的微生物区系只能阻止进一步的伤害。对其他疾病来说，随着症状逐渐恶化，粪便移植有可能起到逆转作用。

还记得第2章的实验吗？将"肥胖"的肠道微生物区系植入无菌小鼠体内，两周后，尽管小鼠没有吃下额外的食物，但还是会变胖。那么，若是我们将实验倒过来呢？将一个纤瘦的、健康的微生物区系植入肥胖小鼠体内呢？接下来我要告诉你的，不是将微生物植入小鼠体内的结果，而是将"纤瘦"微生物植入肥胖的人类身上会发生什么。这正是荷兰阿姆斯特丹一所学术医学中心所做的实验，实验团队成员包括荷兰科学家安妮·弗利兹（Anne Vrieze）

与马克思·尼乌多普（Max Nieuwdorp）。

实验的目的不是观察肥胖的人体重会不会下降，而是想知道"纤瘦"微生物区系会造成什么直接影响。接受瘦人身上的微生物可以改善肥胖者的新陈代谢吗？我在第2章提过两种形态的肥胖：健康的和不健康的。不健康的肥胖（目前大多数人都是不健康的肥胖）不仅是肥胖，还是一种病。这些人会有一种你可能从未听说过的症状：代谢综合征。这是一个很重要的健康问题。这种综合征包含一系列高危疾病，不仅有肥胖症，还有2型糖尿病、高血压和高胆固醇。政府每年花费数百亿美元补贴代谢综合征患者的治疗，但最终它还是成了发达国家居民的主要死因。在代谢综合征相关致死疾病中，名列前茅的有心脏病、中风及与肥胖相关的癌症。

2型糖尿病作为代谢综合征的一种，提供了一个人健康的重要指标。与1型糖尿病不同，1型糖尿病是负责制造胰岛素的细胞被自身免疫系统破坏，而2型糖尿病的患者通常仍可以制造胰岛素，问题出在他们的细胞对胰岛素没有反应。胰岛素是一种激素，当身体不需要能量时，它会帮助身体细胞将血液中的葡萄糖（糖分）转存成脂肪。身体释放的胰岛素会帮助降低餐后升高到危险值的血糖，但是如果血液中的胰岛素持续偏高，会使身体开始忽视储存葡萄糖的要求，这就是"胰岛素抵抗"。这是一种危险的疾病，大约30%~40%的超重及肥胖人群都患有2型糖尿病，而其中80%的人最终会死于心脏病。

对健康的人、超重的人或其他病人来说，餐后血糖值都会急

人体里的"动物园"：与占据身体90%的微生物共存

剧升高。血糖浓度升高，身体会释放胰岛素，血糖就会下降。这个迅速的反应代表我们的细胞对胰岛素是"敏感"的——它们会注意到储存葡萄糖的指令。有胰岛素抵抗情况的人，血糖不会被快速抑制，而是在升高后以非常缓慢的速度下降。找到逆转胰岛素抵抗的方法，就意味着能预防代谢综合征造成的死亡。

既然在小鼠身上移植肥胖者的微生物能让它们增加体重，弗利兹和尼乌多普想知道，若是以健康、纤瘦者的粪便为肥胖者进行粪便移植，是否能改善他们的肥胖症相关症状呢？他们开始了一项名为"减脂"的临床试验——利用粪便移植消除胰岛素抵抗。更具体地说，是将瘦人的肠道微生物区系通过粪便移植转移到肥胖者体内，这样做是否能让肥胖者对胰岛素更敏感？他们的细胞最快需要多久来储存葡萄糖？研究人员以纤瘦者捐赠的粪便溶液治疗了9位肥胖男性，另外9位男性作为对照组，接受的是自身的粪便溶液治疗。粪便移植的6周后，移植"纤瘦"微生物区系的人，确实明显对胰岛素更敏感了。他们的细胞会以比之前高出近2倍的速度储存葡萄糖，几乎与纤瘦、健康的捐赠者对胰岛素的敏感度一样。而移植自身粪便的人，储存葡萄糖的速度则与之前相同，他们的胰岛素敏感度仍然跟之前一样差。

仅仅是因为肠道中不同的微生物群落，就能产生如此大的差别，可以让你健康或是让你患有死亡率高达80%的心脏病，想想都很神奇。那些对胰岛素再次变得敏感的男性，其体内微生物区系的多样性从178种增加到了234种。这些新增加的细菌属于会制造短链脂肪酸丁酸盐的种类，而丁酸盐则被认为是预防肥胖症的重要力量。大肠细胞因为丁酸盐而产生动力，借由紧实的连蛋白，将细胞紧紧连接在一起，预防肠漏症，并为肠壁表面覆盖上一层厚厚的黏液。

当然，弗利兹和尼乌多普也想知道，通过粪便移植将纤瘦者的微生物区系转移到肥胖者身上，是否能让他们减重。这对小鼠来说是行得通的，给肥胖小鼠移植"纤瘦"微生物，会让它们减少30%的脂肪。弗利兹和尼乌多普的第二项临床试验"减脂2号"正在进行中，目的是验证这个方法是否也对人类有效，其结果可能会改变肥胖症及代谢综合征的治疗方式，帮患者省下金钱并改善生活质量。

若包括2型糖尿病在内的代谢综合征的基本病征，可以因重建健康的肠道微生物区系而彻底转变，那么粪便移植真的有必要吗？益生菌是否也有同样的效果？从两项精心设计的乳杆菌属细菌实验结果来看，答案是肯定的。益生菌对增加胰岛素敏感度及减轻体重都大有帮助。最终，不论是哪种细菌，不论结果如何，益生菌都是一个慰藉、一种缓解物。它们会经过我们的身体，但并不会逗留太长时间。想要通过它们获得好处，就必须让它们待得久一点。如果只是单独食用益生菌，即使你天天摄取，也像派步兵上战场却不给他们弹药一样。

要维持长久的效应，我们必须为有益菌提供一个适合的环境，一个让它们可以繁荣发展的环境，通过日积月累，直到它们不需外界介入就能自行补充数量。要达到这个目标，我们必须求助于益生元（prebiotics）。这些东西不是活菌，而是细菌的食物，可以增

人体里的"动物园"：与占据身体90%的微生物共存

加健康菌株的整体族群数量。例如低聚果糖、菊粉和低聚半乳糖，它们听起来很可疑，像是非天然食品盒子背后列出的化学添加物。尽管它们是化学物质，但就像胡萝卜中的β-胡萝卜素、谷氨酸和半纤维素，牛肉中的二甲基吡嗪、3-羟基-2-丁酮和其他许多化学物质，以及任何可以从食物中找到的物质一样，它们并非人造合成物。我们可以从食用植物（那些我们应该多多摄取、不易消化的纤维）中获得这些益生元，当然也可以直接从保健品中获得——既然你可以在汉堡上撒些益生元粉，为什么还要吃蔬菜？

不管是单独食用还是从食物（例如洋葱、大蒜、韭菜、芦笋和香蕉）中摄取益生元，它们带来的好处可能比益生菌还要广泛。研究发现益生元对于治疗食物中毒和湿疹非常有效，甚至可能可以预防结肠癌（研究仍然处在初期阶段）。令人兴奋的是，益生元也有可能治疗代谢综合征。正如我在第6章提到的，它们会刺激双歧杆菌与消化道中的阿克曼氏菌，促使细胞紧密结合、减少肠壁的穿透性、降低食欲、增加对胰岛素的敏感度，并且促进体重下降。

最后我想说的是，粪便移植与益生菌其实并无太大差别，两者的用意都是将有益微生物传送到肠道。一个通常是口服，另一个则是从底部进行；一个通常在实验室中培养繁殖，另一个则是在另外一个人的肠道中培养。两种概念的融合只是早晚的问题。利用精心设计的胶囊，将内容物传递到肠道中的正确位置；用同样的方法，也可以将粪便移植溶液中同样的微生物成分制成胶囊，让患者用水吃下。相较于乳酸菌，这种胶囊的优势和效益更大，它不会造成任何不便、不需要负担昂贵的开销，也没有用结肠镜进行粪便移植的羞辱感。

博罗迪教授总是有革命性的新想法，外加一点缓和情绪的幽默感，他正着手与霍鲁兹一起研究这种胶囊，并称之为"粪便胶囊"（Crapsule）。2014年12月，在法规相对比较宽松的澳大利亚，博罗迪首次用这种胶囊治愈了一位感染艰难梭状芽孢杆菌的患者。这些胶囊中含有与粪便移植溶液同样纯粹的微生物成分，只是改为了口服的方式。

尽管加拿大的管制更严格，但微生物学家艾玛·艾伦–费尔科正在研究一种更具体的标准化合成粪便。利用与研究孤独症相同的技术、被称作"仿真肠道"的无氧培养管，她与安大略省金斯敦皇后大学的传染病专家伊莱恩·佩洛夫（Elaine Petrof）酿制了一种含有已知微生物的混合物，用来替代粪便移植中未经加工的粪便。这种混合物的细菌处方来自一位非常健康的女性的肠道，并且已经经过了41年的培养与改良。要找到这么健康的人着实花了他们不少时间。

每年艾伦–费尔科都会在圭尔夫大学为300名学生开授一门微生物入门课程。每年她会都问学生同样的问题：有人从未使用过抗生素吗？从来没有人举手。与OpenBiome的创始人马克·史密斯一样，艾伦–费尔科也很难找到没有被抗生素药物间接损害过的人体微生物区系，即使是年轻、健康、体格健壮的大学生也一样。终于，她遇到了一位在印度乡村长大的女性，想在这位女士的家乡获得抗生素非常困难。这位女性在童年时从来没有使用过抗生素，等她长大成人后，也只在膝盖缝针时使用过一次。她身材适中、健康、没有疾病，并且饮食有机且均衡。艾伦－费尔科终于找到了合适的粪便捐赠者。

艾伦－费尔科和佩洛夫用这位超级捐赠者的粪便，培养出了一个独特的微生物组合。她们选了33种细菌菌株，它们全都不具有危险性、相对容易培养，而且可以在必要时用抗生素消灭。佩洛夫有两位女性患者，她们都经历了数月的艰难梭状芽孢杆菌的反复感染，也接受了抗生素治疗。这两位患者没有接受传统的粪便移植治疗，而是用合成粪便直接在肠道中播下细菌种子。这种疗法被称作"微生物重植法"（RePOOPulate）。几个小时后，两名女性患者都不再腹泻，并且可以回家了。通过这次的初步成功，艾伦－费尔科和佩洛夫从粪便微生物移植跳到了更现代的做法：微生物生态系统疗法。

当艾伦－费尔科、佩洛夫和博罗迪不断改良他们的产品、克服法规的障碍时，传统的粪便移植疗法仍是治疗不断复发的艰难梭状芽孢杆菌感染最有效的方法。当然，粪便移植的未来一定是走向个性化服务。使用经过仔细筛查的捐赠粪便很好，但是为什么不能更进一步呢？请想一想选择精子捐赠者的过程，女性可以观看捐赠者的访谈影片，了解他的人生和想法。她们可以从捐赠者的履历了解他的学历及工作经验，他的身高、体重、病史，以及他亲生父母、祖父母甚至曾祖父母的寿命。基本上，在选择捐精者时，女性可以查看基因的来源，再从中做出选择。她们会选择可以带来健康及快乐的基因，来弥补自己基因的不足。

同样的道理也适用于粪便捐赠者。没错，你得到的是微生物中的基因，而不是人类细胞中的基因，但无论是哪一种，你得到的都是基因。这些基因会影响我们的身高、体重甚至寿命，能带来健康及快乐，它们将与你自身的基因融合，弥补你基因上的不足。

　　粪便移植变得越来越普及，作为消耗者的我们，对捐赠者的需求越来越大。尽管捐赠者已经通过微生物区系相关疾病和一些精神疾病的筛检，但却不是依个人需求配对。显而易见，即使不要求细微到基因层面，微小的差别也是可以带来好处的。举例来说，如果素食捐赠者的粪便只提供给素食接收者呢？与你的饮食习惯相符的微生物区系大概会让移植进行得更顺利，或许使用纤瘦捐赠者的细菌可以为超重的接收者带来健康上的额外好处。也许个性特征也能被配对，例如有没有性格外向的细菌群系？或者甚至可以强化我们的个性——乐观捐赠者的粪便可以使我们的生活更美好吗？

　　目前这些都还是空想，却让人联想到20世纪90年代的关于"设计婴儿"的讨论。一旦我们摄入微生物基因，了解它们如何与我们的基因互动，粪便移植内容物的细节也会更加受到重视。目前，科学家正在研究这样一个概念：如果肠道微生物区系对一个人有益，那它对另外一个人也会有益。然而随着探究包括我们的基因、饮食、过往经历、人际交流、旅行等形成个人菌落的主要因素，毫无疑问地，我们在选择植入的微生物种类时将会更挑剔。

　　力求建立一个健康的微生物区系是一件好事，但这引出了一

　　　　　　　　人体里的"动物园"：与占据身体 90% 的微生物共存

个问题：什么是健康的微生物区系？亚历山大·霍鲁兹、艾玛·艾伦－费尔科和马克·史密斯的团队都意识到了，要找到一位健康的粪便捐赠者（而且还是美国人）有多么艰难，超过90%的志愿者不符合筛选标准。请仔细想想，这些人都是自愿捐赠，基本上他们都认为自己是健康的，然而西方人微生物区系值得移植的真实比例却很可能是零。若我们把因抗生素治疗而伤痕累累、充满脂肪和糖分、缺乏纤维的西方人微生物区系，与过着未工业化生活方式的人的微生物区系做比较会发现什么呢？

可想而知，两者之间有着相当大的差异。一个由微生物研究专家杰弗里·戈登领导的国际研究小组，收集了超过200位来自两个不同文化的人的粪便，他们皆生活在尚未工业化的传统农村社会。第一组来自委内瑞拉亚马孙州的印第安村庄，这里的居民饮食以玉米和木薯为主，是高纤维、低脂肪和低蛋白质的饮食。第二组的饮食习惯也很类似，以玉米和蔬菜为主，分别来自非洲东南部马拉维的4个农村。研究团队为每个研究对象粪便中的微生物区系进行DNA测序，并与超过300位美国居民体内的微生物区系做比较。

根据它们之间的相似程度，研究团队绘制出了三个国家的微生物区系图，试图在美国与两组非美国的样本之间划清界限。但委内瑞拉印第安人和马拉维村民的微生物区系重叠，相对来说，他们粪便中的微生物差别很小。这两组人的居住地相距超过1万千米，然而比起美国居民，他们的微生物组成更相似。美国人的微生物区系组成不仅有明显的不同，多样性也较低。委内瑞拉印第安人有平均超过1600种的不同微生物菌株,马拉维人则有1400种,而美国人只有不到1200种。

这个结果让人不免怀疑,美国人体内的微生物生态已经失常。通过观察不同的微生物区系及它们的工作,我们可以更容易判断西方人的微生物区系是否已经受损,或只是与众不同。研究人员发现,不管是来自美国或非美国居民的肠道,人体中有92种微生物种类是可以预测的,其中有23种属于同一个菌属——普雷沃氏菌属。你可能还记得,这就是我在第6章提过的,在布基纳法索儿童的肠道中普遍存在的细菌种类,他们的饮食——谷物、豆类和蔬菜——让普雷沃氏菌属成了肠道中的主宰者。显然,包含这23种普雷沃氏菌属细菌的样品属于非美国人的微生物区系。

研究人员还针对样本中的酶做了调查,想知道三组样本中哪种酶的差异最大。酶是分子世界的工蜂,每种酶都有一份特定的工作,例如分解蛋白质或合成维生素。美国人和非美国人肠道微生物样本所产生的52种酶,让我们明确看到了群体之间的差别。请你快速回答下面这个问题:"在这些不同的酶之中,有一种是在缺乏维生素的饮食中帮忙合成维生素的酶,你认为美国人和非美国人的微生物区系,哪一组会有更多的这种酶?"我首先想到的是,美国人的微生物样本对这种酶需求较少,因为西方国家较易获得营养,富含维生素的食品肯定不少于其他地区。结果我猜错了。事实上,美国人的微生物区系含有更多合成维生素的酶的基因。不仅如此,美国人的微生物还生产了更多的酶以分解药品、重金属汞,以及吃高脂肪食物所产生的胆汁盐。

基本上，美国人和非美国人的微生物组成的差异，反映了食肉和植食哺乳动物的差异。美国人的肠道微生物专门分解蛋白质、糖分和糖的替代品，委内瑞拉的印第安人和马拉维人的肠道微生物则适合分解植物中的淀粉。也许，那些考虑原始人饮食法的人要深思一下了。

微生物修复（microbial restoration）是医学中一个崭新的、尚未明朗的领域。无论益生菌、益生元、粪便移植和微生物生态系统治疗多么具有潜力，有一句老话依然不过时：**预防胜于治疗**。人类在短短几十年内永久失去了塑造了我们的微生物多样性，若不是因为世界上还存在着未受抗生素与快餐影响的地区，我们永远也不会知道人类的肠道微生物"应该"是什么模样。我们的内部生态系统已经反映出地球生物多样性的丧失，为了子孙后代，我们应该努力扭转现状。

终　曲 ┊ **21世纪的健康智慧**

　　1917年，英国国王乔治五世向7名男性、17名女性发出了一份电报，祝贺他们100岁生日快乐，这后来成为传统延续至今，但祝贺方式从电报改成了贺卡。现在的英国王室相当忙碌，今日的百岁老人，在当年乔治五世首次发出祝贺电报时还只是婴儿，而在这100年间，全英国活到100岁的人数已经从每年100人增加到了大约1万人。

　　在20世纪，人类发现了控制传染病这个古老与可怕敌人的方法。通过接种疫苗、改善医疗卫生情况、卫生饮水和使用抗生素，我们的平均寿命从短短的31年延长到了这个数字的2倍。在现代化国家中，人们的平均预期寿命接近80岁。让我们寿命延长的各种改变，都集中发生在从1890年到第二次世界大战结束的这50多年内。

　　到了21世纪，人类翻开了健康的新篇章。长寿的生活并不是健康的唯一指标，即使活到80岁以上，我们的生活质量仍旧取决于我们的身心健康状况。为孤独症所困的幼儿，无数患有湿疹、花粉症、食物过敏与哮喘的儿童，必须靠注射胰岛素度过余生的青少年，人数逐年增加的超重、抑郁症和焦虑症患者，对这些人来说，良好的生活质量是种奢望。

值得庆幸的是，我们再也不用时时担心会染上天花、小儿麻痹和麻疹，这代表了医学上的巨大进步；取而代之的是困扰着我们的"21世纪文明病"。正如最初的"卫生假说"（见第4章）所暗示的，我们其实并不需要遭这些罪。我们的目标已从追求更长的寿命，转移到在长寿的同时拥有更高的生活质量。"卫生假说"的宗旨在于：感染可保护我们免受过敏等炎症性疾病所扰。然而我们必须抛开这种大众与医疗机构认知的旧观念，我们缺乏的并非感染，而是我们的老朋友微生物。阑尾一度被认为是人类演化史中一个毫无意义的退化器官，但我们现在知道，它其实是微生物的藏身处，为人体的免疫系统做培训。而阑尾炎不只是我们一生中难免会遇到的疾病，更代表我们失去了体内丰富的微生物群落——那些应该保护我们免受病原体入侵的老朋友。而我们的身体其实知道要怎么恢复这段古老的友谊。

在第1章里，我采用了流行病学的研究方法，试图解开"21世纪文明病"之谜。我提出了3个问题：疾病发生于何处？谁感染了疾病？疾病是何时开始出现的？这些问题的答案反映出我们生活方式的改变，西方现代化国家拥有更多财富和知识，人们习惯用抗生素治疗各种疾病，小至感冒，大至危及生命的严重感染。我

人体里的"动物园"：与占据身体90%的微生物共存

们的养殖业也依赖这些药物，加速动物的生长，想办法将它们大量地饲养在狭小的空间中却不会生病。在我们这个时代，饮食中的纤维含量是人类史上最低的。许多孩子并非自然分娩，而是以手术的方式从母亲的身体中取出；数千年来以母乳哺育婴儿的方式被摒弃，取而代之以配方奶粉。

这些变化始于20世纪40年代，当时第二次世界大战刚结束，抗生素的使用变得普及，人们的饮食习惯改变了，剖宫产和奶粉受到大众的欢迎。对我们来说，这些改变原本看不出有什么坏处，然而现在从微观层面来看，它们全都对我们产生了极大的影响。与和我们共同演化、合作了数千世代的共生伙伴的友谊，从我们对微生物宣战的那天起，就在不知不觉中结束了。

"21世纪文明病"影响到了我们所有人，不分年龄、种族、性别。女性首当其冲，特别是自身免疫性疾病的影响，但却一直没有找出明确的原因。某项实验结果显示，性别造成的患病率差异也与微生物区系有关。拥有易患1型糖尿病基因、被称为"非肥胖性糖尿病小鼠"的小鼠，雌鼠的患病率是雄鼠的2倍。这个性别上的差异或许与激素对免疫系统造成的影响有关，因为被阉割的雄性小鼠也更容易患病。但是无菌培养的"非肥胖性糖尿病小鼠"就没有这种性别上的差异，微生物区系似乎以某种方式控制了罹患疾病的风险。若将雄性小鼠的微生物转移到雌性小鼠体内，就可以避免雌鼠罹患糖尿病，这显然是通过提高睾丸素做到的。这些性别差异只会发生在青春期之后，这也解释了为什么人类的1型糖尿病没有性别上的差异，因为它通常在青春期之前发病。其他自身免疫性疾病，如多发性硬化症和类风湿关节炎，发病的年纪越大，性别之间的差异就越小。

　　除了地点、对象和时间，我的疑问还有"为什么"，以及"21世纪文明病是如何出现的"。简言之，答案就是我们的微生物区系被破坏了。简单地说，当我们体内的微生物区系，尤其是肠道中的微生物失去平衡，就会引起身体发炎，进而引发慢性疾病。我们将希望寄托于人类基因组，认为它们将会是人类疾病原因的信息库，但在搜索与分析的过程中，我们发现基因组的数目与其控制的项目比预期的要少。相反，"全基因组关联分析"（genome-wide association studies，简称 GWAS）[1] 已发现基因只会影响我们对不同疾病的感染倾向。这些基因变异不一定是错误，而可能是正常情况下的自然变异，不一定导致健康问题。然而，当处于一个特定的环境，遗传差异可以使某些人比他人更容易患特定的疾病。值得注意的是，许多被发现与"21世纪文明病"相关的遗传基因变异，大都和肠黏膜渗透性及免疫系统调节有关。

　　1900年，发达国家人口的前三大死因是肺炎、肺结核和感染性腹泻，这些疾病导致的死亡占总死亡人数的三分之一，当时人们的平均寿命为47岁左右。到了2005年，前三大死因变成了心脏病、癌症和中风，占据总死亡人数的半壁江山，当时人们平均寿命约为78岁。我们喜欢把这些疾病归因于老化，甚至将其视

---

[1] 从人类全基因组范围内找出存在的序列变异，通过大规模的样本检验，寻找与复杂疾病相关的遗传因素。

为寿命延长无法避免的结果。但在世界上其他尚不发达，甚至是传染病、事故和暴力发生率较高的地区，那些摆脱困境活到"老年"的人，也没有死于这3种疾病的倾向。我们现在意识到，人类并非因为上了年纪，心脏就会变硬、细胞就会失去控制地增殖、血管就会爆裂。医学的新研究指出，这些都不是老化带来的疾病，而是炎症。如果其中存在高龄的影响，那就是我们对身体的忽视，因为我们有足够的时间放任身体产生炎症，并使其发展到灾难性的地步。如果真是这样，没有这些积累了几十年的炎症，我们可能会活得更久。

正如人类基因组解码预示着生物学的新时代，将微生物区系视为人类器官的一部分，则是医学的新趋势。"21世纪文明病"为步入老年的患者带来了新的挑战，医生想要治愈患者，制药公司想为这些慢性疾病研发药物，但传统的治疗方法已经走进了死胡同。我们使用抗组胺药物对抗过敏，用胰岛素对抗糖尿病，用他汀类药物（statins，一种降低血脂的药物）治疗心血管疾病，用抗抑郁药治疗精神疾病，这些全都是长期治疗，而不是全面治疗。这些慢性疾病的治疗方法完美地避开了我们，因为直到20世纪，我们还无法查明导致这些慢性疾病的原因。现在，随着对微生物区系的进一步认识，我们发现它们并不是人体运作的旁观者，而是积极的参与者。现在我们有了找出"21世纪文明病"根源并对症下药的新机会。

所以，我们该怎么做？威胁我们与微生物友谊的有三点：滥用抗生素、饮食中缺少纤维，以及生产和养育孩子方式的改变。不论是从社会还是个人层面，我们都可以对上述情形做出改变。

社会改变

医学伦理学的核心原则与首要之务是"不要造成伤害"。每种治疗都可能有预期之外的副作用，医生必须平衡药物的疗效与风险。然而直到现在，使用抗生素带来的意外后果仍被视为微小且无关紧要的。在承认微生物区系对人体健康重要性的同时，我们也必须接受抗生素治疗有时可能弊大于利的事实。即使抗生素成功治愈了感染，还是可能会对人体造成损害。我们已经有充分的理由来减少抗生素的使用，这个理由就是细菌的耐药性问题。这个问题不仅为个人，也为整个社会带来了一定程度的风险，但却似乎还没有严重到足以说服医生和患者去改变过度使用抗生素的习惯。随之而来的，是个人必须承担抗生素对体内微生物区系造成的损害及附带后果。癌症化疗会对健康细胞造成一系列的严重伤害，只有在其带来的益处远大于付出的代价时，我们才会使用这种治疗方法，也许我们看待抗生素的态度也应该如此。

我们的社会还可以采取一些更实际的措施，减少人们对抗生素的依赖；或是当没有其他替代医疗方案可以选择时，减少抗生素带来的影响。我们知道医生会给病人开不必要的抗生素，即使他们的病更有可能是病毒感染导致的，而非细菌。问题在于，医生通常无法判断病症是由病毒感染还是细菌感染引起的。就目前来说，要找出造成感染的病原体，必须先将样本送到实验室做测试或培养，数天之后才会有结果，这对许多病人与感染的病情来说太慢了。因此，减少抗生素不必要使用的第一步，是发展快速生物指标识别技术，在几分钟或几小时内鉴别易于从人类身上采集的样本，如粪便、尿液、血液，甚至是呼吸的气体。

目前，多数抗生素的广效性被看作一个优点，医生不需要知道是哪些细菌种类造成的感染，使用具有广效性的药物很可能就会有效。然而理想的情况是，我们能够迅速查明感染背后是哪种细菌在作怪，然后以特定的抗生素治疗。更加理想的情况是，通过寻找每种病原体的特定分子，创造出可以破坏它们的抗生素，只针对单一菌种，避免对有益微生物区系造成连带伤害。将事后治疗抗生素副作用的支出投入开发此类药物的额外花费上，也算是降低风险的一种方法。

承认维护微生物区系健康的重要性不能止步于减少使用抗生素。我们还可以和有益微生物结为盟友，共同抵抗金黄色葡萄球菌、艰难梭状芽孢杆菌和沙门氏菌（*Salmonella*）等病原体的入侵，我们体内的常驻微生物区系会帮我们大忙的。通过特定的改良，益生菌可以增强体内微生物的防御，帮助我们抵抗感染或减轻炎症。

了解并操纵个体的微生物区系以改善药物造成的结果，是个人化医疗的下一步。例如心脏药物地高辛（digoxin）[1] 需要依病人的情况调整使用，医生必须凭借诊断与经验，决定适合每位病人的地

---

[1] 一种从毛地黄属植物中提炼的强心药，被广泛用于治疗心脏病。此药的治疗剂量与中毒剂量之间差距很小，每位患者的耐受性和代谢速度也不同，故应视个别情况谨慎使用。

高辛剂量，并且在接下来的几周或几个月内微调用量，在疗效与伤害之间保持平衡。病人对药物的个体差异不是因为遗传差异，而在于肠道微生物区系的组成。体内有迟缓埃格特菌（*Eggerthella lenta*）的患者对地高辛的反应很差，因为这种常见的肠道微生物会使药物失去活性，导致失效。如果心脏病专家知道哪些患者体内有迟缓埃格特菌，就可以建议患者增加蛋白质摄取量，因为精氨酸（一种α-氨基酸）会阻止细菌抑制地高辛的活性。

人体对药物的反应深不可测，某些特定反应更无法单独从人类基因和环境来预测。人体内的微生物区系包含440万个额外基因，部分是继承来的，部分是从外界获得的，它们都在决定个人对药物的反应中发挥重要作用。微生物可以使药物活化、钝化，或是释放出其中的毒素。1993年，微生物区系干扰药物的能力，让18名同时罹患癌症及带状疱疹的日本患者付出了巨大的代价。带状疱疹的治疗药物会被肠道正常的微生物区系转变成一种化合物，而这种化合物会让患者的抗癌药物变得有剧毒。当时人们已经知道这种相互作用的危险性，且带状疱疹药物的标签上明确标示不可与抗癌药物同时服用。不幸的是，在当时的日本，医生会向病人隐瞒癌症的诊断结果，对开立的抗癌药物也没有做出完整的解释。

若是医院有能力为患者体内的微生物DNA测序并鉴定种类，不仅可以帮助诊断，也能确保病人得到了最合适的药物及适当的剂量。通过添加或移除特定菌种，巧妙操纵微生物区系，能帮助减少治疗的副作用、提高疗效并确保安全。随着DNA测序的价格不断降低，监控体内微生物区系以评估健康风险的可行性也变得越来越高。

人类对抗生素的滥用还延伸到了集约农业上。英国广播公司播音员约翰·汉弗莱斯（John Humphrys）在他的优秀著作《食品大赌局》（*The Great Food Gamble*）中讲述了某次拜访英国养牛场的故事。农民自豪地向汉弗莱斯展示自己饲养的壮硕牛只，这些动物都服用了他从兽医那里获得的最好药物。汉弗莱斯发现有一头瘦小的牛站在角落。"这头牛怎么了？"他问农夫。"它没事，"农夫回答，"它就是瘦，是我们自己留着吃的。我太太不希望让孩子吃下那些该死的药。"

在欧盟，农民被禁止使用抗生素作为生长促进剂，但农民不可避免地还是会用它们来"治疗"动物。在美国，尽管食品药品监督管理局已宣布打算限制抗生素的使用范围，但禁止抗生素的法令还是迟迟没有着落。受抗生素影响的不只有动物制品，受药物污染的动物粪肥可以被合法用来为有机蔬菜作物施肥。到了最后，真正不含抗生素（包括不含激素、农药、化肥及其他可能会对人类健康有害的药物）的农产品成本将会越来越高。但你是宁愿花钱购买安全的食物，还是愿意花钱看医生、缴纳高额的税费支撑卫生服务的正常运作呢？

每当我们讨论到饮食，就会冒出各种不同的观点将我们团团包围。黄油和橄榄油哪一种更不健康？我们一天应该摄取多少热量？吃坚果好还是不好？如果想减肥，我们应该少摄入碳水化合物还是脂肪？甚至专家也无法在这些问题上达成一致，但至少大部分专家都会告诉你应该多吃纤维。

英国在2003年发起了"天天五蔬果"（Five-a-Day）的活动，提倡每天至少吃5种水果和蔬菜。然而英国人的饮食习惯根深蒂固，人们甚至开玩笑说酒、果酱和水果口味的甜食是"我的'天天五蔬果'计划中的食物"。在澳大利亚，政府的公共卫生倡导计划是"二五计划"（Go for 2&5）——每天吃2种水果和5种蔬菜。这些倡导慢慢对人们的饮食习惯产生了一些影响，但麻烦的是，这些计划强调的重点是维生素和矿物质，而不是纤维。食品制造商趁机而入，打着健康的旗号，提高自己产品的关注度。水果经常被榨成汁或混合其他添加物，比蔬菜得到了更多的关注，而包括谷物、种子和坚果在内的其他植物性食物则完全被忽略，纤维也未获得应有的关注。究竟怎么做才是最好的？答案就是**多吃植物**。

作为社会群体，当谈到饮食时，我们面临的最大困难就是生活节奏。人们常常因为时间不够用，导致无法摄取足够的纤维。在许多欧美国家，人们的典型午餐是三明治，其中可能夹着一层薄薄的蔬菜沙拉，最好也不过就是少量的烤蔬菜，纤维含量少得可怜。晚餐也一样，当我们没有太多时间下厨时，往往以微波食品果腹，这些食物中通常没什么蔬菜。即使吃水果，也常为了方便和快速而选择鲜果汁或瓶装果汁，省去切、剥皮或其他任何麻烦事。另一个问题是工作场所没有地方可以下厨，但就算在每个办公室放一台微波炉，要想让上班族多吃蔬菜，仍然还有很长的

　　　　　人体里的"动物园"：与占据身体90%的微生物共存

路要走。饮食在人类文化中占据了很大一部分，但现代人却很少把心思放在好好吃东西上。

最后，我们来谈谈婴儿与生育。20世纪，人们在产前检查和降低婴儿死亡率，特别是在早产儿照护方面有了长足的进步。曾经有几十年，配方奶粉变得比母乳喂养更普遍；但现在，越来越多的母亲开始回归母乳喂养的方式，至少发达国家的母乳喂养比例越来越高了。然而在其他方面，我们却在倒退。我们对科学和医学投入巨大的信任，重视自由选择，结果在许多城市中，孕妇剖宫产的比例远远高于自然分娩。我们应该对这种干预措施有所警觉，毕竟关于女性和儿童健康问题的研究还相对较少，尤其是在"身体健康"的情况下，例如怀孕、分娩和生产期间。

助产士和产科医生必须了解，剖宫产和配方奶粉喂养会对婴儿的微生物区系造成什么样的后果，母亲更应该知道。我们将婴儿迎入这个世界时所用的技术，是基于我们所知的对母子最好的知识，但知识是不断发展的。剖宫产并不如我们认为的那样"安全"——婴儿接受的微生物区系因此改变了，而这可能会在未来的几天、几个月甚至几年之内影响他们的健康。

可以说，我们已经用整整一代儿童"实验品"做了大规模实验。如果通过手术提前几天或几周取出宝宝，而不是让他们到了适当的时机，自行从产道出生，会发生什么事？抛开微生物不谈，如果剥夺了婴儿接触母亲在分娩时分泌的激素，或在被推出产道的过程中承受的压力，会发生什么情况？母亲跳过本应经历的数小时的化学和生理准备，选择剖宫产，会对母体产生什么影响？对于这些问题的答案，我们才刚刚开始探索。作为社会群体，我们应当为真正有需要的母亲和婴儿进行剖宫产，让不需要的人自然分娩。

如果以牛奶喂养婴儿，而不是母亲的乳汁，会发生什么事？20世纪的孩子就是这场实验的豚鼠。如今，发达国家中约25%的新生儿仍在这场实验中。当然，也有少数女性（估计少于5%）无法产生乳汁来满足新生儿的需求，还有一些女性因为现实的难处无法亲自哺育她们的孩子。支持这些母亲，提供高质量的替代母乳——不论是牛奶、捐赠的母乳还是婴儿配方奶粉都至关重要。若能运用母乳中的低聚糖和微生物改良婴幼儿配方奶粉，那些无法母乳喂养和选择奶粉喂养的母亲都将受益良多。

如果助产士、产科医生和社区医务人员能获得关于母乳和哺育新生儿的最新知识，就能为孩子的父母提供最好的建议和支持。

个人改变

生活在现代化国家的我们很幸运，因为我们的健康大多取决于自己的选择。你无法改变父母赐予你的基因或是生活环境，但是你可以塑造、培养和照顾住在你体内的微生物。作为一个成年人，你选择的食物和药物决定了你拥有的微生物区系。善待它们，它们将会回报你。如果你打算养育孩子，他们体内的微生物区系也是由作为父母的你所决定的，如果你是一位女性，那更是如此。

我完全支持你的选择。选择既是自由的标记，也是自由的推动者。选择是文明社会的核心，使个体得以改善自己的生活。但是，忽视可用信息而做出的选择是没有意义的。过去的15年中，科学研究在微生物区系和我们的复杂关系，以及微生物对人类身体的控制上，揭露了一个全新的层次，为我们提供了新的视野，让我们了解自己的身体（超有机体）是如何被设计出来及如何运作的。拥有这些信息，你做出的选择才是由你自己决定的。我的建议是，你应当有意识地做出以下这些选择。

关于饮食，我希望你能有意识地选择自己吃的东西。

许多超时工作的医生朋友告诉我，他们每天工作中遇到的巨大挫折之一，就是帮助不想帮助自己的病人。医生通常最喜欢开的处方是：积极的生活方式和健康的饮食——低脂、低糖、低盐和高纤维。有些病人听不进去，他们宁愿用药物解决问题，但其实食物才是良药。

人类已经演化为杂食动物，我们的身体期待得到更多植物和少量的肉类。但许多人却反其道而行之，摄取大量的肉类和很少的植物，以及大量几乎与动植物无关的食物。如果你选择吃更多的植物来增加纤维的摄取量，务必要慢慢地、稳定地增加蔬菜量，让你的微生物有时间来适应这种改变。突然将大量的纤维倾入住满习惯脂肪、蛋白质和单一碳水化合物的微生物的肠道，可能会产生一些不良影响。请记住，蔬菜、豆类和荚果（例如豌豆、黄豆等）往往比水果含有更多的纤维和更少的糖分。如果将水果榨成汁会降低纤维量，并且会在小肠内被消化、吸收，反而摄取更多热量。如果你有肠胃疾病，在改变饮食之前最好先询问医生的意见。

多吃植物性食物，可以促进体内有益微生物的生态平衡，巩固维持身体健康的基础。所以，请有意识地选择吃植物性食物吧！

关于药物，我希望你能有意识地选择使用抗生素。

我再次声明：抗生素是救命药，在非常多的情况下，它们利大于弊。是的，在决定何时该使用抗生素之前，我们需要考虑我们的微生物区系，但若没有抗生素，我们也不会想到要关心体内的有益微生物。问题的关键不在于抗生素是"不好的"——它们是我们对付致病细菌的关键武器。但是要记住，杀鸡焉用牛刀。

医生并不是唯一该为滥用抗生素负责的人。通常，门诊的医生在午休前就得替20多位病人看诊，要在短短10分钟内听取病史、做出诊断，给忧心忡忡的病人意见，并开立合适的药物。面对坚持己见的病人，医生往往会给他想要的东西，以便能够保障下一位病人的10分钟。所以，请有意识地选择自己是否要成为那位坚持己见的病人。

你可以参考以下步骤，来帮助你决定是否需要使用抗生素。首先，你可以考虑观察一两天，看看病情是否有好转。请注意，我说的考虑是请你用常识判断。其次，如果你的医生给你开了抗生素，你可以考虑问他以下几个问题：

1. 如何确定我的感染是细菌感染，而非病毒感染？

2. 抗生素可能使我的病情好转，还是能帮我恢复得更快？

3. 如果选择不服用抗生素，让我的免疫系统对抗感染，会有什么风险？

对于是否应该使用抗生素，通常很难有一个明确的答案，但你可以有意识地选择。你要知道的是，抗生素可以帮助你，也会伤害你。衡量抗生素带来的好处是否大于你需要付出的代价，是明智的患者在与明智的医生做咨询时应该讨论的问题，请确保自己和医生都是明智的。

最后，如果在治疗的同时辅以良好的饮食习惯，可以帮助或保护你体内的微生物区系。请考虑这么做，这会为你的健康打下良好的基础。但也请谨记，这是一门模糊且还在探索中的科学，你的微生物区系组成不能（至少现在还不能）告诉你可能生了什么病。

无论你是否选择服用抗生素，都请有意识地做出选择。

最后，我希望你能在分娩和喂养宝宝的方式上有意识地做出选择。

现在有很多关于怀孕和养育孩子的信息和建议，有时会让人觉得，好像女人对于生产的自然本能被扼杀了，我们不再知道怎么做才是正确的。往好的方面想，我们对于体内微生物区系的新认识给了我们做决策的直接依据：如果一切顺利，坚持选择自然分娩。如果很不幸地，事情不如预想的顺利，剖宫产和奶粉喂养也可以帮助我们。

请有意识地选择生产的方式。我们每个人能做到的，就是做好准备并心中有数。当你在拟定生育计划时，请将如何为宝宝提供健康的微生物种子考虑进去。要做到这一点，最有效的方法就是采取自然分娩的生产方式。如果你选择了剖宫产，或者有特殊情况必须剖宫产，可以考虑采用玛丽亚·格洛丽亚·多明格斯－贝罗的"阴道细菌擦拭法"。还有一点，在生产之前，记得与你的先生、医生和助产士分享你的计划。

请有意识地选择喂养宝宝的方式。不要忘记，宝宝可以借由母乳获得出生时应该拥有的微生物"幼苗"。如果你想以母乳喂养，请提前储备相关的知识，寻求支持、增加信心。网络上有许多有用的信息，例如世界卫生组织的网站上就有关于母乳喂养最佳期限的建议。如果你无法选择母乳喂养，也不要气馁，还有很多方法可以培养孩子体内的微生物区系。

我还有一个关于养育孩子的好消息要告诉你：我们大可以放松对"细菌"的戒心。宝宝在日常生活中遇到的大多数微生物都没有害处，事实上，这些微生物有助于建立宝宝体内的微生物多样性，并且帮忙训练幼儿的免疫系统。使用抗菌喷雾和湿纸巾可能弊大于利。

不论你的选择是什么，都请有意识地做出选择。

2000年，人类中最聪明的一群人成功破译了DNA编码，正是这些编码让每天的每一秒都有4个新生命诞生在这个世界上，这些编码就是生命的蓝图。这是人类关键的一刻，也对我走上生物学家之路有极大的影响。多年后，当我在伦敦韦尔科姆收藏馆（Wellcome Collection）抬头仰望那些印有组成人类基因组的腺嘌呤（Adenine）、胸腺嘧啶（Thymine）、胞嘧啶（Cytosine）与鸟嘌呤（Guanine）内容的众多图书时，我依然为这项重大成就感到震惊。这120卷的学术巨著包含了人类的灵魂，我们能从书页中捕捉到其中的精华，我正是被此吸引，并且坚定了对这份职业的选择与热爱。

即使可以用图像的方式赋予其艺术的形体，也很难想象微生物区系的基因破译能与破译人类基因组一样，为我们的生命带来神奇的影响力。但在过去的一二十年间，我们终于意识到，体内的微生物也是我们的一部分，它们的基因也是我们宏基因组的一部分，这份领悟可能对人类的生活产生更大的意义。我们体内的微生物区系就像是一个器官，一个被遗忘、看不见的器官，它们对我们健康与快乐的贡献与其他器官一样大。但与我们的其他器官不同，这个新的"器官"不是固定的，而是可以改变的。不像人类的基因，我们的微生物基因是可以改变的。我们体内的微生物种类和它们所包含的基因都是我们的财富。你不能选择你的基因，但你肯定可以选择你身体里的微生物。

对我们与体内微生物的亲密关系的了解，将我们的健康和生活方式带入了一个新的阶段。这与我们的演化历史有必然的关联，因为正是不断的演化将我们的现代科技、自然缺陷、宏观尺度下的生命与它们的根基紧紧联系在一起的。自从达尔文写下《物种起源》，人们就一直在争论，究竟是先天条件还是后天环境造就了现在的我们。一个男人身材高大，是因为他的父亲也身材高大，还是因为他从小就摄取大量的健康食品？一个聪明的孩子，是因为他的母亲很聪明，还是因为他有最好的老师？一个女人患乳腺癌是因为她的基因，还是因为她使用了合成的激素？当然，这是一种错误的二分法。对于绝大多数的生物特征和疾病来说，先天和后天因素都是必须被纳入考虑的重要因素。如果问我们从"人类基因组计划"中学到了什么，那就是基因（先天条件）给了我们基本设定，使我们较容易患上某些疾病；但我们是否真的会得这些病，取决于我们的生活方式、我们的饮食，以及我们的经历——总之就是会受到后天环境的影响。

现在，除了先天（基因）和后天（环境），我们有了第三个影响因素。它们的位置有些尴尬，严格说来，微生物组在我们最终人格特性的形成中属于后天环境的影响，但它们也属于基因的一部分，也是来自父母的遗传，尤其是母亲，只不过不是经由卵子和精子传递，不是通过人类基因传给后代。许多家长希望将他们最好的部分传给孩子，就像电影《千钧一发》（*Gattaca*）中描画的未来，实现愿望无法靠机会与运气，而是天生就已经决定好了的。也有许多父母希望尽自己所能，给子女最幸福、健康的环境。而微生物既具有基因的影响力，也可以通过环境控制，让父母能够同时做到这两件事。

尽管人们对破译人类基因组这个神奇的发现大肆宣传，但人类基因组并没有完全满足我们对生命蓝图和生活哲学的憧憬。对于我们的人性和人格特质，我们会说："这些都存在于我们的基因中。"但事实上我们知道，我们的DNA很少对我们的日常生活下达指令。而组成其他90%的100万亿个微生物和440万个微生物基因也是我们的一部分，与我们一同演化，我们不能没有它们。这是第一次，达尔文的进化论与人类其他90%的组成，正在告诉我们该如何生活。

　　拥抱与我们一起走过数百万年的微生物，是接纳真实自我的第一步，只有这样，我们才能最终成为一个100%的人类。

后　记 ┊ **100%人类**

　　2010年冬天，我的身体仍旧持续感到疼痛，而且一天当中能保持清醒的时间不超过10小时。我愿意做任何事让自己好起来。以塑料小珠子的形式放在我被掏空的趾骨中、以输液的形式进入我的血液中、让填满粉末的胶囊在我的肠道中融化，用这些抗生素方法治愈正在破坏我生活的感染曾是我不敢奢求的梦想。我会永远感激这些强效药，让我恢复健康、充实的生活。

　　但抗生素治疗也给我带来了别的东西：让我意识到了100万亿个跟我共享身体的老朋友。在了解它们对我的健康及幸福的贡献后，我开始从一个全新的视角看待生命，无论是在我自己的生活，还是生物学意义上的生活中——生命的存在与共存。写这本书，最初是为了个人目的。我想知道自己体内微生物群落的损伤，是否在不知不觉中损害了我的健康。更重要的是，我想知道我是否能重建微生物区系，进而改善我的健康状况。

与我们的基因不同，微生物区系的美妙之处，就在于我们对它们有一定程度的掌控权。当我开始为写这本书做研究时，我将我的肠道微生物样本寄给了一项名为"美国肠道计划"的公众科学计划。这项计划是由科罗拉多大学波尔得分校的罗伯·奈特教授的实验室主持的。通过为我的细菌做DNA测序，他们能告诉我体内有哪些细菌种类。虽然我很高兴在经历多次抗生素治疗后，我的体内至少还留有一些微生物，但我很担心其中因为其他细菌死伤殆尽而占据优势的两大类细菌——拟杆菌和厚壁菌。生活在亚马孙热带雨林和马拉维农村的人的细菌样本多样性，远超西方社会的居民。他们的生活中没有抗生素，也没有失衡、偏食的西方饮食习惯，他们的孩子是母亲自然分娩产下、以多年母乳喂养的方式养大的。他们拥有我们追求的微生物生态多样性。我想知道我是否能从体内微生物生态重建中受益，是否只要吃得健康就能帮助我得到更多样的微生物。

在我的细菌样本中，有一种萨特氏菌属（*Sutterella*）的细菌比例特别高。在生病期间，我出现了一种新的症状，就是在我疲惫时，脸和脖子的肌肉会不由自主地抽搐。这很恼人，而且有点儿令人不安，因为我得知在孤独症患者体内也有过量的萨特氏菌属细菌，其中很多人也会出现和我一样的抽搐反应。我想知道，有可能是过量的萨特氏菌属细菌让我抽搐吗？由于还有许多研究尚未完成，目前还无法确认这点，但这的确引人深思。微生物研究在科学领域尚处于起步阶段，却值得人们期待与关注。特定的微生物基因、种类和群落在人类的健康和幸福中发挥什么作用，还需要一定的时间来证实，目前我们还没有以微生物区系为基础来诊断疾病的足够知识。

在我认识体内的微生物区系之前，很少注意自己吃的食物。以前我并不同意"人如其食"这种说法，也很怀疑食物在短期内可以对健康产生影响的说法。我确实吃得比较健康，从来没有大吃特吃快餐和甜点，但我对蔬菜实在不太感兴趣，每天只吃一份或两份，我没有意识到自己每日三餐的纤维含量是多么贫乏。我一直保持很瘦的体形，以为这样就代表我的饮食是很健康的。但现在，我对食物的想法完全改变了。我现在考虑的不只是人体细胞吸收的营养，也会考虑我的微生物细胞吃得好不好。哪些微生物将从我的食物中获益呢？它们会将食物转换成什么？这些分子会如何影响我的肠道渗透性，对我的感觉有什么影响？我有吃下足以喂饱微生物的食物，来平衡那些纯粹为了满足口腹之欲的食物吗？

我其实没有为了照顾微生物区系而在饮食上做出太大改变，我吃的食物大致上跟以前一样，只是纤维含量变得多了。例如我的早餐从一碗高糖分、低纤维的盒装早餐麦片，变成了一碗包含燕麦、小麦、大麦的早餐麦片，并配上坚果、种子、新鲜浆果、无糖天然酸奶和牛奶。它的味道更好、更便宜，而且是我的微生物喜欢的大餐。我还是会在周末时来份煎火腿，但一定会附加豆类和蘑菇。我用糙米替代了白米，有时会用扁豆代替意大利面，偶尔用扎实的坚果黑麦面包代替松软的白吐司片。我会在午餐中加一碗豌豆或清蒸菠菜。根据我的计算，我每天摄取的纤维量从大约15克增加到了60克，而且非常容易就做到了。光是早餐的纤维含量，就从以前的仅仅2克增加到了现在的16克，这跟我以前全天的纤维摄取量一样多。讽刺的是，我以前吃的早餐麦片还在包装上标榜着高纤维含量。

那么，饮食的改变对我的微生物区系有什么影响呢？在改用"对微生物友善"的饮食方式之后，我做了第二次微生物样本测序。这可能不是很科学，但我在微生物的种类和数量上看到了努力的成果，这令我相当满意。位于新名单第一位的，正是我们的朋友，消化道细菌阿克曼氏菌，这是我在第2章提到的与纤瘦有关的细菌，它们在我体内繁荣生长，数量是我开始增加纤维饮食前的60倍。我都能想象出它们温柔地鼓励我的肠黏膜细胞，使其产生一层有益的、厚厚的黏液，保护我的身体不受脂多糖分子入侵，而脂多糖会打扰免疫系统并改变能量调节。

同样地，制造丁酸盐的柔嫩梭菌和双歧杆菌的数量也大大增加。我喜欢想象它们帮助我的肠黏膜细胞紧密地连接在一起，并且让我的免疫系统冷静下来。到目前为止，一切都令人满意，但这对我的健康会产生什么影响呢？感觉上情况好像正在好转，我的疲惫感减轻、皮疹消失了，至少目前是这样。时间会证明这是运气、安慰剂效应，还是真的是多摄取纤维带来的结果。当然，即使开始执行高纤维饮食，我的微生物区系的改变也不会是永久性的；为了提供微生物所需的养分，我必须继续保持富含纤维的饮食。我本来就该这么做，而且今后也不会放弃。

吃有益微生物区系的食物，不仅对我自己的健康有益。成为母亲的考虑让我觉得自己比以往任何时候都更有理由照顾我的细胞，包括人类的和微生物的细胞。假设服用抗生素让我的微生物区系向不好的方向发展，我希望能让它们在传给我的孩子之前恢复原样。如果多吃植物可以帮助我达成这个目标，这就是我所做的有意识的选择。

直到最近，当想到生产和养育孩子，我比以前多了几分坚持。我相信现代医学能为我和我的孩子提供最好的照顾，如果有需要的话，我仍然会选择剖宫生产——但只有在出问题的情况下。如果一切顺利，我会坚持自然分娩。分娩过程是哺乳动物数百万年来的繁衍方式，而且经过演化，母乳适合人类的成长。我仍然可以自己做选择，但我做选择时会将有关微生物价值的新知识考虑进去。我的优先选择是阴道中的微生物，而不是我腹部皮肤上的、产科医生和助产士手中的微生物区系。如果剖宫产是我唯一的选择，我就打算模仿自然分娩，采取玛丽亚·格洛丽亚·多明格斯－贝罗的方法，用阴道微生物擦拭我的宝宝。至于母乳喂养，我和我的丈夫已经准备好尽可能多的储备知识、培养体力，以度过照顾新生儿的辛苦、疲惫和缺乏经验的艰难日子。我希望依据世界卫生组织的指南进行母乳喂养——前6个月完全以母乳喂养，接下来以母乳搭配婴儿食物，直到宝宝两岁或两岁之后。这就是我的目标，是我有意识的选择。

最后是抗生素。从过去的传染病到现今的"21世纪文明病"，这些非凡的药物带我完成了一个循环，它们帮我恢复了我一度害怕再也无法恢复的生活质量，但同时也带领我进入了从来不曾经历过的新领域。这个教训不代表抗生素都是不好的。抗生素是珍贵的，同时也是不完美的，是要付出代价的。自最后一次抗生素治疗后，我很幸运地没有再需要用到它们。如果我或我的孩子将来需要使用抗生素，真正迫切地需要，我会毫不犹豫地使用，但我也会同时使用益生菌，以减轻抗生素的副作用和附带损害。但是，如果情况容许我观望，看看我的免疫系统是否能自行对付感染，我会做出有意识的选择。

至于我和我体内的微生物，我们正在慢慢重建我们之间的关系。若没有使用过抗生素，我的生活会很不同，但现在，我康复了，我还了解了一件事：体内的微生物是极为重要的。毕竟，我只有10%是人类。

人体里的"动物园"：与占据身体90%的微生物共存

致　谢

在我看来，科学提供了这个世界所需的伟大的新故事的真实来源。我们承认微生物对我们健康与幸福的影响，却也在不经意间对它们造成了伤害。我要说的就是这样的一个故事。其中曲折的过程不断被无数科学家发现并赋予细节，我非常感谢他们提供如此丰富且迷人的故事，并且尽力忠实地呈现他们的发现与见解。若是有任何错误，均由本人承担。

在此感谢帕特里斯·卡尼与阿莱西奥·法萨诺，两位都是对微生物学做出杰出贡献的科学家，感谢二位和我讨论他们的研究、阅读我的研究，并热情且详细地解答我的问题。特别感谢德里克·马克费比、艾玛·艾伦-费尔科、特德·迪南（Ted Dinan）、露丝·利、玛丽亚·格洛丽亚·多明格斯-贝罗、尼基尔·杜兰德哈、加里·埃格（Garry Egger）与艾莉森·施蒂贝，感谢你们愿意抽出宝贵的时间，给予我极大的帮助。同样感谢吉塔·卡司萨拉、戴维·马戈利斯（David Margolis）、斯图尔特·利维（Stuart Levy）、詹妮·布兰德–米勒、汤姆·博罗迪、彼得·特恩博、蕾切尔·卡莫迪、弗雷德里克·巴克赫、保罗·奥图尔（Paul O'Toole）、丽塔·普罗克特（Lita Proctor）、马克·史密斯、李·罗恩、艾格尼丝·沃尔德、艾琳·博尔特、尤金·罗森伯格、弗朗茨·贝尔雷（Franz Bairlein）、亚斯米娜·阿加诺维奇（Jasmina Aganovic）、杰里米·尼科尔森、亚历山大·霍鲁兹、玛丽亚·卡门·科利亚（Maria Carmen Collado）、理查德·阿特金森、理查德·桑德勒、萨姆·特维（Sam Turvey）、西德尼·芬戈尔德、威廉·帕克（William Parker），感谢你们热情地阅读本书书稿，并解答我的问题。我还要感谢书中引述过他们的研究，但未提及名字的许多科学家。非常感谢埃伦·博尔特与我数小时的对谈，并分享了她和安迪的故事——埃伦，你真是鼓舞人心。非常感谢佩吉·卡恩·哈伊让我分享她的故事并带来如此正向的影响力。

　　我非常感谢哈珀·柯林斯出版集团（HarperCollins）的英国和美国分公司。阿拉贝拉·派克（Arabella Pike）和特里·卡滕（Terry Karten）从一开始就高度热情，并且理解本书是一本关于人类而不只是关于细菌的书，谢谢你们。我也要感谢乔·沃克（Jo Walker）、凯特·托利（Kate Tolley）、凯瑟琳·帕特里克（Katherine Patrick）、马特·克拉彻（Matt Clacher）、乔·齐格蒙德（Joe Zigmond）、凯瑟琳·拜特纳（Katherine Beitner）、史蒂夫·考克斯（Steve Cox）与吉尔·韦里洛（Jill Verrillo）。感谢我的经纪人帕特里克·沃尔什（Patrick Walsh），是他的鼓励让我坚持下来；感谢他们整个团队，特别是杰克·史密斯－博赞基特（Jake Smith-Bosanquet）、亚历山德拉·麦克尼寇（Alexandra McNicoll）、艾玛·芬恩（Emma Finn）、卡丽·普利特（Carrie Plitt）、埃纳·西尔文诺伊宁（Henna Silvennoinen），他们发来的电子邮件常常让我很开心。感谢发明Scrivener写作软件的人，让一个人的作品在不断增量之后还能够轻松编辑。

　　感谢安特希尔作家组织（Ampthill Writers），特别是蕾切尔·J.路易斯（Rachel J. Lewis）、艾玛·里德尔（Emma Riddell）及菲利普·怀特利（Philip Whiteley），感谢他们的陪伴，让我每个月至少踏出家门一次。感谢我的朋友们没有因我的缺席而生气，并且不断地检查我的进度。感谢沃森（Watson）教授与艾德宁（Adenine）女士给予我的智力刺激。再次感谢我虚拟办公室的同事珍·克里斯（Jen Crees），感谢你在本书的起草阶段与我进行发人深思的讨论，并向我提供正面的反馈。谢谢我的父母在我生病时一直陪在我身边，并且从未质疑过我，特别是我的母亲，感谢她无数次倾听本书的结构与纲要。特别感谢我的挚友与大哥马修·莫尔特比（Matthew Maltby），你是故事大师，谢谢你花费那么多时间为我讲述真理，不论我的反应如何。最后，我要感谢本（Ben）对我的坚定信念，心甘情愿地从早到晚陪我处理这些关于蝙蝠和微生物的东西。

参考文献

不论是精神健康还是身体健康，探讨微生物区系对人类健康影响的科学文献都在以指数速率增长。这是一个崭新的领域，从十几年前才开始有重大的发展。除了与一些顶尖的微生物学家进行了无数次面谈及电话和电子邮件往来，本书的主要参考文献均来自原始的研究资料——发表在科学期刊中的经过同行评审的研究。本书中的信息来自数百篇论文，篇数之多难以一一详列，在此仅列出书中最重要和最有趣的参考文献，以及这一领域中适合大众阅读的一般性建议。

序　曲 ｜ 占据身体90%的微生物究竟代表什么？

1. International Human Genome Sequencing Consortium (2004). Finishing the euchromatic sequence of the human genome. *Nature* 431: 931–945.
2. Nyholm, S.V. and McFall-Ngai, M.J. (2004). The winnowing: Establishing the squid–

Vibrio symbiosis. *Nature Reviews Microbiology* 2: 632–642.

3. Bollinger, R.R. *et al.* (2007). Biofilms in the large bowel suggest an apparent function of the human vermiform appendix. *Journal of Theoretical Biology* 249: 826–831.

4. Short, A.R. (1947). The causation of appendicitis. *British Journal of Surgery* 53: 221–223.

5. Barker, D.J.P. (1985). Acute appendicitis and dietary fibre: an alternative hypothesis. *British Medical Journal* 290: 1125–1127.

6. Barker, D.J.P. *et al.* (1988). Acute appendicitis and bathrooms in three samples of British children. *British Medical Journal* 296: 956–958.

7. Janszky, I. *et al.* (2011). Childhood appendectomy, tonsillectomy, and risk for premature acute myocardial infarction – a nationwide population-based cohort study. *European Heart Journal* 32: 2290–2296.

8. Sanders, N.L. *et al.* (2013). Appendectomy and *Clostridium difficile* colitis: Relationships revealed by clinical observations and immunology. *World Journal of Gastroenterology* 19: 5607–5614.

9. Bry, L. *et al.* (1996). A model of host-microbial interactions in an open mammalian ecosystem. *Science* 273: 1380–1383.

10. The Human Microbiome Project Consortium (2012). Structure, function and diversity of the healthy human microbiome. *Nature* 486: 207–214.

第 1 章 | 谜团：不正常的 21 世纪文明病

1. Gale, E.A.M. (2002). The rise of childhood type 1 diabetes in the 20th century. *Diabetes* 51: 3353–3361.

2. World Health Organisation (2014). Global Health Observatory Data – Overweight and Obesity. Available at: http://www.who.int/gho/ncd/ risk_factors/overweight/en/.

3. Centers for Disease Control and Prevention (2014). Prevalence of Autism Spectrum Disorder Among Children Aged 8 Years – Autism and Developmental Disabilities Monitoring Network, 11 Sites, United States, 2010. *MMWR* 63 (No. SS-02): 1–21.

4. Bengmark, S. (2013). Gut microbiota, immune development and function. *Pharmacological Research* 69: 87–113.

5. von Mutius, E. *et al.* (1994) Prevalence of asthma and atopy in two areas of West and East Germany. *American Journal of Respiratory and Critical Care Medicine* 149: 358–364.

6. Aligne, C.A. *et al.* (2000). Risk factors for pediatric asthma: Contributions of poverty, race, and urban residence. *American Journal of Respiratory and Critical Care Medicine* 162: 873–877.

7. Ngo, S.T., Steyn, F.J. and McCombe, P.A. (2014). Gender differences in autoimmune disease. *Frontiers in Neuroendocrinology* 35: 347–369.

8. Krolewski, A.S. *et al.* (1987). Epidemiologic approach to the etiology of type 1 diabetes mellitus and its complications. *The New England Journal of Medicine* 26: 1390–1398.

9. Bach, J.-F. (2002). The effect of infections on susceptibility to autoimmune and allergic diseases. *The New England Journal of Medicine* 347: 911–920.

10. Uramoto, K.M. *et al.* (1999) Trends in the incidence and mortality of systemic lupus erythematosus, 1950–1992. *Arthritis & Rheumatism* 42: 46–50.

11. Alonso, A. and Hernán, M.A. (2008). Temporal trends in the incidence of multiple sclerosis: A systematic review. *Neurology* 71: 129–135.

12. Werner, S. *et al.* (2002). The incidence of atopic dermatitis in school entrants is associated with individual lifestyle factors but not with local environmental factors in Hannover, Germany. *British Journal of Dermatology* 147: 95–104.

第 2 章 ｜ 肠道的小秘密：所有疾病都源于肠道

1. Bairlein, F. (2002). How to get fat: nutritional mechanisms of seasonal fat accumulation in migratory songbirds. *Naturwissenschaften* 89: 1–10.

2. Heini, A.F. and Weinsier, R.L. (1997). Divergent trends in obesity and fat intake patterns: The American paradox. *American Journal of Medicine* 102: 259–264.

3. Silventoinen, K. *et al.* (2004). Trends in obesity and energy supply in the WHO MONICA Project. *International Journal of Obesity* 28: 710–718.

4. Troiano, R.P. *et al.* (2000). Energy and fat intakes of children and adolescents in the United States: data from the National Health and Nutrition Examination Surveys. *American Journal of Clinical Nutrition* 72: 1343s–1353s.

5. Prentice, A.M. and Jebb, S.A. (1995). Obesity in Britain: Gluttony or sloth? *British Journal of Medicine* 311: 437–439.

6. Westerterp, K.R. and Speakman, J.R. (2008). Physical activity energy expenditure has not declined since the 1980s and matches energy expenditures of wild mammals. *International Journal of Obesity* 32: 1256–1263.

7. World Health Organisation (2014). Global Health Observatory Data – Overweight and Obesity. Available at: http://www.who.int/gho/ncd/ risk_factors/overweight/en/.

8. Speliotes, E.K. *et al.* (2010). Association analyses of 249,796 individuals reveal 18 new loci associated with body mass index. *Nature Genetics* 42: 937–948.

9. Marshall, J.K. *et al.* (2010). Eight year prognosis of postinfectious irritable bowel syndrome following waterborne bacterial dysentery. *Gut* 59: 605–611.

10. Gwee, K.-A. (2005). Irritable bowel syndrome in developing countries – a disorder of civilization or colonization? *Neurogastroenterology and Motility* 17: 317–324.

11. Collins, S.M. (2014). A role for the gut microbiota in IBS. *Nature Reviews Gastroenterology and Hepatology* 11: 497–505.

12. Jeffery, I.B. *et al.* (2012). An irritable bowel syndrome subtype defined by species-specific alterations in faecal microbiota. *Gut* 61: 997–1006.

13. Bäckhed, F. *et al.* (2004). The gut microbiota as an environmental factor that regulates fat storage. *Proceedings of the National Academy of Sciences* 101: 15718–15723.

14. Ley, R.E. *et al.* (2005). Obesity alters gut microbial ecology. *Proceedings of the National Academy of Sciences* 102: 11070–11075.

15. Turnbaugh, P.J. *et al.* (2006). An obesity-associated gut microbiome with increased capacity for energy harvest. *Nature* 444: 1027–1031.

16. Centers for Disease Control (2014). Obesity Prevalence Maps. Available at: http://www.cdc.gov/obesity/data/prevalence-maps.html.

17. Gallos, L.K. *et al.* (2012). Collective behavior in the spatial spreading of obesity. *Scientific Reports* 2: no. 454.

18. Christakis, N.A. and Fowler, J.H. (2007). The spread of obesity in a large social network over 32 years. *The New England Journal of Medicine* 357: 370–379.

19. Dhurandhar, N.V. *et al.* (1997). Association of adenovirus infection with human obesity. *Obesity Research* 5: 464–469.

20. Atkinson, R.L. *et al.* (2005). Human adenovirus-36 is associated with increased body weight and paradoxical reduction of serum lipids. *International Journal of Obesity* 29: 281–286.

21. Everard, A. *et al.* (2013). Cross-talk between *Akkermansia muciniphila* and intestinal epithelium controls diet-induced obesity. *Proceedings of the National Academy of Sciences* 110: 9066–9071.

22. Liou, A.P. *et al.* (2013). Conserved shifts in the gut microbiota due to gastric bypass reduce host weight and adiposity. *Science Translational Medicine* 5: 1–11.

第 3 章　｜　精神控制：肠道微生物控制大脑与感觉

1. Sessions, S.K. and Ruth, S.B. (1990). Explanation for naturally occurring supernumerary limbs in amphibians. *Journal of Experimental Biology* 254: 38–47.

2. Andersen, S.B. *et al.* (2009). The life of a dead ant: The expression of an adaptive extended phenotype. *The American Naturalist* 174: 424–433.

3. Herrera, C. *et al.* (2001). Maladie de Whipple: Tableau psychiatrique inaugural. *Revue Médicale de Liège* 56: 676–680.

4. Kanner, L. (1943). Autistic disturbances of affective contact. *Nervous Child* 2: 217–250.

5. Centers for Disease Control and Prevention (2014). Prevalence of Autism Spectrum Disorder Among Children Aged 8 Years – Autism and Developmental Disabilities Monitoring Network, 11 Sites, United States, 2010. *MMWR* 63 (No. SS-02): 1–21.

6. Bolte, E.R. (1998). Autism and *Clostridium tetani*. *Medical Hypotheses* 51: 133–144.

7. Sandler, R.H. *et al.* (2000). Short-term benefit from oral vancomycin treatment of regressive-onset autism. *Journal of Child Neurology* 15: 429–435.

8. Sudo, N., Chida, Y. *et al.* (2004). Postnatal microbial colonization programs the hypothalamic–pituitary–adrenal system for stress response in mice. *Journal of Physiology* 558: 263–275.

9. Finegold, S.M. *et al.* (2002). Gastrointestinal microflora studies in late- onset autism. *Clinical Infectious Diseases* 35 (Suppl 1): S6–S16.

10. Flegr, J. (2007). Effects of *Toxoplasma* on human behavior. *Schizophrenia Bulletin* 33: 757–760.

11. Torrey, E.F. and Yolken, R.H. (2003). *Toxoplasma gondii* and schizophrenia. *Emerging Infectious Diseases* 9: 1375–1380.

12. Brynska, A., Tomaszewicz-Libudzic, E. and Wolanczyk, T. (2001). Obsessive-compulsive disorder and acquired toxoplasmosis in two children. *European Child and Adolescent Psychiatry* 10: 200–204.

13. Cryan, J.F. and Dinan, T.G. (2012). Mind-altering microorganisms: the impact of the gut microbiota on brain and behaviour. *Nature Reviews Neuroscience* 13: 701–712.

14. Bercik, P. *et al.* (2011). The intestinal microbiota affect central levels of brain-derived neurotropic factor and behavior in mice. *Gastroenterology* 141: 599–609.

15. Voigt, C.C., Caspers, B. and Speck, S. (2005). Bats, bacteria and bat smell: Sex-specific diversity of microbes in a sexually-selected scent organ. *Journal of Mammalogy* 86: 745–749.

16. Sharon, G. *et al.* (2010). Commensal bacteria play a role in mating preference of *Drosophila melanogaster. Proceedings of the National Academy of Sciences* 107: 20051–20056.

17. Wedekind, C. *et al.* (1995). MHC-dependent mate preferences in humans. *Proceedings of the Royal Society B* 260: 245–249.

18. Montiel-Castro, A.J. *et al.* (2013). The microbiota–gut–brain axis: neurobehavioral correlates, health and sociality. *Frontiers in Integrative Neuroscience* 7: 1–16.

19. Dinan, T.G. and Cryan, J.F. (2013). Melancholic microbes: a link between gut microbiota and depression? *Neurogastroenterology & Motility* 25: 713–719.

20. Khansari, P.S. and Sperlagh, B. (2012). Inflammation in neurological and psychiatric diseases. *Inflammopharmacology* 20: 103–107.

21. Hornig, M. (2013). The role of microbes and autoimmunity in the pathogenesis of neuropsychiatric illness. *Current Opinion in Rheumatology* 25: 488– 495.

22. MacFabe, D.F. *et al.* (2007). Neurobiological effects of intraventricular propionic acid in rats: Possible role of short chain fatty acids on the pathogenesis and characteristics of autism spectrum disorders. *Behavioural Brain Research* 176: 149–169.

第 4 章 | 自私的微生物：过敏是因为免疫系统太尽责？

1. Strachan, D.P. (1989). Hay fever, hygiene, and household size. *British Medical Journal*, 299: 1259–1260.

2. Rook, G.A.W. (2010). 99th Dahlem Conference on Infection, Inflammation and Chronic Inflammatory Disorders: Darwinian medicine and the 'hygiene' or 'old friends' hypothesis. *Clinical & Experimental Immunology* 160: 70–79.

3. Zilber-Rosenberg, I. and Rosenberg, E. (2008). Role of microorganisms in the evolution of animals and plants: the hologenome theory of evolution. *FEMS Microbiology Reviews* 32: 723–735.

4. Williamson, A.P. *et al.* (1977). A special report: Four-year study of a boy with combined immune deficiency maintained in strict reverse isolation from birth. *Pediatric Research* 11: 63–64.

5. Sprinz, H. *et al.* (1961). The response of the germ-free guinea pig to oral bacterial challenge with *Escherichia coli* and *Shigella flexneri*. *American Journal of Pathology* 39: 681–695.

6. Wold, A.E. (1998). The hygiene hypothesis revised: is the rising frequency of allergy due to changes in the intestinal flora? *Allergy* 53 (s46): 20–25.

7. Sakaguchi, S. *et al.* (2008). Regulatory T cells and immune tolerance. *Cell* 133: 775–787.

8. Östman, S. *et al.* (2006). Impaired regulatory T cell function in germ- free mice. *European Journal of Immunology* 36: 2336–2346.

9. Mazmanian, S.K. and Kasper, D.L. (2006). The love–hate relationship between bacterial polysaccharides and the host immune system. *Nature Reviews Immunology* 6: 849–858.

10. Miller, M.B. *et al.* (2002). Parallel quorum sensing systems converge to regulate virulence in *Vibrio cholerae*. *Cell* 110: 303–314.

11. Fasano, A. (2011). Zonulin and its regulation of intestinal barrier function: The biological door to inflammation, autoimmunity, and cancer. *Physiological Review* 91: 151–175.

12. Fasano, A. *et al.* (2000). Zonulin, a newly discovered modulator of intestinal permeability, and its expression in coeliac disease. *The Lancet*, 355: 1518–1519.

13. Maes, M., Kubera, M. and Leunis, J.-C. (2008). The gut–brain barrier in major depression: Intestinal mucosal dysfunction with an increased translocation of LPS from gram negative enterobacteria (leaky gut) plays a role in the inflammatory pathophysiology of depression. *Neuroendocrinology Letters* 29: 117–124.

14. de Magistris, L. *et al.* (2010). Alterations of the intestinal barrier in patients with autism spectrum disorders and in their first-degree relatives. *Journal of Pediatric Gastroenterology and Nutrition* 51: 418–424.

15. Grice, E.A. and Segre, J.A. (2011). The skin microbiome. *Nature Reviews Microbiology* 9: 244–253.

16. Farrar, M.D. and Ingham, E. (2004). Acne: Inflammation. *Clinics in Dermatology* 22: 380–384.

17. Kucharzik, T. *et al.* (2006). Recent understanding of IBD pathogenesis: Implications for future therapies. *Inflammatory Bowel Diseases* 12: 1068–1083.

18. Schwabe, R.F. and Jobin, C. (2013). The microbiome and cancer. *Nature Reviews Cancer* 13: 800–812.

第 5 章 ｜ 细菌大战：抗生素的故事

1. Nicholson, J.K., Holmes, E. & Wilson, I.D. (2005). Gut microorganisms, mammalian metabolism and personalized health care. *Nature Reviews Microbiology* 3: 431–438.

2. Sharland, M. (2007). The use of antibacterials in children: a report of the Specialist Advisory Committee on Antimicrobial Resistance (SACAR) Paediatric Subgroup. *Journal of Antimicrobial Chemotherapy* 60 (S1): i15–i26.

3. Gonzales, R. *et al.* (2001). Excessive antibiotic use for acute respiratory infections in

the United States. *Clinical Infectious Diseases* 33: 757–762.

4. Dethlefsen, L. *et al.* (2008). The pervasive effects of an antibiotic on the human gut microbiota, as revealed by deep 16S rRNA sequencing. *PLoS Biology* 6: e280.

5. Haight, T.H. and Pierce, W.E. (1955). Effect of prolonged antibiotic administration on the weight of healthy young males. *Journal of Nutrition* 10: 151–161.

6. Million, M. *et al.* (2013). *Lactobacillus reuteri* and *Escherichia coli* in the human gut microbiota may predict weight gain associated with vancomycin treatment. *Nutrition & Diabetes* 3: e87.

7. Ajslev, T.A. *et al.* (2011). Childhood overweight after establishment of the gut microbiota: the role of delivery mode, pre-pregnancy weight and early administration of antibiotics. *International Journal of Obesity* 35: 522–9.

8. Cho, I. *et al.* (2012). Antibiotics in early life alter the murine colonic microbiome and adiposity. *Nature* 488: 621–626.

9. Cox, L.M. *et al.* (2014). Altering the intestinal microbiota during a critical developmental window has lasting metabolic consequences. *Cell* 158: 705–721.

10. Hu, X., Zhou, Q. and Luo, Y. (2010). Occurrence and source analysis of typical veterinary antibiotics in manure, soil, vegetables and groundwater from organic vegetables bases, northern China. *Environmental Pollution* 158: 2992–2998.

11. Niehus, R.M.A. and Lord, C. (2006). Early medical history of children with autistic spectrum disorders. *Journal of Developmental and Behavioral Pediatrics* 27 (S2): S120–S127.

12. Margolis, D.J., Hoffstad, O. and Biker, W. (2007). Association or lack of association between tetracycline class antibiotics used for acne vulgaris and lupus erythematosus. *British Journal of Dermatology* 157: 540–546.

13. Tan, L. *et al.* (2002). Use of antimicrobial agents in consumer products. *Archives of Dermatology* 138: 1082–1086.

14. Aiello, A.E. *et al.* (2008). Effect of hand hygiene on infectious disease risk in the community setting: A meta-analysis. *American Journal of Public Health* 98: 1372–1381.

15. Bertelsen, R.J. *et al.* (2013). Triclosan exposure and allergic sensitization in Norwegian children. *Allergy* 68: 84–91.

16. Syed, A.K. *et al.* (2014). Triclosan promotes *Staphylococcus aureus* nasal colonization. *mBio* 5: e01015–13.

17. Dale, R.C. *et al.* (2004). Encephalitis lethargica syndrome; 20 new cases and evidence of basal ganglia autoimmunity. *Brain* 127: 21–33.

18. Mell, L.K., Davis, R.L. and Owens, D. (2005). Association between streptococcal infection and obsessive-compulsive disorder, Tourette's syndrome, and tic disorder. *Pediatrics* 116: 56–60.

19. Fredrich, E. *et al.* (2013). Daily battle against body odor: towards the activity of the axillary microbiota. *Trends in Microbiology* 21: 305–312.

20. Whitlock, D.R. and Feelisch, M. (2009). Soil bacteria, nitrite, and the skin. In: Rook, G.A.W. ed. *The Hygiene Hypothesis and Darwinian Medicine*. Birkhäuser Basel, pp. 103–115.

1. Zhu, L. et al. (2011). Evidence of cellulose metabolism by the giant panda gut microbiome. *Proceedings of the National Academy of Sciences* 108: 17714–17719.

2. De Filippo, C. *et al.* (2010). Impact of diet in shaping gut microbiota revealed by a comparative study in children from Europe and rural Africa. *Proceedings of the National Academy of Sciences* 107: 14691– 14696.

3. Ley, R. *et al.* (2006). Human gut microbes associated with obesity. *Nature* 444: 1022–1023.

4. Foster, R. and Lunn, J. (2007). 40th Anniversary Briefing Paper: Food availability and our changing diet. *Nutrition Bulletin* 32: 187–249.

5. Lissner, L. and Heitmann, B.L. (1995). Dietary fat and obesity: evidence from epidemiology. *European Journal of Clinical Nutrition* 49: 79–90.

6. Barclay, A.W. and Brand-Miller, J. (2011). The Australian paradox: A substantial decline in sugars intake over the same timeframe that overweight and obesity have increased. *Nutrients* 3: 491–504.

7. Heini, A.F. and Weinsier, R.L. (1997). Divergent trends in obesity and fat intake patterns: The American paradox. *American Journal of Medicine* 102: 259–264.

8. David, L.A. *et al.* (2014). Diet rapidly and reproducibly alters the human gut microbiome. *Nature* 505: 559–563.

9. Hehemann, J.-H. *et al.* (2010). Transfer of carbohydrate-active enzymes from marine bacteria to Japanese gut microbiota. *Nature* 464: 908–912.

10. Cani, P.D. *et al.* (2007). Metabolic endotoxaemia initiates obesity and insulin resistance. *Diabetes* 56: 1761–1772.

11. Neyrinck, A.M. *et al.* (2011). Prebiotic effects of wheat arabinoxylan related to the increase in bifidobacteria, *Roseburia* and *Bacteroides/ Prevotella* in diet-induced obese mice. *PLoS ONE* 6: e20944.

12. Everard, A. *et al.* (2013). Cross-talk between *Akkermansia muciniphila* and intestinal epithelium controls diet-induced obesity. *Proceedings of the National Academy of Sciences* 110: 9066–9071.

13. Maslowski, K.M. (2009). Regulation of inflammatory responses by gut microbiota and chemoattractant receptor GPR43. *Nature* 461: 1282–1286.

14. Brahe, L.K., Astrup, A. and Larsen, L.H. (2013). Is butyrate the link between diet, intestinal microbiota and obesity-related metabolic disorders? *Obesity Reviews* 14: 950–959.

15. Slavin, J. (2005). Dietary fibre and body weight. *Nutrition* 21: 411–418.

16. Liu, S. (2003). Relation between changes in intakes of dietary fibre and grain products and changes in weight and development of obesity among middle-aged women. *American Journal of Clinical Nutrition* 78: 920–927.

17. Wrangham, R. (2010). *Catching Fire: How Cooking Made Us Human.* Profile Books, London.

第 7 章 ｜ 出生：来自母亲的微生物

1. Funkhouser, L.J. and Bordenstein, S.R. (2013). Mom knows best: The universality of maternal microbial transmission. *PLoS Biology* 11: e10016331.
2. Dominguez-Bello, M.-G. *et al.* (2011). Development of the human gastrointestinal microbiota and insights from high-throughput sequencing. *Gastroenterology* 140: 1713–1719.
3. Se Jin Song, B.S., Dominguez-Bello, M.-G. and Knight, R. (2013). How delivery mode and feeding can shape the bacterial community in the infant gut. *Canadian Medical Association Journal* 185: 373–374.
4. Kozhumannil, K.B., Law, M.R. and Virnig, B.A. (2013). Cesarean delivery rates vary tenfold among US hospitals; reducing variation may address quality and cost issues. *Health Affairs* 32: 527–535.
5. Gibbons, L. *et al.* (2010). The global numbers and costs of additionally needed and unnecessary Caesarean sections performed per year: Overuse as a barrier to universal coverage. *World Health Report Background Paper,* No. 30.
6. Cho, C.E. and Norman, M. (2013). Cesarean section and development of the immune system in the offspring. *American Journal of Obstetrics & Gynecology* 208:249–254.
7. Schieve, L.A. *et al.* (2014). Population attributable fractions for three perinatal risk factors for autism spectrum disorders, 2002 and 2008 autism and developmental disabilities monitoring network. *Annals of Epidemiology* 24: 260–266.
8. MacDorman, M.F. *et al.* (2006). Infant and neonatal mortality for primary Cesarean and vaginal births to women with 'No indicated risk', United States, 1998–2001 birth cohorts. *Birth* 33: 175–182.
9. Dominguez-Bello, M.-G. *et al.* (2010). Delivery mode shapes the acquisition and structure of the initial microbiota across multiple body habitats in newborns. *Proceedings of the National Academy of Sciences* 107: 11971–11975.
10. McVeagh, P. and Brand-Miller, J. (1997). Human milk oligosaccharides: Only the breast. *Journal of Paediatrics and Child Health* 33: 281–286.
11. Donnet-Hughes, A. (2010). Potential role of the intestinal microbiota of the mother in neonatal immune education. *Proceedings of the Nutrition Society* 69: 407–415.
12. Cabrera-Rubio, R. *et al.* (2012). The human milk microbiome changes over lactation and is shaped by maternal weight and mode of delivery. *American Journal of Clinical Nutrition* 96: 544–551.
13. Stevens, E.E., Patrick, T.E. and Pickler, R. (2009). A history of infant feeding. *The Journal of Perinatal Education* 18: 32–39.
14. Heikkilä, M.P. and Saris, P.E.J. (2003). Inhibition of *Staphylococcus aureus* by the commensal bacteria of human milk. *Journal of Applied Microbiology* 95: 471–478.
15. Chen, A. and Rogan, W.J. *et al.* (2004). Breastfeeding and the risk of postneonatal death in the United States. *Pediatrics* 113: e435–e439.
16. Ip, S. *et al.* (2007). Breastfeeding and maternal and infant health outcomes in developed

countries. *Evidence Report/Technology Assessment (Full Report)* 153: 1–186.

17. Division of Nutrition and Physical Activity: Research to Practice Series No. 4: Does breastfeeding reduce the risk of pediatric overweight? Atlanta: Centers for Disease Control and Prevention, 2007.

18. Stuebe, A.S. (2009). The risks of not breastfeeding for mothers and infants. *Reviews in Obstetrics & Gynecology* 2: 222–231.

19. Azad, M.B. *et al.* (2013). Gut microbiota of health Canadian infants: profiles by mode of delivery and infant diet at 4 months. *Canadian Medical Association Journal* 185: 385–394.

20. Palmer, C. *et al.* (2007). Development of the human infant intestinal microbiota. *PLoS Biology* 5: 1556–1573.

21. Yatsunenko, T. *et al.* (2012). Human gut microbiome viewed across age and geography. *Nature* 486: 222–228.

22. Lax, S. *et al.* (2014). Longitudinal analysis of microbial interaction between humans and the indoor environment. *Science* 345: 1048–1051.

23. Gajer, P. *et al.* (2012). Temporal dynamics of the human vaginal microbiota. *Science Translational Medicine* 4: 132ra52.

24. Koren, O. *et al.* (2012). Host remodelling of the gut microbiome and metabolic changes during pregnancy. *Cell* 150: 470–480.

25. Claesson, M.J. *et al.* (2012). Gut microbiota composition correlates with diet and health in the elderly. *Nature* 488: 178–184.

第 8 章　｜　微生物修复：从益生菌到"粪便移植"

1. Metchnikoff, E. (1908). *The Prolongation of Life: Optimistic Studies.* G.P. Putnam's Sons, New York.

2. Bested, A.C., Logan, A.C. and Selhub, E.M. (2013). Intestinal microbiota, probiotics and mental health: from Metchnikoff to modern advances: Part I – autointoxication revisited. *Gut Pathogens* 5: 1–16.

3. Hempel, A. *et al.* (2012). Probiotics for the prevention and treatment of antibiotic-associated diarrhea: A systematic review and meta- analysis. *Journal of the American Medical Association* 307: 1959–1969.

4. AlFaleh, K. *et al.* (2011). Probiotics for prevention of necrotizing enterocolitis in preterm infants. *Cochrane Database of Systematic Reviews*, Issue 3.

5. Ringel, Y. and Ringel-Kulka, T. (2011). The rationale and clinical effectiveness of probiotics in irritable bowel syndrome. *Journal of Clinical Gastroenterology* 45(S3): S145–S148.

6. Pelucchi, C. *et al.* (2012). Probiotics supplementation during pregnancy or infancy for the prevention of atopic dermatitis: A meta-analysis. *Epidemiology* 23: 402–414.

7. Calcinaro, F. (2005). Oral probiotic administration induces interleukin-10 production

and prevents spontaneous autoimmune diabetes in the non-obese diabetic mouse. *Diabetologia* 48: 1565–75.

8. Goodall, J. (1990). *The Chimpanzees of Gombe: Patterns of Behavior.* Harvard University Press, Cambridge.

9. Fritz, J. *et al.* (1992). The relationship between forage material and levels of coprophagy in captive chimpanzees (*Pan troglodytes*). *Zoo Biology* 11: 313–318.

10. Ridaura, V.K. *et al.* (2013). Gut microbiota from twins discordant for obesity modulate metabolism in mice. *Science* 341: 1079.

11. Smits, L.P. *et al.* (2013). Therapeutic potential of fecal microbiota transplantation. *Gastroenterology* 145: 946–953.

12. Eiseman, B. *et al.* (1958). Fecal enema as an adjunct in the treatment of pseudomembranous enterocolitis. *Surgery* 44: 854–859.

13. Borody, T.J. *et al.* (1989). Bowel-flora alteration: a potential cure for inflammatory bowel disease and irritable bowel syndrome? *The Medical Journal of Australia* 150: 604.

14. Vrieze, A. *et al.* (2012). Transfer of intestinal microbiota from lean donors increases insulin sensitivity in individuals with metabolic syndrome. *Gastroenterology* 143: 913–916.

15. Borody, T.J. and Khoruts, A. (2012). Fecal microbiota transplantation and emerging applications. *Nature Reviews Gastroenterology and Hepatology* 9: 88–96.

16. Delzenne, N.M. *et al.* (2011). Targeting gut microbiota in obesity: effects of prebiotics and probiotics. *Nature Reviews Endocrinology* 7: 639–646.

17. Petrof, E.O. *et al.* (2013). Stool substitute transplant therapy for the eradication of *Clostridium difficile* infection: 'RePOOPulating' the gut. *Microbiome* 1: 3.

18. Yatsunenko, T. *et al.* (2012). Human gut microbiome viewed across age and geography. *Nature* 486: 222–228.

终 曲 | 21 世纪的健康智慧

1. Markle, J.G.M. *et al.* (2013). Sex differences in the gut microbiome drive hormone-dependent regulation of autoimmunity. *Science* 339: 1084–1088.

2. Franceschi, C. *et al.* (2006). Inflammaging and anti-inflammaging: a systemic perspective on aging and longevity emerged from studies in humans. *Mechanisms of Ageing and Development* 128: 92–105.

3. Haiser, H.J. *et al.* (2013). Predicting and manipulating cardiac drug inactivation by the human gut bacterium *Eggerthella lenta*. *Science* 341: 295–298.